普通高等教育“十四五”计算机系列应用型规划教材

计算机网络安全

主　编：肖蔚琪　贺　杰
副主编：何茂辉　杨　彦　汪怀杰
陶　广　邓志红　桂汉平

华中师范大学出版社

内 容 提 要

本书以网络通信中面临的常见安全问题以及相应的检测、防护和恢复为主线，系统地介绍了网络安全的基本概念、理论基础、安全技术及其应用。全书共有11章，包括网络安全、密码学、消息认证与数字签名、身份认证、公钥基础设施、网络安全协议、防火墙技术、入侵检测技术、虚拟专用网、网络攻防技术以及网络安全实验。

本书可作为普通高等院校本科、专科信息安全、计算机、网络工程、电子商务、信息管理、通信等专业的网络安全课程教材及教学用书，也可作为网络管理人员、网络工程技术人员、信息安全管理人员及对网络安全感兴趣的读者的参考用书。

新出图证(鄂)字10号

图书在版编目(CIP)数据

计算机网络安全/肖蔚琪，贺杰主编. —武汉：华中师范大学出版社，2022.1

ISBN 978-7-5622-7591-6

Ⅰ.①计… Ⅱ.①肖… ②贺… Ⅲ.①计算机网络—网络安全 Ⅳ.①TP393.08

中国版本图书馆CIP数据核字(2021)第238615号

JISUANJI WANGLUO ANQUAN

计算机网络安全

©肖蔚琪 贺杰 主编

责任编辑：罗 挺　**责任校对**：骆 宏　**封面设计**：胡 灿

编辑室：高教分社　**电话**：027-67867364

出版发行：华中师范大学出版社

社址：湖北省武汉市珞喻路152号　**邮编**：430079　**销售电话**：027-67861549

网址：http://press.ccnu.edu.cn　**电子信箱**：press@mail.ccnu.edu.cn

印刷：武汉兴和彩色印务有限公司　**督印**：刘 敏

开本：787mm×1092mm 1/16　**印张**：16.75　**字数**：385千字

版次：2022年1月第1版　**印次**：2022年1月第1次印刷

印数：1—2500　**定价**：46.00元

前　　言

随着“数字经济”时代的来临，网络安全和信息化已成为事关国家安全与发展的重大战略问题。加快培养网络安全方面的应用型人才，广泛普及网络安全知识和掌握网络安全技术就显得尤为重要。

本书紧密结合计算机网络安全技术的最新发展，将网络安全理论、网络安全协议和主流网络安全技术等内容融合在一起，让读者既能掌握完整、系统的网络安全理论，又能具备运用网络安全协议和主流网络安全技术解决实际网络安全问题的能力。全书共有 11 章，包括网络安全、密码学、消息认证与数字签名、身份认证、公钥基础设施、网络安全协议、防火墙技术、入侵检测技术、虚拟专用网、网络攻防技术以及网络安全实验。前 10 章为基础理论内容，配套有 PPT 课件等教学资源，读者可通过微信扫描章标题旁的二维码获取。第 11 章为实验内容，注重实操，没有配 PPT。另外，读者通过扫描封面或封二上的二维码，还可以获取计算机等级考试攻略和一些其他的计算机相关知识。

本书由武汉生物工程学院组织编写，具体人员为：肖蔚琪（第 1 章到第 6 章），何茂辉（第 7 章），贺杰（第 8 章到第 11 章），杨彦、汪怀杰、陶广、邓志红、桂汉平参与了部分章节的修改与讨论。全书的统稿、定稿工作由肖蔚琪完成。

特别感谢何穗教授对本书编写工作的悉心指导。本书的编写得到了武汉生物工程学院计算机与信息工程学院的大力支持，得到了北京红亚华宇科技有限公司、华中师范大学出版社的鼎力相助，在编写过程中，通过阅读相关文献，我们还汲取了许多网络安全方面的专家和优秀文献作者的思想，在此对他们一并表示衷心的感谢。

本书可作为普通高等院校本科、专科信息安全、计算机、网络工程、电子商务、信息管理、通信等专业的网络安全课程教材及教学用书，也可作为网络管理人员、网络工程技术人员、信息安全管理人员及对网络安全感兴趣的读者的参考用书。

由于编者水平有限，书中疏漏和不妥之处在所难免，希望广大读者提出宝贵意见，以便在今后的修订中不断改进。

编　者

2021 年 10 月

目　　录

第1章　网络安全

网络安全是一门涉及计算机科学、网络技术、通信技术、密码技术、信息安全、应用数学、数论、信息论等多种学科的综合性学科。在全球信息化背景下，计算机网络已成为信息社会的基础，其应用涵盖国防、政治、经济、科技、文化等各个领域，已成为国家发展、社会运转以及人类生活不可缺少的一部分。随着网络技术的发展和进步，网络安全问题也变得日益突出和重要。

1.1　网络安全概述

1.1.1　网络安全的组成

1. 计算机网络

计算机通信网络是将若干具有独立功能的计算机通过通信设备及传输媒介互连起来，在通信软件的支持下，实现计算机间的信息传输与交换的系统。而计算机网络是指以共享资源为目的，利用通信手段把地域上相对分散的若干独立的计算机系统、终端设备和数据设备连接起来，并在协议的控制下进行数据交换的系统。

计算机网络的根本目的在于资源共享，通信网络是实现网络资源共享的途径，因此，要求计算机网络是安全的，相应的计算机通信网络也必须是安全的。本书中，网络安全既指计算机网络安全，又指计算机通信网络安全。

2. 信息安全

目前，国内外对信息安全没有统一的定义。国际标准化组织（ISO）提出信息安全的含义是：为数据处理系统建立和采取的技术及管理保护，保护计算机硬件、软件、数据不因偶然及恶意的原因而遭到破坏、更改和泄露。

《中华人民共和国计算机信息系统安全保护条例》第一章第三条规定：计算机信息系统的安全保护，应当保障计算机及其相关的配套设备、设施（含网络）的安全，运行环境的安全，保障信息的安全，保障计算机功能的正常发挥，以维护计算机信息系统安全运行。可见信息安全保护主要是防止信息被非法授权泄露、更改、破坏或使信息被非法系统辨识与控制，确保信息的完整性、保密性、可用性。

3. 网络安全

常见的安全术语有信息安全、网络安全、信息系统安全、网络信息安全、网络信息系统安全、计算机系统安全等，随着信息技术的快速发展，网络安全是继陆、海、空、天之后的第五大空间，被称为网络空间安全。

网络安全是指网络系统的硬件、软件及其系统中的数据受到保护，不因偶然的或者恶意的原因而遭到破坏、更改、泄露,系统连续可靠正常地运行,网络服务不中断。网络安全从其本质上来讲主要就是网络上的信息安全,即要保障网络上信息的保密性、完整性、可用性、可控性和真实性。

计算机网络的安全性主要包括网络服务的可用性、网络信息的保密性和网络信息的完整性。随着网络应用的深入,网上各种数据会急剧增加,各种各样的安全问题开始困扰网络管理人员。数据安全和设备安全是网络安全保护的两个重要内容。通常,对数据和设备构成安全威胁的因素很多,有的来自网络外部,有的来自网络内部;有的是人为的,有的是自然造成的;有的是恶意的,有的是无意的。其中来自外部入侵和内部人员的恶意攻击是网络面临的最大威胁,也是网络安全策略最需要解决的问题。

1.1.2 网络安全的属性

根据网络安全的定义,计算机网络安全具有以下几个方面的属性,即保密性、完整性、可用性、可控性、真实性、可审查性,其中保密性、完整性、可用性是网络安全最基本的组成。

1.保密性。保证信息与信息系统不被非授权用户、实体或过程所获取和使用。保密性的措施主要包括:信息加密、解密;信息划分密级,对用户分配不同权限,对不同权限的用户访问的对象进行访问控制;防止硬件辐射泄露、网络截获和窃听等。

2.完整性。信息在存储或传输的过程中不被修改、破坏、丢失、删除等,对于完整性要求包含验证数据的来源、检测数据在传输的过程是否被更改等。完整性的保护措施包括:严格控制对系统中数据的写访问,只允许许可的当事人进行更改。

3.可用性。信息和信息系统具备可被授权用户和实体正常访问的特性。高可用性应具备无单点故障、无单点修复、能隔离故障组件、能对故障进行遏制并能提供备用或恢复模式。可用性的保护措施主要有:在坚持严格的访问控制机制条件下,为用户提供方便和快速的访问接口,提供安全的访问工具。

4.可控性。对信息的存储与传输具有完全的控制能力,信息安全风险在可控的范围内。

5.真实性。指信息的可用度,包括信息的完整性、准确性和发送人身份真实性等。

6.可审查性。指对信息的内容及信息行为可核查、可追溯。

保密性、完整性、可用性通常被认为是网络安全的三个基本属性。在设计方案时,要以最基本的安全三要素为出发点全面考虑问题。

因此,从广义来说,凡是涉及网络上信息的机密性、完整性、可用性、可控性、真实性和可审查性的相关技术和理论都是网络安全的研究领域。

1.2 网络安全面临的不安全因素

我们将所有影响网络正常运行的因素称为网络安全威胁,从这个角度讲,网络安全面临不安全因素大致有物理安全、系统自身因素、人的因素。

1.2.1　网络安全面临的问题

1. 物理安全问题

除了物理设备本身的问题外，物理安全问题还包括设备的安全、限制物理访问、物理环境安全和地域因素等。物理设备的位置极为重要，所有网络基础设施都应该放置在严格限制来访人员的地方，以降低未经授权访问的可能性。尽量把关键的物理设备存放在一个物理上安全的地方，同时注意冗余备份。除此之外，还要严格限制对关键网络设备所在地的物理访问，除非经授权或因工作需要而必须访问之外。物理设备也面临着环境方面的威胁，如温度、湿度、灰尘、供电系统对网络系统运行可靠性的影响，还要注意因电磁辐射造成信息泄露，自然灾害(如地震、闪电等)对系统的破坏等。

2. 系统自身因素

系统自身因素是指网络中的计算机系统和网络设备因为自身的原因引发的网络安全风险，主要包括以下方面。

(1)计算机硬件系统的故障。

(2)各类计算机软件故障或安全缺陷，包括系统软件(如操作系统)、支撑软件(各种中间件、数据库管理系统等)和应用软件的故障或缺陷。

(3)网络和通信协议自身的缺陷。系统自身的脆弱和不足(或称为"安全漏洞")是造成信息系统安全问题的内部根源，攻击者正是利用系统的脆弱性使各种威胁变成现实危害。

一般来说，在系统的设计、开发过程中有很多因素会导致系统、软件漏洞，主要包括以下方面。

(1)系统基础设计错误导致漏洞。例如，互联网在设计时未考虑认证机制，使得假冒 IP 地址很容易。

(2)编码错误导致漏洞。例如，缓冲区溢出、格式化字符串漏洞、脚本漏洞等都是由于在编程实现时没有实施严格的安全检查而产生的漏洞。

(3)安全策略实施错误导致漏洞。例如，在设计访问控制策略时，若不对每一处访问都进行访问控制检查，也会导致漏洞。

(4)实施安全策略对象歧义导致漏洞。即实施安全策略时，处理的对象和最终操作处理的对象不一致，如 IE 浏览器的解码漏洞。

(5)系统开发人员刻意留下的后门。一些后门是开发人员为调度而留的，而一些则是开发人员为后期非法控制而设置的。这些后门一旦被攻击者获悉，将严重威胁系统的安全。

除了上述设计实现过程中产生的系统安全漏洞，不正确的安全配置也会导致安全事故，例如短口令、开放 Guest 用户、安全策略配置不当等。

3. 人的因素

人的因素包括无意失误、人为的恶意攻击等。网络建设单位、管理人员和技术人员缺乏安全防范意识，没有采取主动的安全措施加以防范，没有建立完善的管理体系，从而导致安全体系的安全控制措施不能充分有效地发挥效能。网络安全管理人员和技术人员缺乏必要的专业安全知识，不能安全地配置和管理网络，不能及时发现已经存在的和随时可能发生的安全问题。对突发的网络安全事件不能做出积极、有序和有效的反应。

1.2.2 安全攻击的分类

网络攻击是指降级、瓦解、拒绝、摧毁计算机或计算机网络中信息资源以及计算机网络本身的行为。安全攻击分为两类,即被动攻击和主动攻击。被动攻击试图收集、利用系统的信息但不影响系统的正常访问,数据的合法用户对这种活动一般不会觉察。主动攻击是攻击者访问所需信息的故意行为,一般会改变系统资源或影响系统运行。

1. 被动攻击

被动攻击采取的方法是攻击者对传输中的信息进行窃听或监测,但不对信息进行任何的修改,主要目标是获得传输的信息。被动攻击如图 1-1 所示,通常采取两种方式:信息收集和流量分析。

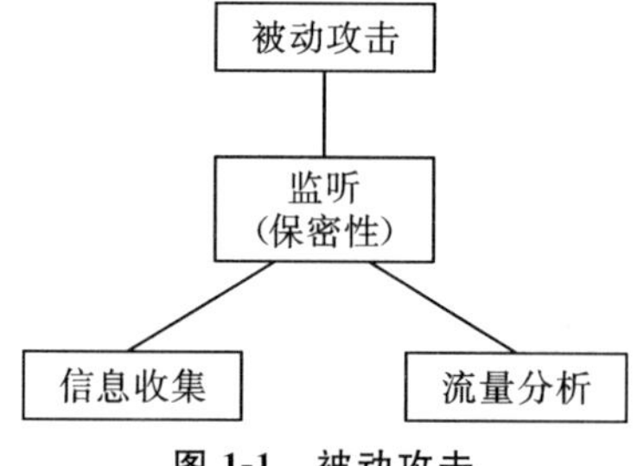

图 1-1 被动攻击

(1)信息收集是指信息在传递过程中泄露。如在电话、电子邮件或传输的文件中包含敏感信息而被攻击者所窃取。窃听是攻击者最常见的技术手段,大多数网络通信都是以安全性较低的"明文"进行,特别是在局域网中的数据传输有时可以是基于广播方式的,攻击者很容易就可以获得数据通信时传送的信息。这种攻击方式虽然不破坏数据,但同样会造成消息内容的泄露。窃听已经成为大多数企业面临的最大的网络安全问题。

(2)流量分析攻击。采用流量分析攻击可以判断通信的性质。为了防范信息的泄露,消息在发送之前一般要进行加密,使得攻击者即使捕获了消息,也不能从消息里获得信息。但攻击者还是可以观察这些数据报的模式,可以推测出通信双方的位置、身份,可以观察传输的消息的频率和长度,从而可以判断通信的性质。

被动攻击由于不涉及数据的更改,所以很难察觉。但可以对被动攻击进行有效的防范,因此抗击被动攻击以预防为主,例如在通信过程中采用加密技术以及虚拟专用网等手段。

2. 主动攻击

主动攻击包括对数据流进行窜改或伪造,攻击者会试图改变系统资源或影响系统正常操作。主动攻击可分为 4 类:重放、伪造、窜改和拒绝服务,如图 1-2 所示。

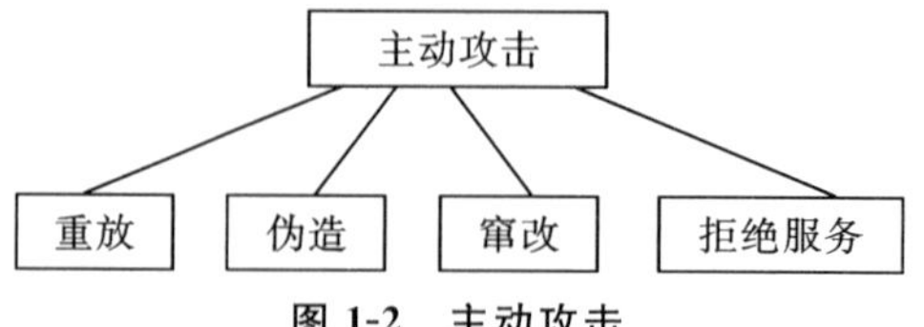

图 1-2 主动攻击

(1)重放指攻击者将获得的信息再次发送,从而导致非授权效应。这种攻击方法是在身份认证过程中不断恶意地或欺骗性地重复发送一个有效的数据单元,从而产生一个非授权,破坏认证的正确性。加密虽然可以防止会话劫持,但防止不了重放攻击。

(2)伪造指一个实体发出含有其他实体身份的数据信息,假冒成其他实体所拥有的权限。例如,攻击者先捕获认证信息,并在其后利用认证信息进行重放,这样就可以获得其他实体所拥有的权限。

(3)窜改指攻击者修改、删除合法消息的部分或全部,或者延迟、重排消息以获得非授权作用。

(4)拒绝服务指攻击者设计让目标系统停止提供服务和访问资源,从而阻止授权实体对系统的正常使用或管理,DoS就是攻击者常用的拒绝服务手段。此类攻击利用网络协议本身的安全缺陷,可以迫使服务器缓冲区满,使新的请求无法接收,或是使用IP地址欺骗,让服务器把非合法用户的连接复位,从而影响合法用户的连接。

主动攻击与被动攻击不同。被动攻击虽然难以检测,但可以有效地预防。主动攻击容易检测但难以预防,防范需要较大的开销,要对所有的通信设备和路径进行防护,所以处理主动攻击的重点在于检测并从破坏或造成的延迟中恢复。

1.2.3 网络攻击的常见形式

随着计算机技术的发展,攻击者的手段越来越多样化。除了上述提出的窃听攻击、流量分析攻击、拒绝服务攻击等,还有几种攻击是较为常见的。

1.跨站脚本(XSS)攻击。人们经常将跨站脚本攻击缩写为CSS,但这会与层叠样式表的缩写混淆。因此,本书将跨站脚本攻击缩写为XSS。XSS是最普通的Web应用安全漏洞。这类漏洞能够使得攻击者嵌入恶意脚本代码到正常用户访问的页面中,当正常用户访问该页面时,则可导致嵌入的恶意脚本代码的执行,从而达到恶意攻击用户的目的。

2.跨站请求伪造(CSRF)攻击。攻击者通过跨站请求,以合法用户的身份进行非法操作,如转账交易、发表评论等。CSRF的主要手法是利用跨站请求,在用户不知情的情况下,以用户的身份伪造请求。其核心是利用浏览器Cookie或服务器Session策略盗取用户身份。与跨站脚本(XSS)攻击相比,XSS利用的是用户对指定网站的信任,而跨站请求伪造攻击(CSRF)则利用的是网站对用户网页浏览器的信任。

3.SQL注入。SQL注入的攻击手段主要是利用后台的漏洞,通过URL将关键SQL语句带入程序,在数据库中进行破坏。许多攻击者会使用F12或者Postman等拼装Ajax请求,将非法的数字发送给后台,造成程序的报错,并展现在页面上,这样攻击者就会知道后台使用的语言和框架。

4.获取口令。这类攻击会存在一定的技术性。一般来说,攻击者会利用程序来抓取数据包,获取口令和数据内容,通过侦听程序监视网络数据流,进而通过分析获取用户的登录账号和密码。

5.恶意小程序。这类攻击的方式主要存在于我们使用的程序上面,它们可以通过入侵修改硬盘上的文件、窃取口令等。

6. 木马植入。这类攻击方式主要是攻击者通过向服务器植入木马，开启后面获取服务器的控制权，恶意破坏服务器文件或盗取服务器数据，这类的危害都是比较大的。

7. 中间人攻击。是指攻击者通过第三方进行网络攻击，以达到欺骗被攻击系统、反跟踪、保护攻击者或者组织大规模攻击的目的。中间人攻击类似于身份欺骗，被利用作为中间人的主机称为 Remote Host（黑客取其谐音称为“肉鸡”）。网络上的大量的计算机被黑客通过这样的方式控制，将造成巨大的损失，这样的主机也称为僵尸主机。

8. 缓冲区溢出攻击。缓冲区溢出（又称堆栈溢出）攻击是最常用的黑客技术之一。攻击者输入的数据长度超过应用程序给定的缓冲区的长度，覆盖其他数据区，造成应用程序错误，而覆盖缓冲区的数据恰恰是黑客的入侵程序代码，黑客就可以获取程序的控制权。

9. 计算机病毒与蠕虫。计算机病毒是指编制者编写的一组计算机指令或者程序代码，它能够进行传播和自我复制，修改其他的计算机程序并夺取控制权，以达到破坏数据、阻塞通信及破坏计算机软硬件功能的目的。蠕虫也是一种程序，它可以通过网络等途径将自身的全部代码或部分代码复制、传播给其他的计算机系统，但它在复制、传播时，不寄生于病毒宿主之中。蠕虫病毒是能够寄生于被感染主机的程序，具有病毒的全部特征。

以上是常见的几种网络攻击方式，现在的互联网发展非常迅速，在给人们带来各种便利的同时也让网络安全风险越来越大。发起网络攻击变得越来越简单，成本也越来越低，造成的影响却越来越大。

1.3 网络安全体系结构

在大规模网络工程建设、管理和网络安全系统的设计与开发过程中，需要从全局的体系结构考虑安全问题的整体解决方案，才能保证网络安全功能的完备性和一致性，降低安全代价和管理开销。

1.3.1 网络安全防范体系

为了有效评估一个机构的安全需求，以及对各个安全产品和政策进行评价和选择，国际标准化组织于 1989 年正式公布了 ISO 7498-2 体系结构，如图 1-3 所示，定义了开放系统通信环境中与安全性相关的通用体系结构。作为 OSI 参考模型的补充，对于普遍适用的安全体系结构具有指导意义。

OSI 安全体系结构主要关注安全策略、安全服务、安全机制，简单定义如下。

安全策略：指有关管理、保护和发布敏感信息的法律、规定和实施细则。

安全服务：确保该系统或数据传送具有足够的安全性。安全服务是功能性的，具有可操作性。

安全机制：是具体化了的策略要求。安全策略可以使用不同的机制来实施。

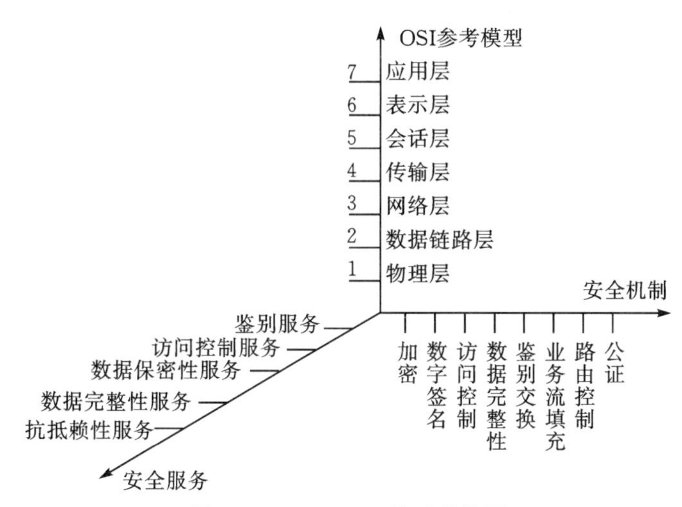

图 1-3　ISO 7498-2 体系结构图

1.3.2　网络安全服务

OSI 安全体系结构将安全服务定义为通信开放系统协议层提供的服务，从而保证系统或数据传输有足够的安全性。OSI 安全体系结构定义了 5 大类共 14 个安全服务。表 1-1 为 5 大安全服务对应 OSI 的 7 层协议。

表 1-1　5 大安全服务对应 OSI 的 7 层协议关联表

5 大安全服务		协议层						
		1	2	3	4	5	6	7
鉴别服务	对等实体鉴别			√	√			√
	数据源鉴别			√	√			√
访问控制服务	访问控制服务			√	√			√
数据保密性服务	连接保密性	√	√	√	√		√	√
	无连接保密性		√	√	√		√	√
	选择字段保密性							√
	流量保密性						√	√
数据完整性服务	有恢复功能的连接完整性	√		√				√
	无恢复功能的连接完整性				√			√
	选择字段连接完整性			√	√			√
	无连接完整性							√
	选择字段非连接完整性			√	√			√
抗抵赖性服务	发送者抗抵赖							√
	接收者抗抵赖							√

注："√"表示该服务应包含在标准中以供选择，空白则表示不提供这种服务。

1. 鉴别服务

鉴别服务与保证通信的真实性有关，提供对通信中对等实体和数据源的鉴别。

(1)对等实体鉴别。该服务在数据交换连接建立时提供一个或多个连接实体的身份识别，证实参与数据交换的对等实体为确实的所需实体，防止假冒。

(2)数据源鉴别。该服务对数据单元的来源提供确认，向接收者保证所接收到的数据单元是来自所要求的源点。

2. 访问控制服务

访问控制服务包括身份认证和权限验证，用于防止未授权用户非法使用或越权使用系统资源。

3. 数据保密性服务

数据保密性服务是为防止网络各系统之间交换的数据被截获或非法存取而泄密提供的机密保护服务，同时对有可能通过观察信息流就能推导出信息的情况进行防范。数据保密性服务是为了防范传输的数据遭到被动攻击。有如下几种。

(1)连接保密性。对连接中的所有用户数据提供机密性保护。

(2)无连接保密性。为单个无连接的 N-SDU(第 N 层服务数据单元)所有用户数据提供机密性保护。

(3)选择字段保密性。为一个连接上的用户数据和单个无连接的 N-SDU 内被选择的字段提供机密性保护。

(4)流量保密性。提供对可根据观察信息流而分析出的有关信息的保护，从而防止通过观察信息流而推断出信息的来源、目标、频率、长度或通信设施上的其他流量特征等信息。

4. 数据完整性服务

数据完整性服务防止非法实体对正常数据进行变更，如修改、插入、延时和删除等，并防范在数据交换过程中的数据丢失。有如下几种情况。

(1)带恢复的连接完整性。为连接上的所有用户数据保证完整性。检测在整个 SDU 序列中任何数据的任何修改、插入、删除和重放，并予以恢复。

(2)不带恢复的连接完整性。与带恢复的连接完整性区别在于不提供恢复。

(3)选择字段的连接完整性。保证一个连接上传输的用户数据内选择字段的完整性，并以某种形式确定该字段是否已被修改、插入、删除或重放。

(4)无连接完整性。提供单个无连接的 SDU 的完整性，并以某种形式确定接收到的 SDU 是否已被修改。此外，在一定程度上还可以提供对连接重放的检测。

(5)选择字段无连接完整性。提供在单个无连接的 SDU 内选择字段的完整性，并以某种形式确定选择字段是否已被修改。

5. 抗抵赖性服务

用于防止发送者在发送数据后否认发送，以及接收者在收到数据后否认收到数据或伪造数据的行为。

(1)具有源点证明的抗抵赖。为数据接收者提供数据源证明，防止发送者企图否认发送数据或内容。

(2)具有交付证明的抗抵赖。为数据发送者提供数据交付证明,防止接收者企图否认接收数据或内容。

1.3.3　网络安全机制

为了实现上述安全服务,OSI 安全体系结构还定义了 8 大安全机制,如表 1-2 所示。

表 1-2　OSI 安全服务与安全机制的关系

安全服务	安全机制							
	加密	数字签名	访问控制	数据完整性	鉴别交换	业务流填充	路由控制	公证
对等实体鉴别	√	√			√			
数据源鉴别	√	√						
访问控制服务			√					
连接保密性	√						√	
无连接保密性	√						√	
选择字段保密性	√							
流量保密性	√					√	√	
有恢复功能的连接完整性	√			√				
无恢复功能的连接完整性	√			√				
选择字段连接完整性	√			√				
无连接完整性	√	√		√				
选择字段非连接完整性	√	√		√				
发送者抗抵赖		√		√				√
接收者抗抵赖		√		√				√

注:"√"表示该服务应包含在标准中以供选择,空白则表示不提供这种服务。

1. 加密机制

密码技术是保障信息安全的核心技术。信息加密是保障信息安全的最基本、最核心的技术措施和理论基础,也是现代密码学的主要组成部分。

2. 数字签名机制

数字签名机制确定两个过程:对数据单元签名和验证签过名的数据单元。第一个过程使用签名者私有的信息(即独有和机密性信息)。第二个过程所用的信息是公之于众的,但不能够从它们推断出该签名者的私有信息。

签名过程涉及使用签名者的私有信息作为私钥,或对数据单元进行加密,或产生出该数据单元的一个密码检验值。

验证过程涉及使用公开的规程与信息来决定该签名是不是用签名者的私有信息产生的。

签名机制的本质特征为该签名只有使用签名者的私有信息才能产生出来。因而,当该签名得到验证后，它能在事后的任何时候向第三者（例如法官或仲裁人）证明，只有私有信息的唯一拥有者才能产生这个签名。

3.访问控制机制

访问控制的目的是防止对信息资源的非授权访问和非授权使用信息资源。可以允许用户对常用的信息库进行适当权限的访问，限制访问者随意删除、修改或拷贝信息文件。访问控制技术还可以使系统管理员跟踪用户在网络中的活动，及时发现并拒绝黑客的入侵。

访问控制采用最小特权原则：在给用户分配权限时，根据每个用户的任务特点使其获得完成自身任务的最低权限，不给用户赋予其工作范围之外的任何权力。

4.数据完整性机制

数据完整性机制是保护数据，避免未授权的数据乱序、丢失、重放、插入和窜改。数据完整性机制有单个数据单元或字段的完整性和数据单元串或字段串的完整性两种类型。用于提供这两种类型完整性服务的机制是不相同的。

对于连接方式数据传送，保护数据单元序列的完整性（防止乱序、数据的丢失、重放、插入和窜改）还需要某种明显的排序形式，如序列号、时间标记或密码链。

对于无连接方式数据传送，时间标记可以用来在一定程度上提供保护作用，防止个别数据单元的重放。

5.鉴别交换机制

可用于鉴别交换的一些技术是：使用鉴别信息如口令，由发送实体提供而由接收实体验证；密码技术；使用该实体的特征或占有物。

鉴别交换机制可以设置在N层以便提供对等实体鉴别。如果鉴别实体时这一机制得到否定的结果，就会拒绝或终止连接，也可能在安全审计跟踪中增加一个记录，或给安全管理中心一个报告。

当采取加密技术时，这些技术可以与握手协议结合起来以防止重放。

鉴别交换技术的选用取决于使用它们的环境。在许多场合，与时间标记、同步时钟以及双方握手和三方握手（分别对应于单方鉴别与相互鉴别）结合使用，由数字签名和公证机制实现抗抵赖服务。

6.业务流填充机制

业务流填充是指在业务闲时发送无用的随机数据，增加攻击者通过通信流量获得信息的困难，是一种制造假的通信、产生欺骗性数据单元或在数据单元中产生数据的安全机制。该机制可用于提供对各种等级的保护，用来防止对业务进行分析，同时也增加了密码通信的破译难度。发送的随机数据应具有良好的模拟性能，能够以假乱真。该机制只有在业务填充受到保密性服务时才有效。

可利用该机制不断地在网络中发送伪随机序列，使非法者无法区分有用信息和无用信息。

7.路由控制机制

路由控制机制可使信息发送者选择特殊的路由，以保证连接、传输的安全。其基本功能有以下几个方面。

(1)路由选择。路由可以动态选择,也可以预定义,以便只用物理上安全的子网、中继或链路进行连接和传输。

(2)路由连接。在监测到持续的操作攻击时,端系统可能通知网络服务提供者另选路由,建立连接。

(3)安全策略。携带某些安全标签的数据可能被安全策略禁止通过某些子网、中继或链路。连接的发起者可以提出有关路由选择的警告,要求回避某些特定的子网、中继或链路进行连接或传输。

8. 公证机制

这种机制是确保两个或多个实体之间通信数据的性质,如数据的完整性、源点、收发时间和目的地等借助公证机制而得到确保。

这种保证是由第三方公证人提供的。公证人为通信实体所信任,并掌握必要信息以一种可证实方式提供所需的保证。

每个通信实例可使用数字签名、加密和完整性机制以适应公证人提供的服务。当这种公证机制被用到时,数据便在参与通信的实体之间经由公证方在受保护的通信环境中进行通信。

除了以上 8 种基本的安全机制外,还有一些辅助机制,如可信功能、安全标签、事件检测、安全审计跟踪、安全恢复等。这些辅助机制不明确对应于任何特定的层次和服务,但其重要性直接和系统要求的安全等级有关。

1.4 网络安全模型

大多数时候,网络攻击只要找到网络或信息系统的一个突破口就可以成功实施。也就是说,网络防护只要有一点没有做好,就有可能被突破,这就是著名的木桶理论。网络安全防护是一个复杂的系统工程,不仅涉及网络和信息系统的组成和行为,各种安全防护技术,还涉及组织管理和运行维护,后者与网络的使用者密切相关。因此,仅有网络防护技术并不能保证网络安全,必须有相应的组织管理措施来保证技术得到有效的应用。技术与管理相辅相成,既能互相促进又能互相制约。安全制度的制定和执行不到位,再严密的安全保障措施也是形同虚设;安全技术不到位,就会使安全措施不完整,任何疏忽都会造成安全事故;安全教育、培训不到位,就会使网络安全涉及的人员不能很好地理解和执行各项规章制度,不能正确使用安全防护技术。此外,要保证网络安全,除了组织管理、技术防护,还要有相应的系统运行体系,即在系统建设过程中完整考虑安全问题和措施,在运行维护过程中要制定相应的安全措施,同时要制定应急响应方案以便在出现安全事件时能够快速应对。

为了更好地实现网络安全防护,需要一种方法来全面、清楚地描述网络实现过程所涉及的技术和非技术因素,以及这些因素之间的相互关系,这就是安全模型。

网络安全模型以建模的方式给出解决安全问题的过程和方法,主要包括:以模型的方式给出解决网络安全问题的过程和方法;准确描述构成安全保障机制的要素及要素之间的关系;准确描述信息系统的行为和运行过程;准确描述信息系统行为与安全保障机制之间的相互关系。

学术界和工业界有很多安全模型,如 WPDRR、PPDR 等。

1.4.1 WPDRR

动态的网络安全保障体系框架(WPDRR)模型,通过人、管理和技术手段三大要素,实现系统的安全保障。WPDRR 指:预警、保护、检测、反应、恢复。五个环节具有时间关系和动态闭环反馈关系。

安全保障是综合的、相互关联的,不仅仅是技术问题,而是人、管理和技术三大要素的结合。

支持系统安全的技术也不是单一的技术,它包括多个方面的内容。在整体的安全策略的控制和指导下,综合运用防护工具(如防火墙、VPN 加密等手段),利用检测工具(如安全评估、入侵检测等系统)了解和评估系统的安全状态,通过适当的反应将系统调整到"最高安全"和"最低风险"的状态,并通过备份容错手段来保证系统在受到破坏后的迅速恢复,通过监控系统来实现对非法使用网络的追查。

WPDRR 模型示意图如图 1-4 所示,包含以下内容。

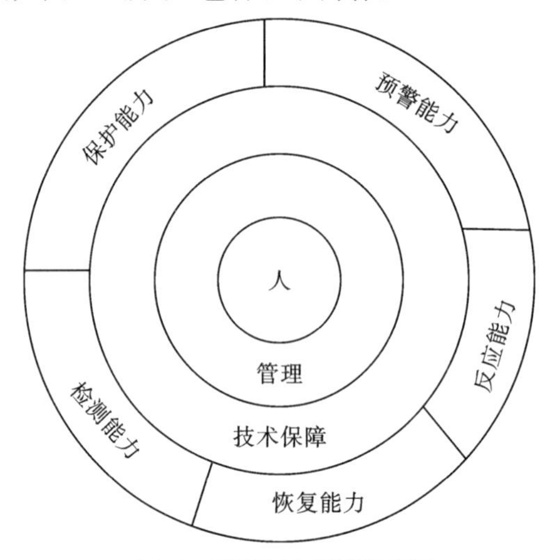

图 1-4 WPDRR 模型示意图

预警:利用远程安全评估系统提供的模拟攻击技术来检查系统存在的可能被利用的脆弱环节,收集和测试网络与信息的安全风险,并以直观的方式进行报告,提供解决的建议,在经过分析后,了解网络的风险变化趋势和严重风险点,从而有效降低网络的总体风险,保护关键业务和数据。

保护:通常通过采用成熟的信息安全技术及方法来实现网络与信息的安全,主要措施有防火墙、授权、加密、认证等。

检测:通过检测和监控网络及系统来发现新的威胁和弱点,强制执行安全策略。在这个过程中采用入侵检测、恶意代码过滤等技术,形成动态检测制度,建立报告协调机制,提高检测的实时性。

反应:在检测到安全漏洞和安全事件之后必须及时做出正确的响应,从而把系统调整到安全状态。为此需要相应的报警、跟踪、处理系统,其中处理包括封堵、隔离、报告等子系统。

恢复:灾难恢复系统是当网络、数据、服务受到黑客攻击并遭到破坏或影响后,通过必要的技术手段(如容错、冗余、备份、替换、修复等),在尽可能短的时间内使系统恢复正常。

1.4.2 PPDR

PPDR模型是由美国互联网安全系统公司在20世纪90年代末提出的一种基于时间的安全模型——自适应网络安全模型,如图1-5所示。

PPDR模型以基于时间的安全理论的数学模型作为理论基础。其基本原理是:信息安全相关的所有活动,无论是攻击行为、防护行为、检测行为还是响应行为,都要消耗时间,因此可以用时间来衡量一个体系的安全性和安全能力。

策略:策略是模型的核心,所有的防护、检测和响应都是依据安全策略实施的。网络安全策略通常由总体安全策略和具体安全策略组成。

防护:防护是根据系统可能出现的安全问题而采用的预防措施,这些措施通过传统的静态安全技术实现。防护技术通常包括数据加密、身份认证、访问控制、授权与VPN技术、防火墙、安全扫描和数据备份等。

检测:当攻击者穿透防护系统时,检测功能就会发挥作用,与防护系统形成互补,检测是动态响应的依据。

响应:系统一旦检测到入侵,响应系统就开始工作,进行事件处理。响应包括紧急响应和恢复处理,恢复处理包括系统恢复和信息系统恢复。

PPDR模型是在整体安全策略的控制和指导下,在综合运用防护工具的同时,利用检测工具了解系统的安全状态,通过适当的反馈将系统调整到最安全和风险最低的状态。

PPDR模型认为与信息安全相关的所有活动,包括攻击行为、防护行为、检测行为和响应行为等,都要消耗时间。

模型定义了以下几个时间变量。

攻击时间P_t:黑客从开始入侵到侵入系统所用的时间(对系统是保护时间)。高水平入侵和薄弱系统会使P_t缩短。

检测时间D_t:黑客从发动入侵到系统能够检测到入侵行为所花费的时间。适当的防护措施可以缩短D_t。

响应时间R_t:从检测到系统漏洞或监控到非法攻击到系统做出响应(如切换、报警、跟踪、反击等)的时间。

系统暴露时间E_t($E_t=D_t+R_t-P_t$):系统处于不安全状态的时间。系统的检测时间和响应时间越长,或系统的保护时间越短,则系统暴露时间越长,就越不安全。

如果$E_t \leqslant 0$,那么基于PPDR模型,认为系统安全。要达到安全的目标需要尽可能增大保护时间,尽量减少检测时间和响应时间。

PPDR模型的核心是安全策略,在整体安全策略的控制和指导下,综合运用防护工具(如防火墙、认证、加密等手段)进行防护的同时,利用检测工具(如漏洞评估、入侵检测等系统)评估系统的安全状态,使系统保持在最低风险的状态。预测、防护、检测和响应组成了一个完整动态的循环,在安全策略的指导下保证信息系统的安全。PPDR模型强调安全不能依靠单纯的静态防护，也不能依靠单纯的技术手段来实现。在该模型中，安全可表示为：安全＝风险分析＋执行策略＋系统实施＋漏洞监测＋实时响应。

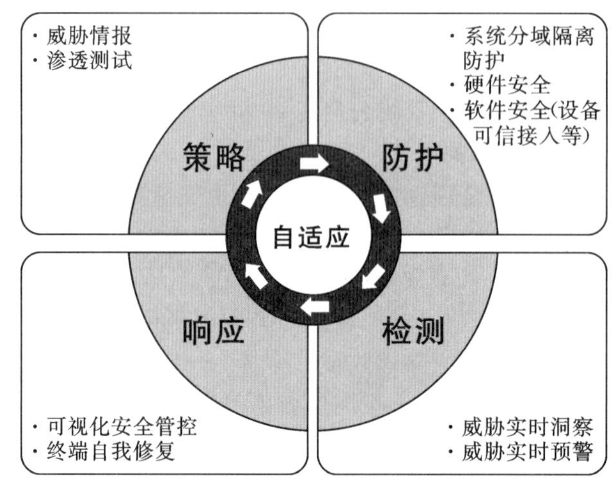

图 1-5 PPDR 模型示意图

目前，PPDR 在网络安全实践中得到广泛应用。PPDR 模型认为及时的检测和响应就是安全，及时的检测和恢复就是安全。但是在实际应用中，除了涉及的防护、检测和响应，系统本身的安全“免疫力”增强、系统和整个网络的优化以及人员这个在系统中最重要角色的素质的提升，都是该模型在安全系统中应该考虑到的问题。

1.5 网络安全标准法规

在网络安全领域的研究和实践中，人们认识到管理在网络安全中的重要性高于安全技术层面，“三分技术，七分管理”的理念在业界已经得到共识。管理主要分为对技术的管理和对人员的管理，网络安全标准用于规范网络安全技术工程，而法律法规用于约束使用者的网络行为。

1.5.1 网络安全标准

网络安全标准是确保网络安全产品和系统在设计、研发、生产、建设、使用等过程中保证其一致性、可靠性、可控性、先进性以及符合性的技术规范、技术依据，是网络安全的重要内容。依据相关技术和管理标准对网络安全进行管理，已经成为全球化和信息化趋势下维护网络安全的重要手段。

世界上第一个网络安全评估准则是美国在 20 世纪 80 年代提出的美国可信计算机系统评价标准(TCSEC)，TCSEC 最初只是军用标准，后来延至民用领域。因为网络安全在国家的安全利益和经济利益上的直接影响越来越深远，大家对网络安全标准制定的重视程度越来越高。经过几十年的发展，网络安全相关国际标准经过国际标准化组织(ISO)和各国的共同努力，目前已经日臻成熟。我国网络安全标准制定起步较晚，经过多年的努力也已经日益完善，初步形成了国家网络安全标准体系。但是与先进国家相比，我国基础较差、信息安全自主创新能力不足，很多技术标准直接借用国外标准。

目前，国际上已经制定了大量的有关信息安全的国际标准，可以分为互操作标准、技术与工程标准、信息安全管理与控制标准三类。互操作标准主要是非标准组织研发的算法和协议，经过自发的选择过程，成为了事实标准，如AES、RSA、SSL以及通用脆弱性描述标准等。技术与工程标准主要指由标准化组织制定的用于规范信息安全产品、技术和工程的标准，如信息产品通用评测准则(ISO 15408)、安全系统工程能力成熟度模型(SSE-CMM)、美国信息安全白皮书等。信息安全管理与控制标准是指由标准化组织制定的用于指导和管理信息安全解决方案实施过程的标准规范，如信息安全管理体系标准(BS-7799)、信息安全管理标准(ISO 13335)以及信息和相关技术控制目标(COBIT)等。

CC标准是The Common Criteria for Information Technology Security Evaluation的缩写，即信息技术安全性通用评估标准的简称，1993年6月，美国政府和加拿大及欧共体共同起草单一的通用准则并将其推广为国际标准。制定CC标准的目的是建立一个各国都能接受的通信的信息安全产品和系统的安全性评估准则。

我国的GB/T 18336国家标准定义了以下7个评估保证级。

(1) 评估保证级1(EAL1)——功能测试。

(2) 评估保证级2(EAL2)——结构测试。

(3) 评估保证级3(EAL3)——系统地测试和检查。

(4) 评估保证级4(EAL4)——系统地设计、测试和复查。

(5) 评估保证级5(EAL5)——半形式化设计和测试。

(6) 评估保证级6(EAL6)——半形式化验证的设计和测试。

(7) 评估保证级7(EAL7)——形式化验证的设计和测试。

分级评估是通过对信息技术产品的安全性进行独立评估后所取得的安全保证等级，表明产品的安全性及可信度。获得的认证级别越高，安全性与可信度越高，产品可对抗更高级别的威胁，适用于较高的风险环境。

不同的应用场合(或环境)对信息技术产品能够提供的安全性保证程度的要求不同。产品认证所需的代价随着认证级别升高而增加。通过区分认证级别满足适应不同使用环境的需要。

CC标准是国际通行的信息技术产品安全性评价规范，它基于保护轮廓和安全目标提出安全需求，具有灵活性和合理性，基于功能要求和保证要求进行安全评估，能够实现分级评估目标，不仅考虑了保密性评估要求，还考虑了完整性和可用性等多方面的安全要求。

2015年6月24日，为保障网络安全，维护网络空间主权和国家安全，促进经济社会信息化健康发展，不断完善网络安全保护方面的法律法规。第十二届全国人民代表大会常务委员会第十五次会议审议了网络安全法草案，我国的网络安全法于2017年6月1日起施行。

1.5.2　可信计算机系统评价标准

美国国防部计算机安全保密中心发表的可信计算机系统评价标准(TCSEC)，又称橙皮书，对计算机的安全级别进行了分类，分为D、C、B、A级，由低到高。D级暂时不分子级。C级分为C1和C2两个子级，C2比C1提供更多的保护。B级分为B1、B2和B3三个子级，由低到高。A 级暂时不分子级。每级包括它下级的所有特性。

D 级：这是计算机安全的最低一级。整个计算机系统是不可信任的，硬件和操作系统很容易被侵袭。D 级计算机系统标准规定对用户没有验证，也就是任何人都可以使用该计算机系统而不会有任何障碍。系统不要求用户进行登记(不要求用户提供用户名)或口令保护(不要求用户提供唯一字符串来进行访问)。任何人都可以坐在计算机前开始使用它。

D 级的计算机系统包括：MS-DOS，MS-Windows 3.x，Windows95(不在工作组方式中)，Apple 的 System 7.x。

C1 级：C1 级系统要求硬件有一定的安全机制(如硬件带锁装置，需要钥匙才能使用计算机等)，用户在使用前必须登录到系统。C1 级系统还要求具有完全访问控制的能力，系统管理员为一些程序或数据设立访问许可权限。C1 级防护不足之处在于用户直接访问操作系统的根。C1 级不能控制进入系统的用户的访问级别，所以用户可以将系统的数据任意移走。常见的 C1 级兼容计算机系统有：UNIX，XENIX，Novell 3.x 或更高版本，Windows NT。

C2 级：C2 级在 C1 级的某些不足之处加强了几个特性，C2 级引进了受控访问环境(用户权限级别)的增强特性。这一特性不仅以用户权限为基础，还进一步限制用户执行某些系统指令。授权分级使系统管理员能够将用户分组，授予他们访问某些程序的权限或访问分级目录。另一方面，用户权限以个人为单位授权用户对某一程序所在目录的访问。如果其他程序和数据也在同一目录下，那么用户也将自动得到访问这些信息的权限。C2 级系统还采用了系统审计。审计特性跟踪所有的安全事件，如登录(成功和失败)，以及系统管理员的工作，如改变用户访问和口令。常见的 C2 级操作系统有：UNIX，XENIX，Novell 3.x 或更高版本，Windows NT。

B1 级：B1 级系统支持多级安全，多级是指这一安全保护安装在不同级别的系统中(网络、应用程序、工作站等)，它对敏感信息提供更高级的保护。例如安全级别可以分为解密、保密和绝密级别。

B2 级：这一级别称为结构化的保护。B2 级安全要求计算机系统中所有对象加标签，而且给设备(如工作站、终端和磁盘驱动器)分配安全级别。如即使用户可以访问一台工作站，但可能不允许访问装有员工资料的磁盘子系统。

B3 级：B3 级要求用户工作站或终端通过可信任途径连接网络系统，这一级必须采用硬件来保护安全系统的存储区。

A 级：这是橙皮书中的最高安全级别，这一级有时也称为验证设计。与前面提到的各级级别一样，这一级包括了它下面各级的所有特性。A 级还附加一个安全系统受监视的设计要求，合格的安全个体必须分析并通过这一设计。另外，必须采用严格的形式化方法来证明该系统的安全性。而且在 A 级，所有构成系统的部件的来源必须保证安全，这些安全措施还必须担保在销售过程中这些部件不受损害。例如，在 A 级设置中，一个磁带驱动器从生产厂房直至计算机房都被严密跟踪。

1.5.3 我国信息安全标准化的发展

信息安全标准是信息安全保障体系建设的技术支撑，是维护国家利益和保障国家安全的重要组成部分。信息安全标准体系描述的是信息安全标准整体组成，是整个信息安全标准化工作的指南。建立信息安全标准是我国国家信息安全标准化的重要工作之一。

我国信息安全标准化工作最早可追溯到 20 世纪 80 年代。早在 1984 年 7 月，我国就组建了数据加密标准化技术委员会，并于 1985 年发布了第一个有关信息安全方面的标准。1997 年 8 月，数据加密标准化技术委员会改组成立全国信息技术安全分技术委员会，负责制定信息安全的国家标准。在其推动下，公安部、安全部、国家保密局、国家密码管理委员会(现国家密码管理局)和军队有关部门参与制定了一批信息安全的国家或行业标准，为推动我国信息安全技术在各行业的应用和普及发挥了积极作用。

经过多年的研究，我国国家信息安全标准体系经过多次修改，目前将信息安全标准从总体上划分为七大类：基础标准、技术与机制标准、管理标准、测评标准、密码标准、保密标准和通信安全标准。信息安全标准体系(如图 1-6 所示)主要由体系框架和标准明细表两部分组成，为现阶段信息安全标准制定、修订提供依据，为信息安全保障体系建设提供了支撑。

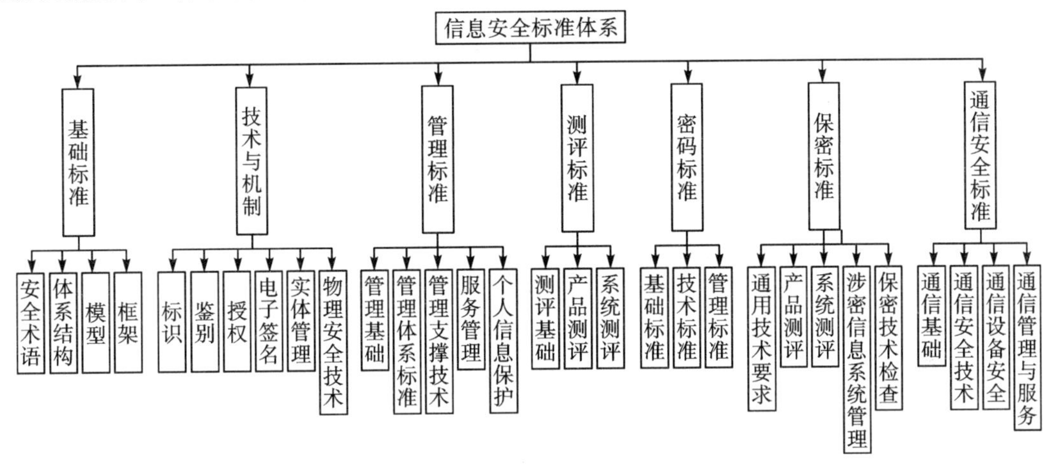

图 1-6　我国信息安全标准体系

1.5.4　我国网络安全等级化保护体系发展历程

等级保护是我们国家的基本网络安全制度、基本国策，也是一套完整和完善的网络安全管理体系。遵循等级保护相关标准开展安全建设是目前企事业单位的普遍要求，也是国家关键信息基础措施保护的基本要求。

1994 年，《中华人民共和国计算机信息系统安全保护条例》(国务院 147 号令)规定，计算机信息系统实行安全等级保护，安全等级的划分标准和安全等级保护的具体办法，由公安部会同有关部门制定，明确了计算机信息系统实行安全等级保护。1999 年 9 月 13 日，由国家公安部提出并组织制定，国家质量技术监督局发布了《计算机信息系统安全保护等级划分准则》，并于 2001 年 1 月 1 日实施，把计算机信息安全划分为 5 个等级。

2003 年，中央办公厅、国务院办公厅颁发《国家信息化领导小组关于加强信息安全保障工作的意见》(中办发〔2003〕27 号)，明确指出“实行信息安全等级保护”。标志着等级保护从计算机信息系统安全保护的一项制度提升到国家信息安全保障的一项基本制度。同时该文明确了各级党委和政府在信息安全保障工作中的领导地位，以及“谁主管谁负责，谁运营谁负责”的信息安全保障责任制。

2004 年 9 月，公安部会同国家保密局、国家密码管理局和国务院信息办四部门联合出台了《关于信息安全等级保护工作的实施意见》。2007 年，四部门联合出台《信息安全等级保护管理办法》，明确了信息安全等级保护制度的基本内容、流程及工作要求，明确了信息系统运营使用单位和主管部门、监管部门在信息安全等级保护工作中的职责、任务，为开展信息安全等级保护工作提供了规范保障。2010 年 4 月公安部出台《关于推动信息安全等级保护测评体系建设和开展等级测评工作的通知》，提出等级保护工作的阶段性目标。

以《计算机信息系统安全保护等级划分准则》(GB 17859—1999)、《信息安全技术信息系统安全等级保护基本要求》(GB/T 22239—2008)为代表的等级保护系列配套标准，称为等级保护 1.0 标准。

2013 年，全国信息安全标准化技术委员会授权 WG5——信息安全评估工作组开始启动等级保护新标准的研究。2016 年 11 月 7 日《中华人民共和国网络安全法》正式颁布，2017 年 1 月至 2 月，全国信息安全标准化技术委员会发布《网络安全等级保护基本要求》系列标准、《网络安全等级保护测评要求》系列标准等征求意见稿。2017 年 5 月，国家公安部发布《网络安全等级保护定级指南》(GA/T 1389—2017)、《网络安全等级保护基本要求第 2 部分：云计算安全扩展要求》(GA/T 1390.2—2017)等 4 个公共安全行业等级保护标准。

2019 年 5 月 13 日，国家市场监督管理总局、国家标准化管理委员会召开新闻发布会，正式发布了等级保护 2.0 相关的《信息安全技术网络安全等级保护基本要求》《信息安全技术网络安全等级保护测评要求》《信息安全技术网络安全等级保护安全设计技术要求》等国家标准。2019 的 12 月 1 日，等级保护 2.0 正式实施。

等级保护 2.0 首次加入了可信计算的相关要求并分级逐级提出可采用可信验证的要求，注意是可采用不是应采用。另外在恶意代码防范方面三级系统要求或采用主动免疫可信验证机制。四级以上恶意代码防范方面要求应采用主动免疫可信验证机制。

等级保护 2.0 新增个人信息保护内容，个人信息安全作为网络安全法的内容在等级保护要求控制项中也独立出现，在当前政务互通、人物互联、个人信息被广泛采集的商业、政务环境下，指出了提升个人信息保护的重要性和必要性。

习题 1

1. 简述网络安全的基本含义。

2. 网络所面临的安全威胁主要有哪些？

3. 主动攻击和被动攻击的区别是什么？

4. 列出安全机制的种类，并进行简单的定义。

5. ISO 开放系统互连安全体系定义了五大类安全服务和提供这些服务的八类安全机制，它们的主要内容是什么？

6. WPPDR 模型的主要内容是什么？

7. 为什么要制定计算机安全的规范与标准？

8. 简述几种常见的网络攻击形式。

第 2 章　密码学

密码学为系统、网络、应用安全提供密码机制，是网络安全机制的基石。本章主要介绍密码学的基本概念、古典密码学、现代密码体制、典型对称密钥密码算法、典型公开密钥密码算法及分析的基本原理。

密码学作为数学的一个分支，是密码编码学和密码分析学的统称。数据加密的基本思想是通过变换信息的表示形式来伪装需要保护的敏感信息，使非授权用户不能了解被保护信息的内容。网络安全使用密码学来辅助完成传递敏感信息的相关问题，主要包括：机密性，仅有发送者和指定的接收者能够理解传输的报文内容，窃听者可以截取到加密了的报文，但不能还原出原来的信息，即不能得到报文内容；鉴别性，发送者和接收者都应该能证实通信过程所涉及的另一方，确实具有其所声称的身份，第三者不能冒充，即能对对方的身份进行鉴别；报文完整性，即使发送者和接收者可以互相鉴别对方，同时还需要确保其通信的内容在传输过程中未被改变；不可否认性，通信方收到通信对方的报文后，还要证实报文确实来自所宣称的发送者，发送者也不能在发送报文以后否认自己发送过报文。

密码学是通信双方按约定的法则对信息进行特定变换的一种重要保密手段。密码学是研究编制密码和破译密码的技术科学。编码学是研究密码变化的客观规律，应用于编制密码以保守通信秘密，而破译学则应用于破译密码以获取通信情报。

2.1　密码学概述

2.1.1　密码学的发展

密码学是一门年轻又古老的学科，它有着悠久而奇妙的历史。它用于保护军事和外交通信可追溯到几千年前。这几千年来，密码学一直在不断地向前发展。而随着当今信息时代的高速发展，密码学的作用也越来越显得重要。它已不仅仅局限于使用在军事、政治和外交方面，而更多的是与人们的生活息息相关，如人们在进行网上购物、与他人交流、使用信用卡、进行匿名投票等，都需要密码学的知识来保护人们的个人信息和隐私。

密码学的发展历史大致可划分为三个阶段。

第一个阶段为从古代到 1949 年。这一时期可看作科学密码学的初期，这段时间的密码技术可以说是一种艺术，而不是一门科学。密码学专家常常是凭直觉和信念来进行密码设计和分析，而不是推理证明。这阶段使用的一些密码体制称为古典密码体制，大多数都比较简单而且容易破译，但这些密码的设计原理和分析方法对于理解、设计和分析现代密码是有帮助的。

第二个阶段为从 1949 年到 1975 年。1949 年 Shannon 发表的《保密系统的信息理论》一文为私钥密码系统建立了理论基础，从此密码学成为一门科学。20 世纪 60 年代以来，计算机和通信系统的普及，带动了个人对数字信息保护及各种安全服务的需求。

第三个阶段为1976年至今。密码学历史上最突出的发展是1976年Diffie和Hellman发表的《密码学的新方向》一文。他们首次证明了在发送端和接收端无密钥传输的保密通信是可能的，从而开创了公钥密码学的新纪元。1978年由Rivest、Shamir和Adleman三人提出了第一个比较完善的实际的公钥加密及签名方案，这就是著名的RSA方案。RSA方案基于另一个困难数学问题——大整数因子分解。这一困难数学问题在密码学中的应用促使人们努力寻找因子分解的更有效方法，并且20世纪80年代在这方面取得一些重要的进展，但是它们都没能说明RSA系统是不安全的。另一类强大而实用的公钥方案在1985年由EIGamal得到，称作EIGamal方案。这个方案在密码协议中有着大量的应用，它的安全性基于离散对数问题。

密码学发展的第三个阶段是密码学最活跃的阶段，不仅有许多的公钥算法提出和发展，同时对称密钥技术也在飞速向前发展。而且密码学应用的重点也转到与人们息息相关的问题上。随着信息技术和网络的迅速发展，密码学的应用也随之扩大。消息鉴别、数字签名、身份认证等都是由密码学发展出来的新技术和新应用。密码学被当作应用数学和计算机科学的一个分支，其理论和技术已经得到迅速发展。

2.1.2 密码学的基本概念

密码学是研究信息系统安全保密的科学，包含密码编码学和密码分析学两个分支。研究密码变化的客观规律，设计各种加密方案，编制密码以保护信息安全的技术称为密码编码学。在不知道任何加密细节的条件下，分析、破译经过加密的信息，以获取信息的技术称为密码分析学或密码破译学。密码学为网络安全中的保密性、完整性、真实性、抗抵赖性等提供了系统理论和方法。

1. 加密通信模型

密码技术的一个基本功能是实现保密通信，一个典型的加密通信模型如图2-1所示。

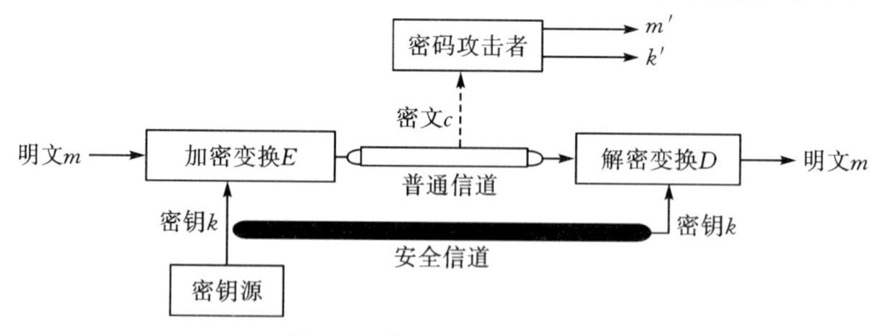

图2-1 典型加密通信模型

2. 基本概念

明文：消息被称为明文，明文可以是一个二进制序列、一个文本、一张图片、一段声音或者录像。明文常用m或p表示。所有可能明文的有限集称为明文空间，通常用M或P来表示。

密文：对明文施加某种伪装或变换后的输出，也可认为是不可直接理解的字符或比特集，密文常用c表示。所有可能密文的有限集称为密文空间，通常用C表示。

密钥：密码算法中的一个可变参数，通常是一组满足一定条件的随机序列。通常用k表示。一切可能的密钥构成的有限集称为密钥空间，通常用 K 表示。

加密算法：把原始的信息（明文）转换为密文的信息变换过程。相应的变换过程称为加密，通常用 E 表示，即 $c=E_k(m)$。

解密算法：把已加密的信息（密文）恢复成原始信息明文的过程，也称为脱密，通常用 D 表示，即 $m=D_k(c)$。

用于加解密并能够解决网络安全中的机密性、完整性、可用性、可控性和真实性等问题中的一个或几个的系统称为密码体制。密码体制可以定义一个五元组 $\{M,C,K,E,D\}$。

M 称为明文空间，是所有可能的明文构成的集合。

C 称为密文空间，是所有可能的密文构成的集合。

K 称为密钥空间，是所有可能的密钥构成的集合。

E 和 D 分别表示加密算法和解密算法的集合。

对于明文空间 M 中的每一个明文(m)，加密算法 E 在加密密钥 K_e 的控制下将明文(m)加密成密文 c；而解密算法 D 则在密钥 K_d 的控制下将密文 c 解密成同一明文(m)，用数学公式表示如下。

加密：$C=E(K_e,M)$。

解密：$M=D(K_d,C)$。

为了使加密后再解密可以恢复出明文，等式

$$M=D(K_d,E(K_e,M))$$

应当成立。

加密和解密的过程如图 2-2 所示。

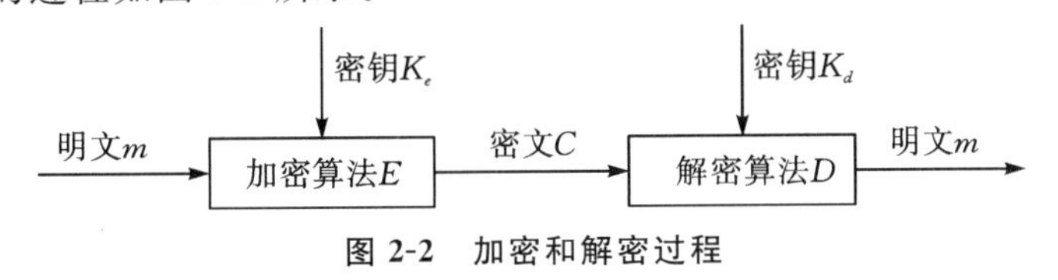

图 2-2　加密和解密过程

一个密码体制的安全性涉及以下两方面的因素。

(1)所使用的密码算法的保密强度。密码算法的保密强度取决于密码设计水平、破译技术等。密码系统所使用的密码算法的保密强度是该系统安全性的技术保证。

(2)密码算法之外的不安全因素。即使密码算法能够达到实际不可破译，攻击者仍有可能通过其他非技术手段攻破一个密码系统。这些不安全因素来自管理或使用中的漏洞。

实际使用中，根据 Kerckhoff 假设：一个密码系统的安全性应该不依赖于对密码算法的保密，而依赖于密钥的保密。所以一个实用的密码系统还应该易于实现和使用。

3. 密码攻击类型

从技术上看来，一个密码体制的安全性取决于所使用密码算法的强度。对于实际应用中的密码系统而言，由于至少存在一种破译方法，即强力攻击法，因此密码体制都不能满足无条件安全性，只能提供计算上的安全性。密码系统要达到实际安全性，就要满足以下准则。

(1)破译该密码系统的实际计算量（包括计算时间或费用）十分巨大，相当于在实际操作中无法实现。

(2)破译该密码系统所需要的计算时间超过被加密信息有用的生命周期。

(3)破译该密码系统的费用超过被加密信息本身的价值。

如果一个密码系统能够满足以上准则之一,就可以认为是满足实际安全性的,是计算上安全的。即对一个计算上安全的密码体制,虽然理论上可以破译,但由获得的密文以及某些明文/密文来确定明文,却需要付出巨大的代价,而不能在希望的时间内或实际的可能条件下得到答案。

对于密码体制来说,密码分析者破译或攻击密码的方法主要有穷举攻击法、统计分析法和数学分析攻击法。

(1)穷举攻击法。

穷举攻击法又称为强力或蛮力攻击。这种攻击方法是对截获到的密文尝试遍历所有可能的密钥,直到获得了一种从密文到明文的可理解的转换;或使用不变的密钥对所有可能的明文加密直到得到与截获到的密文一致为止。

(2)统计分析法。

统计分析攻击法是指密码分析者根据明文、密文和密钥的统计规律来破译密码的方法。

(3)数学分析法。

数学分析攻击法是指密码分析者针对加解密算法的数学基础和某些密码学特性,通过数学求解的方法来破译密码。数学分析攻击是对基于数学难题的各种密码算法的主要威胁。

在假设密码分析者已知所用加密算法全部知识的情况下,根据密码分析者对明文、密文等数据资源的掌握程度,可以将针对加密系统的密码分析攻击类型分为以下四种,如表 2-1 所示。

表 2-1 密码分析攻击

攻击类型	密码分析者已知的信息
唯密文攻击	加密算法; 要解密的密文。
已知明文攻击	加密算法; 要解密的密文; 用(与待解的密文)同一密钥加密的一个或多个明文-密文对。
选择明文攻击	加密算法: 要解密的密文; 分析者任意选择的明文及对应的密文(与待解的密文使用同一密钥加密)。
选择密文攻击	加密算法; 要解密的密文; 分析者有目的地选择的一些密文,以及对应的明文(与待解的密文使用同一密钥解密)。

(1)唯密文攻击。

在唯密文攻击中,密码分析者拥有一些消息的密文,这些消息都是用同样的加密算法来加密的。密码分析者的任务是尽可能多地恢复出明文。当然,最好能够得到加密消息所使用的密钥,以便利用该密钥尽可能多地去解读其他的密文。

(2)已知明文攻击。

已知明文攻击是指密码分析者除了有截获的密文外,还有一些已知的明文-密文对来破译密码。密码分析者的任务目标是推出用来加密的密钥或某种算法,这种算法可以对用该密钥加密的任何新的消息进行解密。

(3)选择明文攻击。

选择明文攻击是指密码分析者不仅可得到一些明文-密文对,还可以选择被加密的明文,并获得相应的密文。这时密码分析者能够选择特定的明文数据块去加密,并比较明文和对应的密文,以分析和发现更多的与密钥相关的信息。

密码分析者的任务目标也是推出用来加密的密钥或某种算法,该算法可以对用该密钥加密的任何新的消息进行解密。

(4)选择密文攻击。

选择密文攻击是指密码分析者可以选择一些密文,并得到相应的明文。密码分析者的任务目标是推出密钥。这种密码分析多用于攻击公钥密码体制。

上述四种攻击的目的是推导出加解密所使用的密钥。这四种攻击的强度依次加强。唯密文攻击是最弱的一种攻击,选择密文攻击是最强的一种攻击。如果一个密码体制能够抵抗选择密文攻击,则它能抵抗其余三种攻击。

使用计算机对所有可能的密钥组合进行测试,直到有一个合法的密钥能够把密文还原成明文,这就是穷举攻击。

2.1.3　密码体制的分类

从不同角度,根据不同标准,可以将密码体制分成不同的类型。

根据加解密是否使用相同的密钥,分为以下三种体制。

(1)单密钥密码体制(或对称密码体制):密码体制的加密密钥与解密密钥相同。

(2)双密钥密码体制(或非对称密码体制):密码体制的加密密钥与解密密钥不同。

(3)公钥密码体制:在公钥密码体制中,通过其中一个密钥推导另外一个密钥非常困难。两个不同的密钥,其中一个是公开的,另一个是保密的。

根据明文加密时处理单元的长度,分为分组密码和流密码。

(1)分组密码体制:加密时先将明文序列按固定长度分组,每个明文分组用相同的密钥和算法进行变换,得到一组密文。密码以分组为单位,在密钥控制下进行一系列的线性和非线性的变化而得到密文,变换过程中重复使用了代换和置换两种基本的加密技术。分组密码具有良好的扩散性、较强的适应性、对插入信息的敏感性等特点。

(2)流密码体制:加密和解密每次只处理数据流的一个符号(一个字符或一个比特)。典型的流密码算法每次加密一个字节的明文。在加密过程中,首先把报文、语音、图像、数据等原始明文转换成明文序列,然后将密钥输入一个伪随机数发生器,该伪随机数发生器产生一串随机的 8 位比特数,称为密钥流或密钥序列。将明文序列与密钥序列进行异或(XOR)操作产生密文流。解密需要使用相同的密钥序列，与密文相异或，得到明文。

根据加密过程中转换操作的原理分为代换密码和置换密码。

(1)代换密码：也称替换密码，加密过程中，将明文的每个或每组字符由另外一个或一组字符代替，形成密文。

(2)置换密码：也称为移位密码，加密时只对明文字母进行重新排序，每个字母的位置发生了改变，形成密文。

代替和置换密码技术广泛应用于古典密码中。

2.2 古典密码体制

古典密码时期的密码技术算不上真正的科学，当时的密码学家凭借直觉进行密码分析和设计，以手工方式，最多是借助简单器具，来完成加密和解密操作。这样的密码称为古典密码体制。

古典密码技术以字符为基本加密单元，比较简单，经受不住现代密码分析手段的攻击。在漫长的发展演化过程中，古典密码学充分体现了现代密码学的两大基本思想——置换和代换，还将数学的方法引入密码分析和研究中，为后来密码学成为系统学科以及相关学科的发展奠定了坚实的基础。研究古典密码有助于理解、分析和设计现代密码技术。

古典密码的约定：加解密时忽略空格和标点符号。如果保留空格和符号，密文就会保持明文的结构特点，为攻击者提供了便利；解密时正确地还原这些空格和符号也是比较容易。

2.2.1 置换技术

置换密码不改变明文字符，按照某一规则重新排列消息中的字母或字符顺序，实现明文信息的加密。在置换密码体系中，为了通信安全性，必须保证仅有发送者和接收者知道加密置换和对应的解密置换。

置换密码有时又称为换位密码，矩阵换位法是实现置换密码的一种新的方法。它将明文中的字母按照给定的顺序安排在一个矩阵中，然后根据密钥提供的顺序重新组合矩阵中的字母，从而形成密文。置换是一个简单的换位，每一个置换都可以用一个置换矩阵 E_K 来表示，每个置换都有一个与之对应的逆置换 D_K。

1. 栅栏密码

栅栏技术是最简单的置换技术。栅栏技术把要加密的明文分成 N 个一组，然后把每组的第一个字符连起来，再加上第二个、第三个……以此类推。本质上，是把明文字母一列一列(列高就是 N)组成一个矩阵，然后一行一行地读出。

例如，令 $N=4$，明文为“can you understand”，将明文去除空格后，按 $4\times N$ 的矩阵进行排列。按顺序 4 个组成一组，得到如表 2-2 所示的栅栏密码表。

表 2-2　栅栏密码表

1	2	3	4
c	a	n	y
o	u	u	n
d	e	r	s
t	a	n	d

将整个消息按列读出，如果把列的顺序打乱，则列的次序就是算法的密钥。如：

密钥：4312。

明文：can you understand。

密文：y n s d n u r n c o d t a u e a。

单纯的置换密码加密得到的密文有着与原始明文相同字母频率特征，因而较容易被识破。而且双字母音节和三字母音节分析办法更容易破译这种加密方法。

2. 多步置换

多步置换密码相对复杂一些，这种置换是不容易构造出来的，针对上文的消息用相同的算法再加密一次。

密钥：3142。

明文：y n s d

n u r n

c o d t

a u e a。

密文：s r d e y n c a d n t a n u o u。

经过两次置换后，字母的排列已经没有什么明显的规律了，对密文的分析要困难得多。

2.2.2　代换技术

代换密码是古典密码中最基本的处理方式，在现代密码学中也得到广泛应用。代换法就是将明文字母用其他字母、数字或符号替换。如果明文是二进制序列，那么代换就是用密文位串来代换明文位串。代换密码是建立一个或多个代换表，加密时将需要加密的明文字母依次通过查表代换为相应的字符。明文字母就会代换成没有实际意义的字符，即密文。这时，代换表就是密钥，有了这个密钥就可以进行加解密了。

1. 恺撒密码

在密码学中，恺撒密码（或称恺撒加密、恺撒变换、变换加密）是一种最简单且最广为人知的加密技术，它是一种替换加密的技术。这个加密方法是以恺撒的名字命名的，当年恺撒曾用此方法与其将军们进行联系。

恺撒密码作为一种最为古老的对称加密体制，在古罗马的时候已经很流行，它的基本思想是：通过把字母移动一定的位数来实现加密和解密。明文中的所有字母都在字母表上向后（或向前）按照一个固定数目进行偏移后被替换成密文。例如，当偏移量是 3 的时候，所有的字母

A 将被替换成 D,B 变成 E,以此类推,X 将变成 A,Y 变成 B,Z 变成 C,如图 2-3 所示。由此可见,偏移量就是恺撒密码加密和解密的密钥。

$$e=\begin{pmatrix} A\ B\ C\ D\ E\ F\ G\ H\ I\ J\ K\ L\ M\ N\ O\ P\ Q\ R\ S\ T\ U\ V\ W\ X\ Y\ Z \\ D\ E\ F\ G\ H\ I\ J\ K\ L\ M\ N\ O\ P\ Q\ R\ S\ T\ U\ V\ W\ X\ Y\ Z\ A\ B\ C \end{pmatrix}$$

图 2-3 恺撒密码表

用数学描述,用数字表示每个字母如图 2-4 所示。

A	B	C	D	E	F	G	H	I	J	K	L	M	N	O	P	Q	R	S	T	U	V	W	X	Y	Z
0	1	2	3	4	5	6	7	8	9	10	11	12	13	14	15	16	17	18	19	20	21	22	23	24	25

图 2-4 字母的数学描述

可以通过以下方式对信息进行加解密。

$c=E(m)=(m+k)\bmod 26$,

$m=D(c)=(c-k)\bmod 26$,

明文 $m\in Z_{26}$,密文 $c\in Z_{26}$,密钥 k 的区间为[1,25],总共只有 25 种可能的密钥。

如果已知某给定的密文是恺撒密码,那么穷举攻击是很容易实现的,只要简单地测试所有 25 种可能的密钥。

恺撒密码的 3 个重要特征使其容易被穷举攻击分析方法攻破。

(1)加密和解密算法已知。

(2)密钥空间大小只有 25。

(3)明文所用的语言是已知的,且其意义易于识别。

2. 单表代换密码

单表代换加密算法也是对称加密算法的一种,单表代换加密算法主要是通过输入的密钥建立一个明文字符和密文字符的映射表来实现加密,它的密钥空间是 26!,因此它相对于恺撒密码在抗穷举攻击方面有很大的改进,但是抗频率统计攻击方面就较为脆弱,只要密文的长度足够,就可以轻易地进行唯密文攻击。

单表代换加密算法如图 2-5 所示,加密者先输入密钥,用算法检查是否符合规范,例如不能重复,而且密钥要有 26 个字符。然后根据密钥,把密钥中的字符和明文中存在的字符的 26 个字母一一对应起来,即建立代换表。然后输入明文,利用代换表把明文中的字母替换成代换表中相应的字母,从而生成密文。

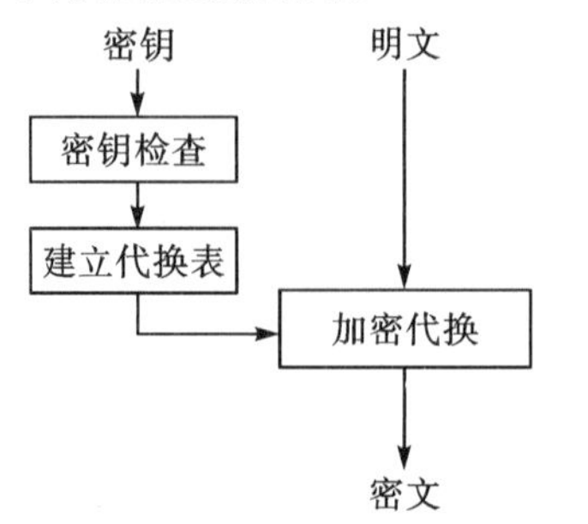

图 2-5 单表代换加密算法

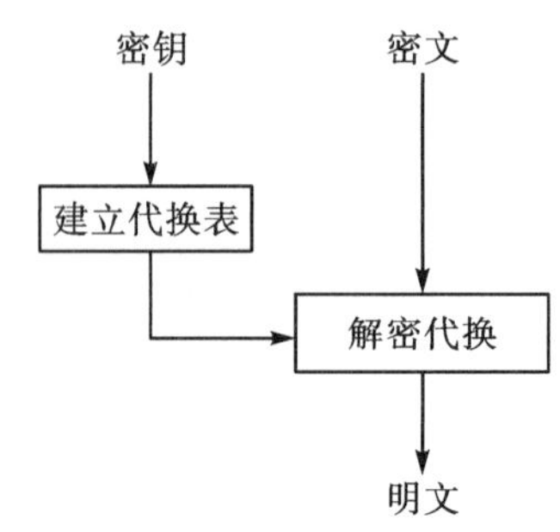

图 2-6 单表代换解密算法

单表代换解密算法如图 2-6 所示，输入密钥建立代换表，然后像加密一样，把密文中的字母替换成代换表中相应的字母，从而再现明文。

利用密钥短语密码选取一个英文短语作为密钥字，不同的密钥字可得到不同的替换表。如密钥字为“happy new year”，则去掉重复字母得 hapynewr。将去重复字母的密钥字依次写在明文字母表之下，而后再将字母表中未在短语中出现过的字母依次写于此短语之后，就可构造出一个字母代换表，即明文字母表到密文字母表的映射规则。

例如，密钥为 cipher，

若明文为：networksecurity，

则密文为：letwmqgsepuqdty。

如果允许密文行是 26 个字母任意置换，那么就有 26！(4×10^{26})种可能的密钥，大致可以抵挡穷举攻击。但是攻击的办法仍然存在。如果密码分析知道明文(如未经压缩的英文文本)的属性，就可以利用语言的一些规律进行攻击。例如，首先把密文中字母使用的相对频率统计出来，然后与英文字母的使用频率分布进行比较。如果已知消息足够长，只用这种方法就可以了。即使已知消息相对较短，不能得到准确的字母匹配，密码分析者也可以推测可能的明文字母与密文字母的对应关系，并结合其规律推测字母代换表。另一种方法是统计双字母组合的频率，然后与明文的双字母组合频率相对照，以此来找到明文和密文的对应关系。

3. 多表代换密码

单表代换密码带有原始字母，使用频率统计分析较容易攻破。通过对每个明文字母提供多种代换，即对明文消息采用多个不同的单表代换，这种方法称为多表代换密码。

较为典型的多表代换密码为 Vigenere 密码。它的代换规则集由 26 个类似恺撒密码的代换表组成，其中每一个代换表是对明文字母表移位 0～25 次之后得到的代换单表。每一个密码代换表由一个密钥字母来表示，这个密钥字母用来代换明文字母，Vigenere 密码表如图 2-7 所示。

最左边的一列是密钥字母，最顶部一行是明文的标准字母表，26 个密码水平置换。加密过程比较简单，例如，给定密钥字母 X 和明文字母 Y，密文字母是位于 X 行和 Y 列交汇的字母。

加密一条消息需要与消息一样长的密钥。通常，密钥是一个密钥词的重复，如密钥字是“google”，那么对于明文消息“buy you tube”，则加密过程如下：

密钥：googlegoog，

明文：buyyoutube，

密文：himezyzipk。

解密同样简单，密钥字母决定行，密文字母所在列的顶部字母就是明文字母。

Vigenere 密码的强度在于每个明文字母对应着多个密文字母，且每个使用唯一的字母，因字母出现的频率信息被隐蔽了，抗攻击性大大增强。历史上以 Vigenere 密码表为基础又演变出很多加密方法，其基本元素无非是密钥和密码表。

	A	B	C	D	E	F	G	H	I	J	K	L	M	N	O	P	Q	R	S	T	U	V	W	X	Y	Z
A	A	B	C	D	E	F	G	H	I	J	K	L	M	N	O	P	Q	R	S	T	U	V	W	X	Y	Z
B	B	C	D	E	F	G	H	I	J	K	L	M	N	O	P	Q	R	S	T	U	V	W	X	Y	Z	A
C	C	D	E	F	G	H	I	J	K	L	M	N	O	P	Q	R	S	T	U	V	W	X	Y	Z	A	B
D	D	E	F	G	H	I	J	K	L	M	N	O	P	Q	R	S	T	U	V	W	X	Y	Z	A	B	C
E	E	F	G	H	I	J	K	L	M	N	O	P	Q	R	S	T	U	V	W	X	Y	Z	A	B	C	D
F	F	G	H	I	J	K	L	M	N	O	P	Q	R	S	T	U	V	W	X	Y	Z	A	B	C	D	E
G	G	H	I	J	K	L	M	N	O	P	Q	R	S	T	U	V	W	X	Y	Z	A	B	C	D	E	F
H	H	I	J	K	L	M	N	O	P	Q	R	S	T	U	V	W	X	Y	Z	A	B	C	D	E	F	G
I	I	J	K	L	M	N	O	P	Q	R	S	T	U	V	W	X	Y	Z	A	B	C	D	E	F	G	H
J	J	K	L	M	N	O	P	Q	R	S	T	U	V	W	X	Y	Z	A	B	C	D	E	F	G	H	I
K	K	L	M	N	O	P	Q	R	S	T	U	V	W	X	Y	Z	A	B	C	D	E	F	G	H	I	J
L	L	M	N	O	P	Q	R	S	T	U	V	W	X	Y	Z	A	B	C	D	E	F	G	H	I	J	K
M	M	N	O	P	Q	R	S	T	U	V	W	X	Y	Z	A	B	C	D	E	F	G	H	I	J	K	L
N	N	O	P	Q	R	S	T	U	V	W	X	Y	Z	A	B	C	D	E	F	G	H	I	J	K	L	M
O	O	P	Q	R	S	T	U	V	W	X	Y	Z	A	B	C	D	E	F	G	H	I	J	K	L	M	N
P	P	Q	R	S	T	U	V	W	X	Y	Z	A	B	C	D	E	F	G	H	I	J	K	L	M	N	O
Q	Q	R	S	T	U	V	W	X	Y	Z	A	B	C	D	E	F	G	H	I	J	K	L	M	N	O	P
R	R	S	T	U	V	W	X	Y	Z	A	B	C	D	E	F	G	H	I	J	K	L	M	N	O	P	Q
S	S	T	U	V	W	X	Y	Z	A	B	C	D	E	F	G	H	I	J	K	L	M	N	O	P	Q	R
T	T	U	V	W	X	Y	Z	A	B	C	D	E	F	G	H	I	J	K	L	M	N	O	P	Q	R	S
U	U	V	W	X	Y	Z	A	B	C	D	E	F	G	H	I	J	K	L	M	N	O	P	Q	R	S	T
V	V	W	X	Y	Z	A	B	C	D	E	F	G	H	I	J	K	L	M	N	O	P	Q	R	S	T	U
W	W	X	Y	Z	A	B	C	D	E	F	G	H	I	J	K	L	M	N	O	P	Q	R	S	T	U	V
X	X	Y	Z	A	B	C	D	E	F	G	H	I	J	K	L	M	N	O	P	Q	R	S	T	U	V	W
Y	Y	Z	A	B	C	D	E	F	G	H	I	J	K	L	M	N	O	P	Q	R	S	T	U	V	W	X
Z	Z	A	B	C	D	E	F	G	H	I	J	K	L	M	N	O	P	Q	R	S	T	U	V	W	X	Y

图 2-7 Vigenere 密码表

4. Hill 密码

Hill 密码也是一种著名的多表代换密码。Hill 密码可以用矩阵变换方便地描述多字母代换密码，也称为矩阵变换密码，由 Lester S. Hill 在 1929 年发明。每个字母指定为一个 26 进制的数字：$a=0,b=1,c=2,\cdots,z=25$。m 个连续的明文字母被看作 m 维向量，与一个 $m\times m$ 的加密矩阵相乘，再将得出的结果模 26，得到 m 个密文字母。即 m 个连续的明文字母作为一个单元，被转换成等长的密文单元。注意，加密矩阵（密钥）必须是可逆的，否则就不能解密。

如 $m=4$，则该密码体制可以描述为

$$\begin{bmatrix} c_1 \\ c_2 \\ c_3 \\ c_4 \end{bmatrix} = \begin{bmatrix} k_{11} & k_{12} & k_{13} & k_{14} \\ k_{21} & k_{22} & k_{23} & k_{24} \\ k_{31} & k_{32} & k_{33} & k_{34} \\ k_{41} & k_{42} & k_{43} & k_{44} \end{bmatrix} \begin{bmatrix} p_1 \\ p_2 \\ p_3 \\ p_4 \end{bmatrix} \mathrm{mod}26$$

或

$$C=E(\boldsymbol{K},\boldsymbol{P})=\boldsymbol{KP}\mathrm{mod}26,$$

其中，$\boldsymbol{C}$ 和 $\boldsymbol{P}$ 是长度为 4 的列向量，分别代表密文和明文，$\boldsymbol{K}$ 是一个 4×4 矩阵，代表加密矩阵（密钥）。运算按模 26 执行。例如，对明文“hill”，用向量表示为 $[7 \quad 8 \quad 11 \quad 11]^{\mathrm{T}}$（T 代表矩阵转置），进行加密过程。

密钥的产生：先要决定所采用的密钥矩阵，注意 $\det(\boldsymbol{K})$ 必须和 26 互质，即 $\gcd(\det(\boldsymbol{K}),26)=1$，否则不存在 $\boldsymbol{K}$ 的反矩阵，无法正常解密。

$$K=\begin{bmatrix} 8 & 6 & 9 & 5 \\ 6 & 9 & 5 & 10 \\ 5 & 8 & 4 & 9 \\ 10 & 6 & 11 & 4 \end{bmatrix},$$

加密过程：$C=(7\quad 8\quad 11\quad 11)\begin{bmatrix} 8 & 6 & 9 & 5 \\ 6 & 9 & 5 & 10 \\ 5 & 8 & 4 & 9 \\ 10 & 6 & 11 & 4 \end{bmatrix}\text{mod}26$。

经过加密运算，得到密文：$C=(9\quad 8\quad 8\quad 24)=(\text{J}\quad \text{I}\quad \text{I}\quad \text{Y})$。

解密过程如下。

先计算密钥矩阵的逆矩阵

$$K^{-1}=\begin{bmatrix} 23 & 20 & 5 & 1 \\ 2 & 11 & 18 & 1 \\ 2 & 20 & 6 & 25 \\ 25 & 2 & 22 & 25 \end{bmatrix}。$$

使用解密算法

$$M=C\times K^{-1}=(9\quad 8\quad 8\quad 24)\begin{bmatrix} 23 & 20 & 5 & 1 \\ 2 & 11 & 18 & 1 \\ 2 & 20 & 6 & 25 \\ 25 & 2 & 22 & 25 \end{bmatrix}\text{mod}26。$$

经过解密运算，得到明文

$$M=(7\quad 8\quad 11\quad 11)=(\text{H}\quad \text{I}\quad \text{L}\quad \text{L})。$$

Hill 密码的优点是完全隐蔽了单字母频率特性。实现上，Hill 密码的矩阵越大，所隐藏的频率信息就越多。而且，Hill 密码的密钥采用矩阵形式，不仅隐藏了单字母的频率特性，还隐藏了双字母的频率特性。

5.乘积密码

对每个 $c, m\in Z_n$，乘积密码的加密和解密算法是：

$$C=E_k(m)=(mk)\text{mod}n,$$

$$M=D_k(c)=(ck^{-1})\text{mod}n,$$

其中 k 和 n 互素，即 $\gcd(k,n)=1$，否则不存在模逆元，不能正确解密。显然乘法密码的密码空间大小是 $\varphi(n)$，$\varphi(n)$是欧拉函数。可以看到乘法密码的密钥空间很小，当 n 为 26 个字母，则与 26 互素的数是 1、3、5、7、9、11、15、17、19、21、23、25，即 $\varphi(n)=12$，因此乘法密码的密钥空间为 12。

乘法密码也称采样密码，因为密文字母表是将明文字母按照下标每隔 k 位取出一个字母排列而成。

假设英文字母选取密码为 9，使用乘法密码的加密算法，那么明文字母和密文字母的代换表构造如表 2-3 所示。

表 2-3 明文字母和密文字母的代换表

原字母	a	b	c	d	e	f	g	h	i	j	k	l	m
原字母的值	0	1	2	3	4	5	6	7	8	9	10	11	12
代换字母的值	0	9	18	1	10	19	2	11	20	3	12	21	4
代换字母	A	J	S	B	K	T	C	L	U	D	M	V	E
原字母	n	o	p	q	r	s	t	u	v	w	x	y	z
原字母的值	13	14	15	16	17	18	19	20	21	22	23	24	25
代换字母的值	13	22	5	14	23	6	15	24	7	16	25	8	17
代换字母	N	W	F	O	X	G	P	Y	H	Q	Z	I	R

若明文为“network security”，则密文为“NKPQWXMGKSYXUPI”。

6. 仿射密码

将加密密码和乘积密码结合就构成了仿射密码，仿射密码的加密和解密算法是：

$$C=E_k(m)=(k_1m+k_2)\bmod n,$$

$$M=D_k(c)=k_1^{-1}(c-k_2)\bmod n。$$

仿射密码具有可逆性的条件是 $\gcd(k,n)=1$。当 $k_1=0$ 时，仿射密码变为加法密码，当 $k_2=0$ 时，仿射密码变为乘积密码。

仿射密码中的密钥空间的大小为 $n\varphi(n)$，当 n 为英文字母的个数，即 n 为 26，$\varphi(n)=12$，因此仿射密码的密钥空间为 $12\times26=312$。

假设密钥 $k=(7,3)$，用仿射密码加密明文 cost。则 cost 对应的数值 2、14、18 和 19。分别加密如下：

$$(7\times2+3)\text{mod}26=17\text{mod}26=17,$$

$$(7\times14+3)\text{mod}26=101\text{mod}26=23,$$

$$(7\times18+3)\text{mod}26=129\text{mod}26=25,$$

$$(7\times19+3)\text{mod}26=136\text{mod}26=6,$$

所以密文数值为 17、23、25、6，对应的密文为 RXZG。

2.2.3 古典密码安全分析

由于古典密码中的密钥空间相对不大，大多数算法都不能很好地抵抗密钥的穷举攻击。在一定条件下，古典密码体制中的任何一种都可以被破译。古典密码对已知明文攻击是非常脆弱的，使用唯密文攻击，大多数古典密码很容易地攻破。由于在古典密码中多是用于保护英文表达的明文信息，大多数古典密码都不能很好地隐藏明文消息的统计特征，所以英文的语言统计特性就成为攻击者有力的工具。

英文字母中单字母出现频率统计如图 2-8 所示，26 个字母按照出现频率的大小可分为以下 5 类。

(1)e：出现的频率大约为 12.7%。

(2) t、a、o、i、n、s、h、r：出现的频率为 6%～9%。

(3) d 和 l：出现的频率约为 4%。

(4) c、u、m、w、v、f、g、y、p、b：出现的频率为 1.25%～3.5%。

(5) k、j、x、q、z：出现的频率小于 1%。

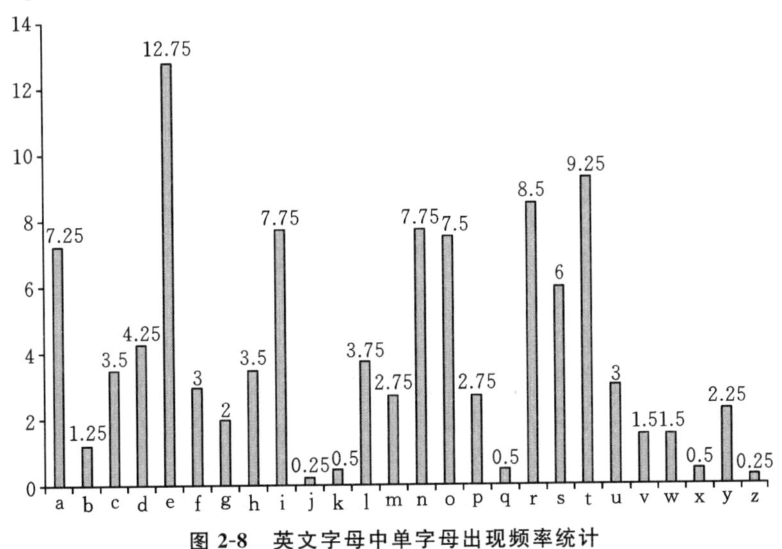

图 2-8　英文字母中单字母出现频率统计

双字母和三字母组合都有现成的统计数据，常见的双字母组合和三字母组合统计表能帮助破解密文。

出现频率最高的 30 个双字母（按照频率从高到低排列）如下：

th　he　in　er　an　re　ed　on　es　st

en　at　to　nt　ha　nd　ou　ea　ng　as

or　ti　is　et　it　ar　te　se　hi　of

出现频率最高的 20 个三字母（按照频率从高到低排列）如下：

the　ing　and　her　ere　ent　tha　nth　was　eth

for　dth　hat　she　ion　int　his　sth　ers　ver

在仅有密文的情况下，攻击者可以通过如下步骤进行破译。

(1) 统计密文中每个字母出现的频率。

(2) 从出现频率最高的几个字母开始，结合双字母组合、三字母组合出现的频率，如果是英文中出现频率较高的字母和字母组合所对应的密文，逐步试探，推测各密文字母对应的明文字母。

(3) 重复第 2 步的试探，直到得到有意义的英文词句和段落。

假设下面的密文是由单表代换产生的：

UZQSOVUOHXMOPVGPOZPEVSGZWSZOPFPESXUDBMETSXAIZVUEPHZHMDZSHZOWSFPAPPDTSVPQUZWYMXUZUHSXEPYEPOPDZSZUFPOMBZWPFUPZHMDJUDTMOHMQ

试破译该密文。

首先统计密文中字母出现的频率，然后与英文字母出现的频率进行比较。密文中字母的相对频率统计如表 2-4 所示。

表 2-4 密文中字母的相对频率统计

字母	次数	频率(%)	字母	次数	频率(%)	字母	次数	频率(%)	字母	次数	频率(%)
A	2	1.67	H	7	5.83	O	9	7.50	V	5	4.17
B	2	1.67	I	1	0.83	P	16	13.33	W	4	3.33
C	0	0.00	J	1	0.83	Q	3	2.50	X	5	4.17
D	6	5.00	K	0	0.00	R	0	0.00	Y	2	1.67
E	6	5.00	L	0	0.00	S	10	8.33	Z	14	11.67
F	4	3.33	M	8	6.67	T	3	2.55			
G	2	1.67	N	0	0.00	U	10	8.33			

将统计结果与图 2-8 进行比较，可以猜测密文中 P 与 Z 可能是 e 和 t，密文中的 S、U、O、M 出现频率比较高，可能与明文字母中出现频率相对较高的 a、o、i、n、s、h、r 这些字母对应。密文中出现频率很低的几个字母 C、K、L、N、R、I、J 可能与明文字母中出现频率较低的字母 v、k、j、x、q、z 对应。就这样边试边改，最后得到如下明文：

it was disclosed yesterday that several informal but direct contacts have been made with political representatives of the viet cong in moscow

在尝试的过程中，如果同时使用双字母和三字母的统计规律，那么更容易破译密文。如上面的密文中出现最多的双字母是 ZW，它可能对应明文双字母出现频率较大的 th，那么 ZWP 就可能是 the，这样就更容易试出明文。

2.3 现代密码体制

古典密码中加密所采用的主要方法是代换和置换，现在来看，所有的古典密码体制都是容易破译的。1949 年 Shannon 的论文《保密系统的通信理论》的出现，标志着密码学作为一门独立的学科的形成。信息论成为密码学的重要的理论基础之一。Shannon 建议采用扩散、混淆和乘积迭代的方法设计密码。扩散就是将每一位明文和密钥的影响扩散到尽可能多的密文数字中。这样使得密钥和明文以及密文之间的依赖关系复杂，以至于这种依赖性对于密码分析者来说无法利用。产生扩散的方法就是置换。混淆用于掩盖明文和密文之间的关系，使得密钥的每一位影响密文的许多位，以防止对密钥进行逐段破译，并且明文的每一位也应影响密文的许多位，以便隐蔽明文的统计特性。用代换方法可以实现混淆。混淆就是使密文和密钥之间的关系复杂化，从而使密文和明文之间，密文和密钥之间的统计相关性较小，使统计分析不能奏效。

设计一个复杂的密码一般比较困难，而设计一个简单的密码相对比较容易，因此利用乘积迭代的方法对简单密码进行组合迭代,可以得到理想的扩散和混淆,从而得到安全的密码。如近代分组密码(DES、AES)的采用都体现了 Shannon 的设计思想。

为了适应社会对计算机数据安全越来越高的保密需求,美国国家标准局(NBS),即现在的美国国家标准和技术研究所(NIST)于 1973 年 5 月向社会公开征集标准加密算法,并公布了它的设计要求。

(1)算法必须提供高度的安全性。

(2)算法必须有详细的说明,并易于理解。

(3)算法的安全性取决于密钥,不依赖于算法。

(4)算法适应于所有用户。

(5)算法适应于不同应用场合。

(6)算法必须高效、经济。

(7)算法必须能被证实有效。

1974 年 8 月 27 日,NBS 进行第二次征集,IBM 提交了算法 Lucifer,该算法由 Feistel 领导团队研究开发,采用 64 位分组以及 128 位密钥。IBM 用改版的 Lucifer 算法参加竞争并获胜,成为数据加密标准(DES)。1976 年 11 月 23 日,采纳为美国联邦标准,批准用于非军事场合的各种政府机构。1977 年 1 月 15 日,数据加密标准,即 FIPS PUB 46 被正式发布。DES 是分组密码的典型代表,也是第一个被公布出来的加密标准算法。现在大多数对称分组密码也是基于 Feistel 密码结构的。

2.3.1 数据加密标准 DES

数据加密标准(DES)是使用最广泛的密码系统,DES 采用了 S-P 网络结构,分组长度为 64 位,密钥长度 56 位,加密和解密使用同一算法、同一密钥、同一结构。区别是加密和解密过程中 16 个子密钥的应用顺序相反。

DES 加密运算的整体逻辑结构如图 2-9 所示。对于任意加密方案,共有两个输入——明文和密钥。DES 的明文长为 64 位,密钥事实上是 56 位参与 DES 运算(第 8、16、24、32、40、48、56、64 位是校验位,使得每个密钥都有奇数个 1),分组后的明文组和 56 位的密钥按位替代或交换的方法形成密文组。实际中明文分组不够 64 位,应填充使所有分组对齐为 64 位;解密过程则需要去除填充信息。

DES 同时使用了代换和置换两种技术。用 56 位密钥加密 64 位明文,最后输出 64 位密文。整个过程由两大部分组成:一个是加密过程,一个是子密钥产生过程。加密过程如图 2-9 所示,其中左半部分的处理过程分以下 3 个阶段:

(1)64 位明文经过初始置换 IP 而被重新排列,分为左右各 32 位。

(2)左右两半经过 16 轮的迭代,每轮的作用中都有置换和代换,然后再左右两半互换产生预输出。

(3)互换后的左右两半合并，再经过初始逆置换 IP^{-1}(与初始置换 IP 互逆)的作用输出 64 位密文。

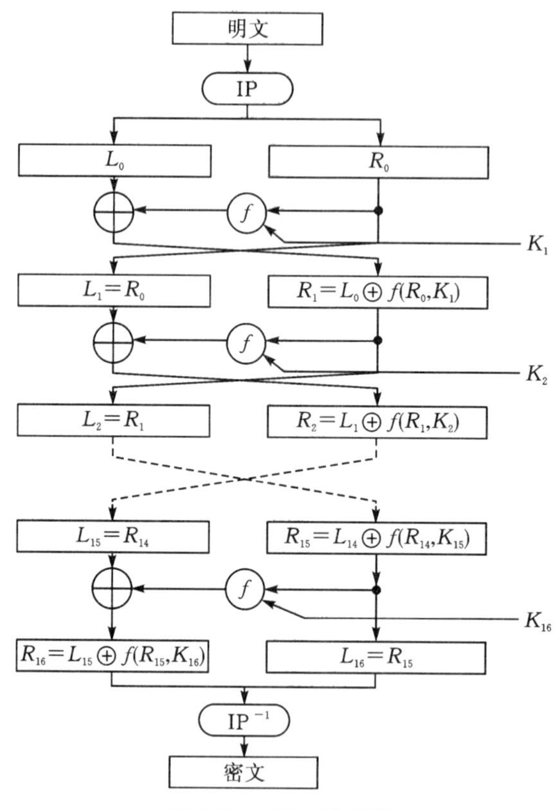

图 2-9 DES 加密流程

2.3.2 DES 加密

1. 初始置换

IP 置换的目的是将输入的 64 位数据块按位重新组合，并把输出分为 L_0、R_0 两部分，每部分分为 32 位。

初始置换 IP 和逆置换 IP^{-1} 如图 2-10 所示。

$$\begin{bmatrix} 1 & 2 & 3 & 4 & 5 & 6 & 7 & 8 \\ 9 & 10 & 11 & 12 & 13 & 14 & 15 & 16 \\ 17 & 18 & 19 & 20 & 21 & 22 & 23 & 24 \\ 25 & 26 & 27 & 28 & 29 & 30 & 31 & 32 \\ 33 & 34 & 35 & 36 & 37 & 38 & 39 & 40 \\ 41 & 42 & 43 & 44 & 45 & 46 & 47 & 48 \\ 49 & 50 & 51 & 52 & 53 & 54 & 55 & 56 \\ 57 & 58 & 59 & 60 & 61 & 62 & 63 & 64 \end{bmatrix} \xrightarrow{IP} \begin{bmatrix} 58 & 50 & 42 & 34 & 26 & 18 & 10 & 2 \\ 60 & 52 & 44 & 36 & 28 & 20 & 12 & 4 \\ 62 & 54 & 46 & 38 & 30 & 22 & 14 & 6 \\ 64 & 56 & 48 & 40 & 32 & 24 & 16 & 8 \\ 57 & 49 & 41 & 33 & 25 & 17 & 9 & 1 \\ 59 & 51 & 43 & 35 & 27 & 19 & 11 & 3 \\ 61 & 53 & 45 & 37 & 29 & 21 & 13 & 5 \\ 63 & 55 & 47 & 39 & 31 & 23 & 15 & 7 \end{bmatrix}$$

$$
\begin{bmatrix}
1 & 2 & 3 & 4 & 5 & 6 & 7 & 8 \\
9 & 10 & 11 & 12 & 18 & 14 & 15 & 16 \\
17 & 18 & 19 & 20 & 21 & 22 & 23 & 24 \\
25 & 26 & 27 & 28 & 29 & 30 & 31 & 32 \\
33 & 34 & 35 & 36 & 37 & 38 & 39 & 40 \\
41 & 42 & 43 & 44 & 45 & 46 & 47 & 48 \\
49 & 50 & 51 & 52 & 53 & 54 & 55 & 56 \\
57 & 58 & 59 & 60 & 61 & 62 & 63 & 64
\end{bmatrix}
\xrightarrow{IP^{-1}}
\begin{bmatrix}
40 & 8 & 48 & 16 & 56 & 24 & 64 & 32 \\
39 & 7 & 47 & 15 & 55 & 23 & 63 & 31 \\
38 & 6 & 46 & 14 & 54 & 22 & 62 & 30 \\
37 & 5 & 45 & 13 & 53 & 21 & 61 & 29 \\
36 & 4 & 44 & 12 & 52 & 20 & 60 & 28 \\
35 & 3 & 43 & 11 & 51 & 19 & 59 & 27 \\
34 & 2 & 42 & 10 & 50 & 18 & 58 & 26 \\
33 & 1 & 41 & 9 & 49 & 17 & 57 & 25
\end{bmatrix}
$$

图 2-10　初始置换 IP 和逆置换 IP^{-1}

图 2-10 中的数字代表新数据中此位置的数据在原数据中的位置，即原数据块的第 58 位放到新数据的第 1 位，第 50 位放到第 2 位，依此类推，第 7 位放到第 64 位。置换后的数据分为 L_0 和 R_0 两部分，L_0 为新数据的左 32 位，R_0 为新数据的右 32 位。

2. 16 轮迭代运算

DES 算法的第二个阶段是 16 轮的迭代过程，即乘积变换过程，经过 IP 初始置换 64 位分为两个部分 L_0 和 R_0，作为 16 轮迭代的输入，其中 L_0 包含前 32 位，R_0 包含后 32 位。密钥 K 经过密钥扩展算法，产生 16 个 48 位子密钥 $k_1, k_2, \cdots, k_{16}$，每一轮迭代使用一个子密钥。每一轮迭代称为一个轮变换或轮函数。可以表示为：

$$
\begin{cases}
L_i = R_{i-1}, \\
R_i = L_{i-1} \oplus f(R_{i-1}, K_i),
\end{cases}
1 \leqslant i \leqslant 16,
$$

其中，L_i 与 R_i 长度均为 32 位，i 为轮数。符号 $\oplus$ 为逐位模 2 加，f 为包括代换和置换的一个变换函数，K_i 是第 i 轮的 48 位长子密钥。

整个 16 轮迭代既适用于加密，也适用于解密。

3. 初始逆置换

DES 算法的第三阶段是对 16 轮迭代的输出 $R_{16}L_{16}$ 进行初始逆置换，目的是使加解密使用同一算法。

4. f 函数

f 函数是第二阶段 16 轮迭代过程中轮变换的核心，它是非线性的，是每轮实现混乱和扩散的关键过程。f 函数结构如图 2- 11 所示。f 函数包括三个子过程：扩展变换、S 盒变换、P 盒变换。其中扩展变换又称 E 变换，将 32 位的输入扩展为 48 位；S 盒变换把 48 位压缩为 32 位；P 盒变换则是对 32 位数进行置换。

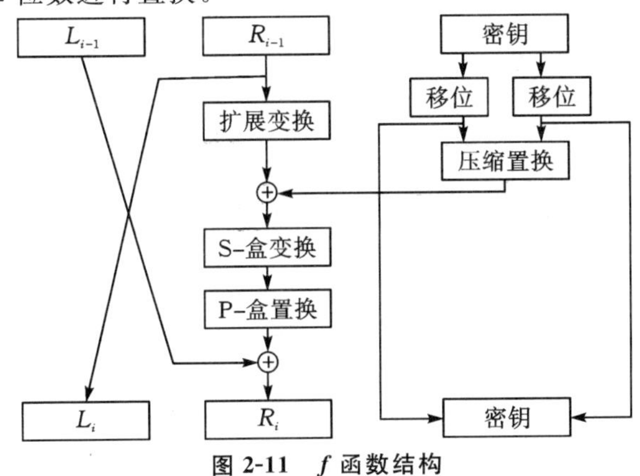

图 2-11　f 函数结构

(1)扩展变换。

扩展变换又称 E 变换,扩展变换的目标是将 IP 置换后获得的右半部分 R_0的 32 位扩展为 48 位,是一个与密钥无关的变换。扩展变换将 32 位输入分成 8 组,每组 4 位,经扩展后成为每组 6 位。扩展规则如图 2-12 所示。

32	01	02	03	04	05
04	05	06	07	08	09
08	09	10	11	12	13
12	13	14	15	16	17
16	17	18	19	20	21
20	21	22	23	24	25
24	25	26	27	28	29
28	29	30	31	32	01

图 2-12　扩展变换表

扩展变换的目的有两个:生成与密钥相同长度的数据与子密钥 K_i 进行异或运算,作为 S 盒的输入;提供更长的结果,在后续的替代运算中可以进行压缩。

虽然扩展置换针对的是上步 IP 置换中的 R_{i-1},但为便于观察扩展,这里取 R_0举例:

输入数据 0x1081 1001,转换为二进制就是 0001 0000 1000 0001 0001 0000 0000 0001B,按照表 2-5 所示进行扩展。

表 2-5　扩展变换表

1	0	0	0	1	0
1	0	0	0	0	1
0	1	0	0	0	0
0	0	0	0	1	0
1	0	0	0	1	0
1	0	0	0	0	0
0	0	0	0	0	0
0	0	0	0	1	0

表 2-5 中的灰色数据是从临近的上下组取得的,二进制为 1000 1010 0001 0100 0000 0010 1000 1010 0000 0000 0000 0010B,转换为十六进制 0x8A14 028A 0002。

扩展置换之后,右半部分数据 R_0 变为 48 位,与密钥置换得到的轮密钥进行异或。

(2)S 盒变换 。

S 盒的功能是压缩替换。压缩后的密钥与扩展分组异或以后得到 48 位的数据,将这个数据送入 S 盒进行替代运算。替代由 8 个不同的 S 盒完成,每个 S 盒有 6 位输入,4 位输出。48 位输入分为 8 个 6 位的分组,一个分组对应一个 S 盒,对应的 S 盒对各组进行代替操作,S 盒的构造如图 2-13 所示。

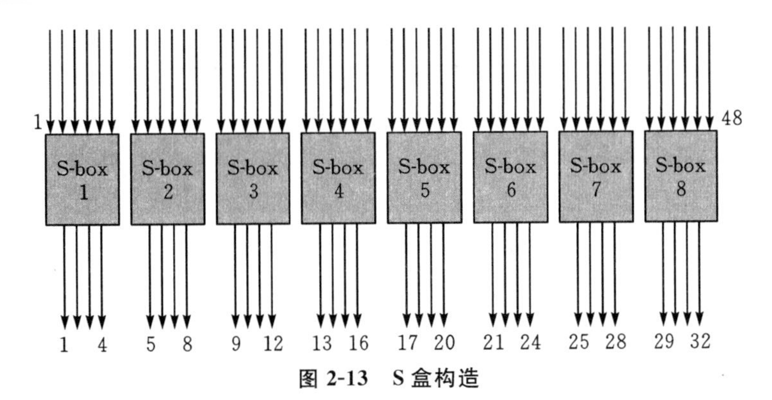

图 2-13　S 盒构造

每个 S 盒都由 4 行(0,1,2,3)16 列(0,1,2,…,15)组成,8 个 S 盒如表 2-6 所示,每行都是全部的 16 个长为 4 比特串的一个全排列,每个比特串用它对应的二进制整数表示。如 1001 用 9 表示。48 位的输入被分成 8 个 6 位的分组,每个分组进入一个 S 盒进行代换操作,然后映射为 4 位输出。对每个 S 盒,将 6 位输入的第一位和最后一位组成一个二进制数,用于选择 S 盒中的一行,用中间的 4 位选择 S 盒 16 列中的某一列,行列交叉处的十进制数转换为二进制数可得到 4 位输出。

表 2-6　DES 的 S 盒

S_1	14	4	13	1	2	15	11	8	3	10	6	12	5	9	0	7
	0	15	7	4	14	2	13	1	10	6	12	11	9	5	3	8
	4	1	14	8	13	6	2	11	15	12	9	7	3	10	5	0
	15	12	8	2	4	9	1	7	5	11	3	14	10	0	6	13
S_2	15	1	8	14	6	11	3	4	9	7	2	13	12	0	5	10
	3	13	4	7	15	2	8	14	12	0	1	10	6	9	11	5
	0	14	7	11	10	4	13	1	5	8	12	6	9	3	2	15
	13	8	10	1	3	15	4	2	11	6	7	12	0	5	14	9
S_3	10	0	9	14	6	3	15	5	1	13	12	7	11	4	2	8
	13	7	0	9	3	4	6	10	2	8	5	14	12	11	15	1
	13	6	4	9	8	15	3	0	11	1	2	12	5	10	14	7
	1	10	13	0	6	9	8	7	4	15	14	3	11	5	2	12
S_4	7	13	14	3	0	6	9	10	1	2	8	5	11	12	4	15
	13	8	11	5	6	15	0	3	4	7	2	12	1	10	14	9
	10	6	9	0	12	11	7	13	15	1	3	14	5	2	8	4
	3	15	0	6	10	1	13	8	9	4	5	11	12	7	2	14
S_5	2	12	4	1	7	10	11	6	8	5	3	15	13	0	14	9
	14	11	2	12	4	7	13	1	5	0	15	10	3	9	8	6

续表

S_5	4	2	1	11	10	13	7	8	15	9	12	5	6	3	0	14
	11	8	12	7	1	14	2	13	6	15	0	9	10	4	5	3
S_6	12	1	10	15	9	2	6	8	0	13	3	4	14	7	5	11
	10	15	4	2	7	12	9	5	6	1	13	14	0	11	3	8
	9	14	15	5	2	8	12	3	7	0	4	10	1	13	11	6
	4	3	2	12	9	5	15	10	11	14	1	7	6	0	8	13
S_7	4	11	2	14	15	0	8	13	3	12	9	7	5	10	6	1
	13	0	11	7	4	9	1	10	14	3	5	12	2	15	8	6
	1	4	11	13	12	3	7	14	10	15	6	8	0	5	9	2
	6	11	13	8	1	4	10	7	9	5	0	15	14	2	3	12
S_8	13	2	8	4	6	15	11	1	10	9	3	14	5	0	12	7
	1	15	13	8	10	3	7	4	12	5	6	11	0	14	9	2
	7	11	4	1	9	12	14	2	0	6	10	13	15	3	5	8
	2	1	14	7	4	10	8	13	15	12	9	0	3	5	6	11

假设 S_8 的输入为 110011，第 1 位和第 6 位组合为 11，对应于 S 盒 8 的第 3 行；第 2 位到第 5 位为 1001，对应于 S 盒 8 的第 9 列。S 盒 8 的第 3 行第 9 列的数字为 12，因此用 1100 来代替 110011。注意，S 盒的行列计数都是从 0 开始。

代替过程产生 8 个 4 位的分组，组合在一起形成 32 位数据。

S 盒代替是 DES 算法的关键步骤，所有的其他的运算都是线性的，易于分析，而 S 盒是非线性的，相比于其他步骤，提供了更好的安全性。

(3)P 盒置换。

S 盒代替运算的 32 位输出按照 P 盒进行置换。该置换把输入的每位映射到输出位，任何一位不能被映射两次，也不能被略去，映射规则如表 2-7 所示。

表 2-7　P 盒置换

16	7	20	21	29	12	28	17
1	15	23	26	5	18	31	10
2	8	24	14	32	27	3	9
19	13	30	6	22	11	4	25

表 2-7 中的数字代表原数据中此位置的数据在新数据中的位置，即原数据块的第 16 位放到新数据的第 1 位，第 7 位放到第 2 位，依此类推，第 25 位放到第 32 位。

例如，0x10A1 0001 进行 P 盒置换后变为 0x8000 0906。

0x10A1 0001 表现为表的形式(第一位位于左上角)如表 2-8 所示。

表 2-8 P 盒置换前数据

0	0	0	1	0	0	0	0
1	0	1	0	0	0	0	1
0	0	0	0	0	0	0	0
0	0	0	0	0	0	0	1

经 P 盒置换后如表 2-9 所示。

表 2-9 P 盒置换后数据

1	0	0	0	0	0	0	0
0	0	0	0	0	0	0	0
0	0	0	0	1	0	0	1
0	0	0	0	0	1	1	0

即 1000 0000 0000 0000 0000 1001 0000 0110B,十六进制为 0x8000 0906。

最后,P 盒置换的结果与最初的 64 位分组左半部分 L_0 异或,然后左、右半部分交换,接着开始另一轮。

(4)子密钥的产生。

在 DES 第二阶段的 16 轮迭代过程中,每一轮都要使用一个长度为 48 位的子密钥。不考虑每个字节的第 8 位,DES 的密钥由 64 位减至 56 位,每个字节的第 8 位作为奇偶校验位。产生的 56 位密钥由表 2-10 生成,注意表中没有 8、16、24、32、40、48、56 和 64 这 8 位。

表 2-10 置换选择 1

57	49	41	33	25	17	9	1	58	50	42	34	26	18
10	2	59	51	43	35	27	19	11	3	60	52	44	36
63	55	47	39	31	23	15	7	62	54	46	38	30	22
14	6	61	53	45	37	29	21	13	5	28	20	12	4

子密钥的产生过程如图 2-14 所示。

56 位密钥首先经过置换选择 1(如表 2-10 所示)将其位置打乱重排,并将前 28 位作为 C_0(表 2-10 上面部分),后 28 位作为 D_0(表 2-10 下半部分)。

接下来经过 16 轮,产生 16 个子密钥。每一轮迭代中,C_{i-1} 和 D_{i-1} 循环左移一位或者两位,如表 2-11 所示。C_{i-1} 和 D_{i-1} 循环左移后变为 C_i 和 D_i,将 C_i 和 D_i 合并在一起的 56 位,经过“置换选择 2”(如表 2-12 所示),从中挑出 48 位作为这一轮的子密钥,这个子密钥作为前面说到的加密函数的一个输入。再将 C_i 和 D_i 循环左移后,使用“置换选择 2”产生下一轮的子密钥,如此继续,产生所有 16 个子密钥。

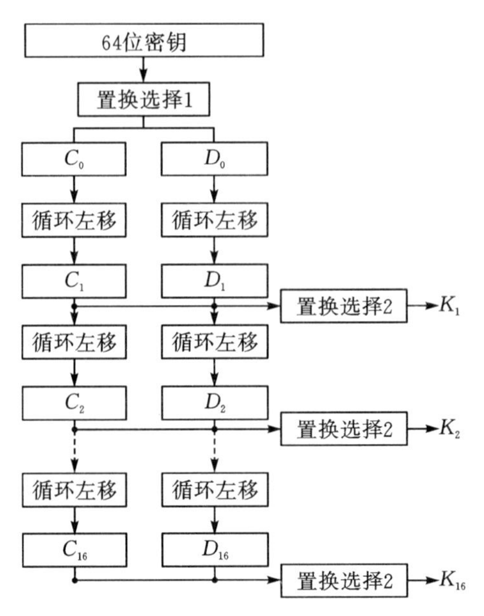

图 2-14 子密钥的产生过程

表 2-11 每轮左移次数的规定

轮数	1	2	3	4	5	6	7	8	9	10	11	12	13	14	15	16
位数	1	1	2	2	2	2	2	2	1	2	2	2	2	2	2	1

移动后，从 56 位中选出 48 位。这个过程既置换了每位的顺序，又选择了子密钥，因此称为压缩置换。压缩置换规则如表 2-12 所示，注意表中没有 9、18、22、25、35、38、43 和 54 这 8 位。

表 2-12 置换选择 2

14	17	11	24	1	5	3	28	15	6	21	10
23	19	12	4	26	8	16	7	27	20	13	2
41	52	31	37	47	55	30	40	51	45	33	48
44	49	39	56	34	53	46	42	50	36	29	32

如用 DES 加密，明文 $M=(0123456789ABCDEF)_{16}=(00000001\ 00100011\ 01000101\ 01100111\ 10001001\ 10101011\ 11001101\ 11101111)_2$，密钥 $K=(133457799BBCDFF1)_{16}=(00010011\ 00110100\ 01010111\ 01111001\ 10011011\ 10111100\ 11011111\ 11110001)_2$

加密过程如下。

(1)初始置换。

将明文 M 经过初始置换后分为左右两半。

$L_0=$ 11001100 00000000 11001100 11111111

$R_0=$ 11110000 10101010 11110000 10101010

(2)第 1 轮迭代运算。

①先确定子密钥 K_1,将密钥 K 经“置换选择 1”(如表 2-10)得:

C_0= 11110000 11001100 10101010 1111

D_0= 01010101 01100110 01111000 1111

左移 1 位后经过“置换选择 2”输出 48 位 K_1。

K_1= 00011011 00000010 11101111 11111100 01110000 01110010

②计算加密函数 f。

用扩展置换 E 将 R_0 扩展为 48 位,再和 K_1 异或。

$E(R_0) \oplus K_1$= 01100001 00010111 10111010 10000110 01100101 00100111

经 8 个 S 盒输出 32 位。

S_1(011000)=0101,S_2(010001)=1100,S_3(011110)=1000,S_4(111010)=0010

S_5(100001)=1011,S_6(100110)=0101,S_7(010100)=1001,S_8(100111)=0111

经置换函数 P 输出加密函数 f。

f= 00100011 01001010 10101001 10111011

③由 L_0 和 R_0 计算出 L_1 和 R_1。

$L_1 = R_0$= 11110000 10101010 11110000 10101010

$R_1 = L_0 \oplus f(R_0, K_1)$ = 11101111 01001010 01100101 01000100

因此经过第 1 轮,得到:

$[R_1, L_1]$= $(EF4A6544F0AAF0AA)_{16}$

进行类似的运算,经过 16 轮后得到的结果是:

$[R_{16}, L_{16}]$= $(0A4CD99543423234)_{16}$

(3)逆初始置换。

将第 16 轮输出合并为一个 64 位比特串,经过逆初始置换后得到 64 位密文:

1000010111101000 0001001101010100

0000111100001010 1011010000000101

2.3.3　DES 解密

DES 解密过程与加密过程在本质上是一致的,加密和解密使用同一个算法,使用相同的步骤和相同的密钥。主要不同点是将密文作为算法的输入,但是逆序使用子密钥 K_i,即第 1 轮使用子密钥 K_{16},第 2 轮使用子密钥 K_{15},最后一轮使用子密钥 K_1。每一轮产生秘钥的算法也是循环的。加密是秘钥循环左移,解密是秘钥循环右移。解密秘钥每次移动的位数是:0、1、2、2、2、2、2、2、1、2、2、2、2、2、2、1。

2.3.4　DES 的强度

从发布时起,DES 就备受争议,很多研究者怀疑它所提供的安全性。争论的焦点主要集中在密钥的长度、迭代次数以及 S 盒的设计等方面。

DES 的安全性依赖 S 盒。由于 DES 里的所有计算，除去 S 盒，全是线性的。可见 S 盒对密码体制的安全性是非常重要的。但是自从 DES 公布以来，S 盒设计详细标准至今没有公开。因此就有人怀疑 S 盒里隐藏了陷门。然而到目前为止也没有任何证据证明 DES 里存在陷门。事实上，后来表明 S 盒是被设计成能够防止差分密码分析的。

DES 将 Lucifer 算法作为标准，Lucifer 算法的密钥长度为 128 位，但 DES 将密钥长度改为 56 位。56 位密钥共有 $2^{56}=7.2\times10^{16}$ 个可能值，这不能抵抗穷尽密钥搜索攻击。例如在 1997 年，美国科罗拉多州的程序员 Verser 在互联网上数万名志愿者的协作下用 96 天的时间找到了密钥长度为 40 位和 48 位的 DES 密钥。1998 年电子边境基金会(EFF)使用一台价值 25 万美元的计算机在 56 小时之内破译了 56 位的 DES。1999 年，电子边境基金会(EFF)通过 Internet 上的十万台计算机合作，仅用 22 小时 15 分钟就破译了 56 位的 DES。因此需要寻找更安全的一个算法替代 DES。

另外，DES 存在弱密钥。如果一个密钥所产生的所有子密钥都是一样的，则这个外部密钥就称为弱密钥。DES 算法的子密钥是通过对一个 64 位的外部密钥进行置换得到的。外部密钥输入 DES 后，经密钥置换后分成两半，每一半各自独立移位。如果每一半的所有位都是 0 或者 1，那么在算法的任意一轮所有的子密钥都是相同的。当主密钥是全 0 全 1，或者一半是全 0、一半是全 1 时，就会发生这种情况。因此，DES 存在弱密钥。

2.3.5 三重 DES

由于安全问题，美国政府于 1998 年 12 月宣布 DES 不再作为联邦加密标准。新的美国联邦加密标准是高级加密标准(AES)。在新的加密标准实施之前，为了不浪费已有的 DES 算法投资，NIST 在 1999 年发布了一个新版本的 DES 标准(FIPS PUB46-3)，该标准指出 DES 仅能用于遗留的系统，同时用三重 DES(3DES)取代 DES 成为新的标准。

3DES 明显存在几个优点。首先它的密钥长度是 168 位，足以抵抗穷举攻击。其次，3DES 的底层加密算法与 DES 的加密算法相同，该加密算法比任何其他加密算法受到分析的时间要长得多，也没有发现比穷举攻击更有效的密码分析攻击方法。

(1)双重 DES。

双重 DES 加密是用 DES 加密 2 次，每次用不同的密钥，如图 2-15 所示，双重 DES 是分别用两个不同的密钥 K_1 和 K_2 对明文进行两次 DES 变换以实现对数据的加密保护。加密过程为 $C=E_{K_2}[E_{K_1}[M]]$，解密过程为 $M=D_{K_1}[D_{K_2}[C]]$，密钥总长度为 112 位，似乎密码强度增加了一倍，但由于双重 DES 存在中间相遇攻击，它的强度跟一个 56 位的强度差不多。

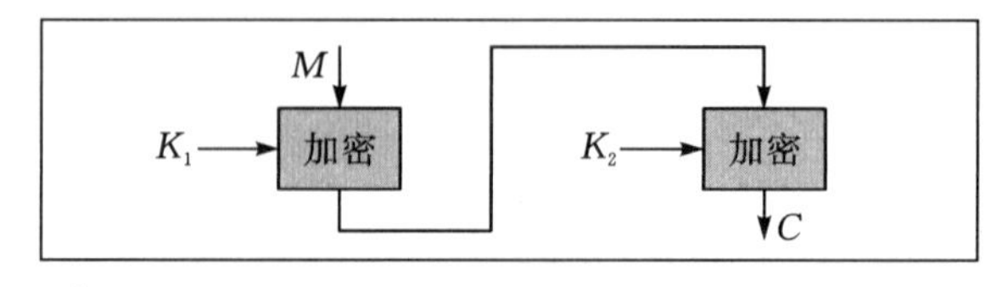

图 2-15 双重 DES 加密

(2)三重 DES。

为了防止中间相遇攻击,可以用 DES 加密 3 次,如图 2-16 所示。采用加密-解密-加密(E-D-E)方案。加密为 $C=E_{K_1}[D_{K_2}[E_{K_1}[M]]]$,解密为 $M=D_{K_1}[E_{K_2}[D_{K_1}[C]]]$。要注意的是,加密与解密在安全性上来说是等价的。这个加密方案的攻击代价是 2^{112}。

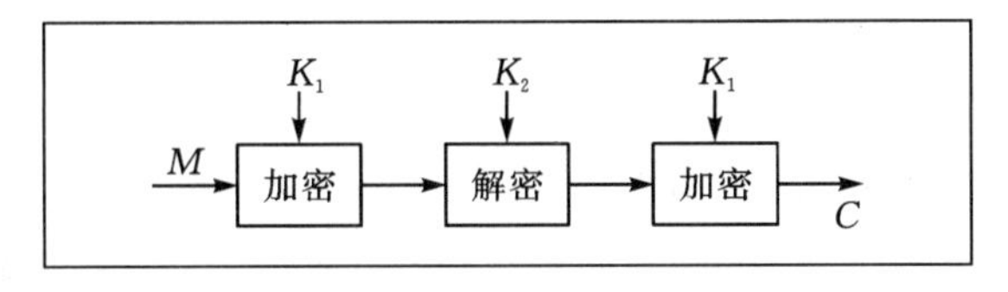

图 2-16　三重 DES 加密

目前还没有发现针对两个密钥的三重 DES 在商业应用中的实际攻击方法,若采用三个密钥的三重 DES 会产生不必要的开销。三个密钥的三重 DES 的密钥长度是 168 位,采用加密-解密-加密(E-D-E)方案。其加密过程为 $C=E_{K_3}[D_{K_2}[E_{K_1}[M]]]$,解密过程为 $M=D_{K_1}[E_{K_2}[D_{K_3}[C]]]$。目前这种加密方式已经被一些网络采用,如 PGP 和 S/MIME 就采用这种方案。

2.4　高级加密标准 AES

由于 DES 存在安全问题,且三重 DES 算法运行速度比较慢,三重 DES 迭代的轮数是 DES 的 3 倍,因此速度比 DES 慢。三重 DES 的分组长度是 64 位,就效率和安全性而言,分组长度应该更长。因此三重 DES 不能成为长期使用的加密标准。为此,美国国家标准技术研究所(NIST)在 1997 年公开征集新的高级加密标准(AES),要求 AES 比 3DES 快,且安全性要强,特别提出高级加密标准的分组长度为 128 位的对称分组密码,密钥长度可以支持 128 位、192 位和 256 位。

1997 年 9 月给出的选择高级加密标准的评估准则如下。

(1)安全性。由于 AES 最短的密钥长度是 128 位,所以使用目前的技术,穷举攻击是没有任何可能的。因此 AES 应重点考虑是否能抵抗各种密码分析方法的攻击。

(2)代价。指计算效率方面。NIST 期望 AES 能够广泛应用于各种实际应用,因此要求 AES 必须具有很高的计算效率。

(3)算法和执行特征。指算法的灵活性、简洁性以及硬件与软件平台的适应性等方面。

1998 年 6 月 NIST 共收到 21 个提交的算法,在同年 8 月首先选出 15 个候选算法。1999 年 NIST 从 15 个 AES 候选算法中遴选出 5 个候选算法,它们是 MARS(由 IBM 公司研究部门的一个庞大团队发布,对它的评价是算法复杂、速度快、安全性高)、RC6(由 RSA 实验室发布,对它的评价是极简单、速度极快、安全性低)、Rijndael(由 Joan Daemen 和 Vincent Rijmen 两位比利时密码专家发布,对它的评价是算法简洁、速度快、安全性好)、Serpent(由 Ross Anderson、Eli Biham 和 Lars Knudsen 发布,对它的评价是算法简洁、速度慢、安全性极高)和 Twofish(由 Counterpane 公司的一个庞大的团队发布,对它的评价是算法复杂、速度极快、安全性高)。从全方位考虑,Rijndael汇聚了安全、性能、效率、易用和灵活等优点,使它成为AES最合适的选择。在2000年10月Rijndael算法被选为高级加密标准,并于2001年11月发布为联邦信息处理标准(FIPS),用于美国政府组织保护敏感信息的一种特殊的加密算法,即FIPS PUB 197标准。

2.4.1 AES加密

为了满足AES要求,Rijndael的明文分组长度为128位,但是密钥长度和轮数是可变的。密钥长度可以是128位、192位或256位;轮数可以是10轮、12轮或14轮。

Rijndael算法将数据块分成一个一个的矩阵(称为状态矩阵),每个矩阵大小是一个字节,每次加密处理一个矩阵。Rijndael的轮函数分4步,第一步使用S盒技术进行字节替代,第二步进行行移位,第三步进行列混合,第四步进行轮密钥加法,对子密钥字节与矩阵中的每个字节进行逐比特异或操作。为了方便理解,此处省略了繁复的数学描述和证明。

AES算法的输入、输出和状态长度均为128位。$N_b=4$,说明状态中32位的个数(列数)。

AES算法中,密钥K的长度是128、192和256位。密钥长度表示为$N_k=4$、6或8,说明了密钥中32位的个数(列数)。

AES算法中,算法的轮数依赖密钥长度。将轮数表示为N_r,当$N_k=4$时,$N_r=10$;当$N_k=6$时,$N_r=12$;当$N_k=8$时,$N_r=14$。

AES密码是一种迭代密码结构。Rijndael算法迭代的轮数与分组长度和密钥长度相关,表2-13是Rijndael算法中不同分组长度和密钥长度对应的迭代轮数。

表2-13 密钥长度—分组长度—轮数组合分布

	密钥长度(N_k word)	分组长度(N_b word)	轮数(N_r)
AES-128	4	4	10
AES-192	6	4	12
AES-256	8	4	14

当分组长度和密钥长度均为128位时,AES共迭代10轮,需要11个子密钥。其加密过程如图2-17所示。前面9轮完全相同,每轮包括4阶段,分别是字节代换、行移位、列混淆和轮密钥加,最后一轮只有3个阶段,缺少列混淆。

在加密时,将输入复制到状态矩阵中。经过初始轮子密钥加密后,通过执行10轮来变换状态矩阵,最后状态将被复制到输出。AES加密算法的伪代码表示,每一个变换都作用在状态上。除了最后一轮,所有的轮变换均相同。最后一轮不包括列混淆变换。

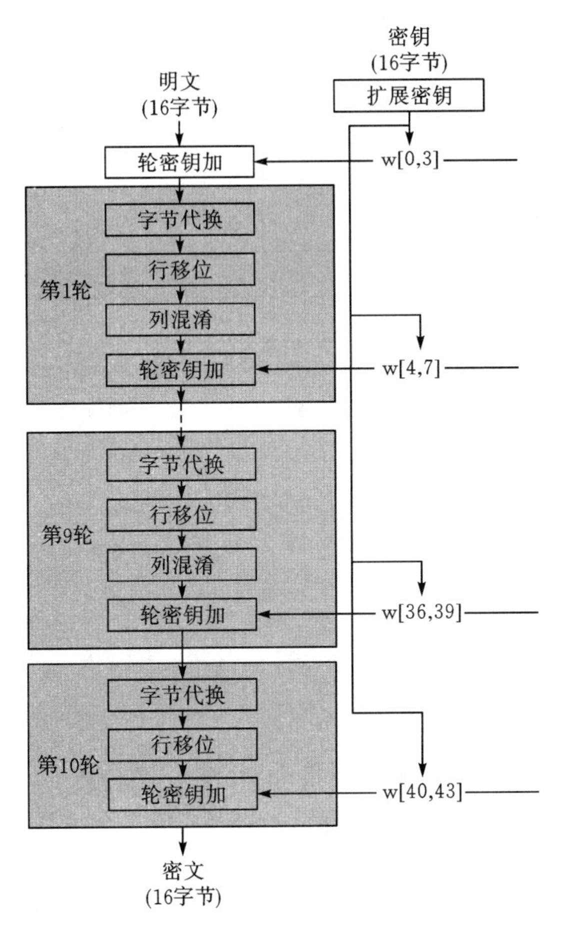

图 2-17　AES 加密迭代过程

1. 字节代换

字节代换是非线性的，它独立地将状态中的每个字节利用代换表(S 盒)进行运算。S 盒被设计成能够抵挡所有已知的攻击。该 S 盒(如图 2-18 所示)是由 16×16 个字节组成的矩阵，包含了 8 位值所能表达的 256 种可能的变换。State 中的每个字节按照如下的方式映射为一个新的字节。将该字节的高 4 位作为行值，低 4 位作为列值，然后取出 S 盒中对应行列交叉处的元素作为输出。例如，十六进制{19}对应的 S 盒的行值是 1，列值是 9，S 盒中此处的值是{d4}，因此{19}被映射为{d4}。

hex		y															
		0	1	2	3	4	5	6	7	8	9	a	b	c	d	e	f
x	0	63	7c	77	7b	f2	6b	6f	c5	30	01	67	2b	fe	d7	ab	76
	1	ca	82	c9	7d	fa	59	47	f0	ad	d4	a2	af	9c	a4	72	c0
	2	b7	fd	93	26	36	3f	f7	cc	34	a5	e5	f1	71	d8	31	15
	3	04	c7	23	c3	18	96	05	9a	07	12	80	e2	eb	27	b2	75

hex		y															
		0	1	2	3	4	5	6	7	8	9	a	b	c	d	e	f
x	4	09	83	2c	1a	1b	6e	5a	a0	52	3b	d6	b3	29	e3	2f	84
	5	53	d1	00	ed	20	fc	b1	5b	6a	cb	be	39	4a	4c	58	cf
	6	d0	ef	aa	fb	43	4d	33	85	45	f9	02	7f	50	3c	9f	a8
	7	51	a3	40	8f	92	9d	38	f5	bc	b6	da	21	10	ff	f3	d2
	8	cd	0c	13	ec	5f	97	44	17	c4	a7	7e	3d	64	5d	19	73
	9	60	81	4f	dc	22	2a	90	88	46	ee	b8	14	de	5e	0b	db
	a	e0	32	3a	0a	49	06	24	5c	c2	d3	ac	62	91	95	e4	79
	b	e7	c8	37	6d	8d	d5	4e	a9	6c	56	f4	ea	65	7a	ae	08
	c	ba	78	25	2e	1c	a6	b4	c6	e8	dd	74	1f	4b	bd	8b	8a
	d	70	3e	b5	66	48	03	f6	0e	61	35	57	b9	86	c1	1d	9e
	e	e1	f8	98	11	69	d9	8e	94	9b	1e	87	e9	ce	55	28	df
	f	8c	a1	89	0d	bf	eb	42	68	41	99	2d	0f	b0	54	bb	16

图 2-18 AES 的 S 盒

2. 行移位

行移位是一个简单的置换，在行移位变换中，对 State 的各行进行循环左移位，State 的第 1 行保持不变，第 2 行循环左移 1 个字节，第 3 行循环左移 2 个字节，第 4 行循环左移 3 个字节，如图 2-19 所示。

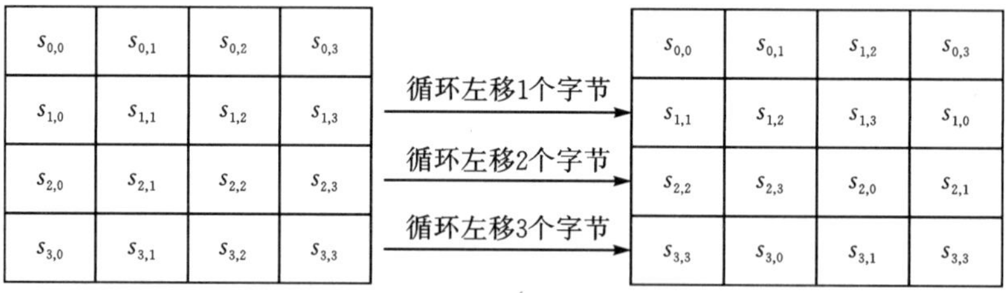

$s_{0,0}$	$s_{0,1}$	$s_{0,2}$	$s_{0,3}$
$s_{1,0}$	$s_{1,1}$	$s_{1,2}$	$s_{1,3}$
$s_{2,0}$	$s_{2,1}$	$s_{2,2}$	$s_{2,3}$
$s_{3,0}$	$s_{3,1}$	$s_{3,2}$	$s_{3,3}$

循环左移1个字节

循环左移2个字节

循环左移3个字节

$s_{0,0}$	$s_{0,1}$	$s_{1,2}$	$s_{0,3}$
$s_{1,1}$	$s_{1,2}$	$s_{1,3}$	$s_{1,0}$
$s_{2,2}$	$s_{2,3}$	$s_{2,0}$	$s_{2,1}$
$s_{3,3}$	$s_{3,0}$	$s_{3,1}$	$s_{3,3}$

图 2-19 对 State 的各行移位

对 Rijndael 而言，分组长度是 128 位、192 位或 256 位，移位的字节数与分组的大小有关系。后三行的左移量 C_1、C_2、C_3 与分组长度 N_b(矩阵的列数)的关系如表 2- 14 所示。

表 2-14 移位值

N_b(列数)	C_0(第 1 行)	C_1(第 2 行)	C_2(第 3 行)	C_3(第 4 行)
4	0	1	2	3
6	0	1	2	3
8	0	1	3	4

3. 列混淆

列混淆变换在 State 上按照每一列(即对一个字)进行运算，并将每一列看作 4 次多项式，将 State 的列看作 $GF(2^8)$上的多项式且被一个固定的多项式 $a(x)$模 x^4+1 乘，$a(x)$为：

$$a(x)=\{03\}x^3+\{01\}x^2+\{01\}x+\{02\}$$

可以写成矩阵乘法。令 $s'(x)=a(x)\otimes s(x)$：

$$\begin{bmatrix} s'_{0,c} \\ s'_{1,c} \\ s'_{2,c} \\ s'_{3,c} \end{bmatrix}=\begin{bmatrix} 02 & 03 & 01 & 01 \\ 01 & 02 & 03 & 01 \\ 01 & 01 & 02 & 03 \\ 03 & 01 & 01 & 02 \end{bmatrix}\begin{bmatrix} s_{0,c} \\ s_{1,c} \\ s_{2,c} \\ s_{3,c} \end{bmatrix},\ 0\leqslant c<N_b,$$

经过计算后，一列中的 4 个字节结果如下：

$$s'_{0,c}=(\{02\}\cdot s_{0,c})\oplus(\{03\}\cdot s_{1,c})\oplus s_{2,c}\oplus s_{3,c}$$

$$s'_{1,c}=s_{0,c}\oplus(\{02\}\cdot s_{1,c})\oplus(\{03\}\cdot s_{2,c})\oplus s_{3,c}$$

$$s'_{2,c}=s_{0,c}\oplus s_{1,c}\oplus(\{02\}\cdot s_{2,c})\oplus(\{03\}\cdot s_{3,c})$$

$$s'_{3,c}=(\{03\}\cdot s_{0,c})\oplus s_{1,c}\oplus s_{2,c}\oplus(\{02\}\cdot s_{3,c})$$

如图 2-20 所示为列混淆变换示意图。

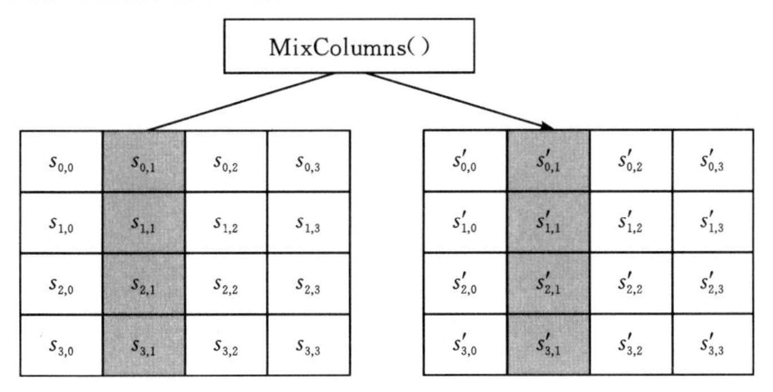

图 2-20　列混淆变换示意图

假设 State 矩阵的第 1 列分别是 $s_{0,0}=\{87\}$，$s_{1,0}=\{6E\}$，$s_{2,0}=\{46\}$，$s_{3,0}=\{A6\}$。经过列混淆变换后，$s_{0,0}=\{87\}$映射为 $s'_{0,0}=\{47\}$，试计算验证这一结果。

第 1 列第 1 个字节的代换方程为：

$$(\{02\}\cdot\{87\})\oplus(\{03\}\cdot\{6E\})\oplus\{46\}\oplus\{A6\}=\{47\}$$

下面来验证上面等式的成立。用多项式表示为：

$$\{02\}=x$$

$$\{87\}=x^7+x^2+x+1$$

那么，

$$\{02\}\cdot\{87\}=x\cdot(x^7+x^2+x+1)=x^8+x^3+x^2+x$$

再模一个次数为 8 的不可约多项式：

$$m(x)=x^8+x^4+x^3+x+1$$

$$(x^8+x^3+x^2+x)\bmod(x^8+x^4+x^3+x+1)=x^4+x^2+1$$

写成二进制形式为 00010101 。同样可以试算出：

$$\{03\}\cdot\{6E\}=10110010,\{46\}=01000110,\{A6\}=10100110。$$

因此$(\{02\}\cdot\{87\})\oplus(\{03\}\cdot\{6E\})\oplus\{46\}\oplus\{A6\}$的计算结果为：

$$\begin{array}{cccccccccc} & 0 & 0 & 0 & 1 & 0 & 1 & 0 & 1 \\ & 1 & 0 & 1 & 1 & 0 & 0 & 1 & 0 \\ \oplus & 0 & 1 & 0 & 0 & 0 & 1 & 1 & 0 \\ & 1 & 0 & 1 & 0 & 0 & 1 & 1 & 0 \\ \hline & 0 & 1 & 0 & 0 & 0 & 1 & 1 & 1 \end{array}$$

$$01000111=\{47\}$$

4. 轮密钥加

AES 密钥扩展算法的输入值是 128 位(16B,4 个字),输出值是一个 44 字(176B)的一维线性数组,为初始轮密钥加阶段和算法中其他 10 轮中的每一轮提供 4 个字的轮密钥。扩展细节不再详述。

2.4.2 AES 的安全性

AES 设计的各个方面都使它具有能够抵抗所有已知攻击的能力。AES 的轮函数设计为基于宽轨迹策略,这种设计策略是针对差分密码分析和线性密码分析的。AES 的轮函数设计主要包括两个设计准则:其一是选择差分均匀性比较小和非线性度比较高的 S 盒;其二是适当选择线性变换,使得固定轮数中的活动 S 盒的个数尽可能多。如果差分特征(或线性逼近)中某一轮的活动 S 盒的个数比较少,那么下一轮中的活动 S 盒的个数就必须要多一些。宽轨迹策略的最大优点是可以估计算法的最大差分特征概率和最大线性逼近概率,由此可以评估算法抵抗差分密码分析和线性密码分析的能力。另外 AES 的密钥长度也足以抵抗穷举密钥攻击。并且 AES 算法对密钥的选择没有任何限制,还没有发现弱密钥和半弱密钥的存在。

2.5 公钥密码技术

公钥密码技术是为了解决对称密码技术中最难解决的两个问题而提出的。第一个问题是对称密码技术的密钥分配。利用对称密码进行保密通信时,通信的双方必须首先预约持有相同的密钥才能进行。当用户数量很大时,互相之间需要很多密钥,并且为了安全起见,应当经常更换密钥。在网络上产生、存储、分配、管理如此大量的密钥,其复杂性和危险性都是很大的。第二个问题是对称密码不能实现数字签名。使用密码技术不仅仅是为了保密发送的消息,在很多情况下需要知道该消息是出自某个人,并且各方对此均无异议,这类似于现实生活的手写签名。为此,人们希望能设计一种新的密码,从根本上克服传统密码在密钥管理上的困难,而且容易实现数字签名,能够适合计算机网络环境的各种应用。Diffie 和 Hellman 于 1976 年在《密码学的新方向》中首次提出了公钥密码的观点,标志着人们对公钥密码学研究的开始。1977 年由 Ron Rivest、Adi Shamir 和 Len Adleman 提出了第一个比较完善的公钥密码算法,即 RSA 算法。

2.5.1 公钥密码体制

公钥密码体制也称非对称密码体制或双钥密码体制。它与对称密码体制所采用的技术完全不同,公钥密码算法基于数学函数(如单向陷门函数),而不是基于代换和置换。公钥密码是非对称的,它使用两个独立的密钥,即公钥和私钥。公钥可以被任何人知道,用于加密消息以及验证签名;私钥仅仅自己知道,用于解密消息和签名。加密和解密会使用两把不同的密钥,因此称为非对称,从密码算法和公钥不能推出私钥。这些算法还具有另一个特点:在这两个独立的密钥中,任何一个都可以用来加密,另一个用来解密。

一个公钥密码体制由 6 个部分构成:明文、加密算法、公钥、私钥、密文和解密算法。可以构成两种基本的模型:加密模型和认证模型。在加密模型中,发送者用接收者的公钥作为加密密钥,用接收者私钥作为解密密钥,由于该私钥只由接收者拥有,因此只有接收者才能解密密文得到明文,公钥加密模型如图 2-21 所示。假设用户 A 向用户 B 发消息 M,用户 A 首先用用户 B 公开的公钥 PU_B加密消息 M,得到密文:

$$C=E_{PU_B}(M),$$

其中 E 是加密算法。然后发送给用户 B。用户 B 用自己的私钥 PR_B解密密文,从而可以得到明文

$$M=D_{PR_B}(C),$$

其中 D 是解密算法。由于只有 B 知道 PR_B,所以其他人不能解密 C。

在认证模型中,发送者用自己的私钥对消息进行变换,产生签名,将该签名发送给接收者。接收者用发送者的公钥对签名进行验证以确定签名是否有效。只有拥有私钥的发送者才能对消息产生有效的签名,任何人均可以用签名人的公钥来检验该签名的有效性。公钥认证模型如图 2-22 所示,用户 A 首先用自己的私钥 PR_A对消息 M 加密,加密后的消息就是数字签名:

$$C=E_{PR_A}(M),$$

然后将 C 传给用户 B。用户 B 用 A 的公钥 PU_A验证签名,即解密:

$$M=E_{PU_A}(C)。$$

如果用 A 的公钥 PU_A能够解密,说明该消息来自 A,因为只有 A 才有这个公钥。由于其他人没有 A 的私钥,所以任何人也不能窜改该消息。

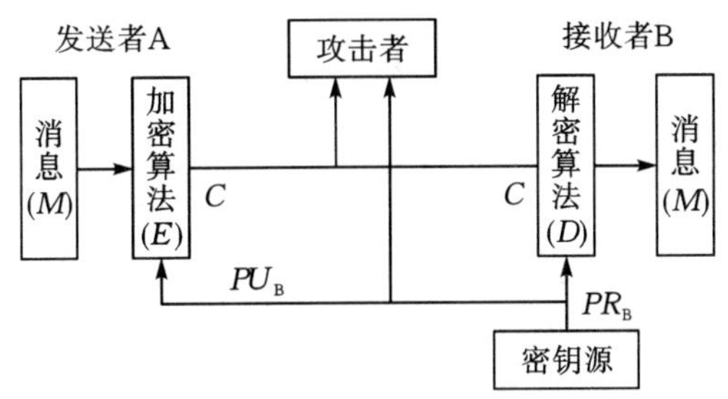

图 2-21 公钥加密模型

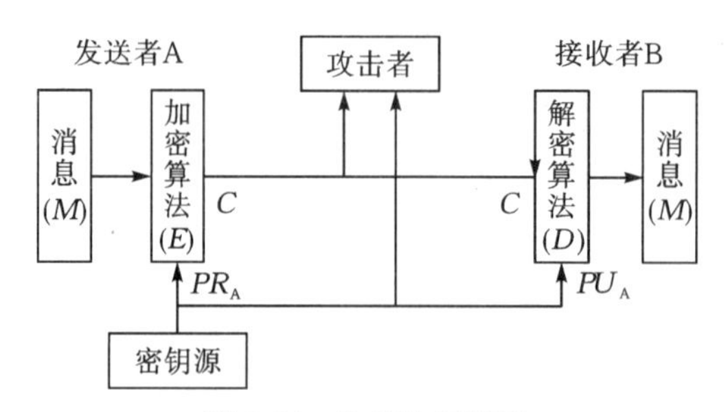

图 2-22 公钥认证模型

在上面的认证模型中，认证是对发送方的整个消息进行加密，这种方法可以验证发送者和消息的有效性，但却需要大量的储存空间。实际的做法是先对消息进行一个函数变换，将消息变换成一个小数据，然后再对小数据进行签名。

在认证模型中，消息没有保密，任何人都可以用发送者的公钥解密消息。如果综合加密模型和认证模型，则将同时具有保密和认证功能，如图 2-23 所示。

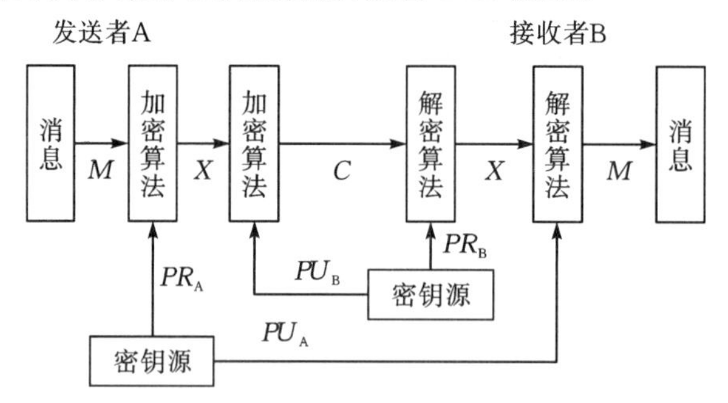

图 2- 23 公钥密码体制的保密和认证

发送者 A 先用自己的私钥 PR_A 加密消息 M，用于提供数字签名。再用接收者 B 的公钥 PU_B 加密，表示为：

$$C = E_{PU_B}(E_{PR_A}(M))。$$

接收者 B 在解密时，先用自己的私钥解密，然后再用发送者 A 的公钥解密，表示为：

$$M = D_{PU_A}(D_{PR_B}(C))。$$

从上面的加密和认证模型中，我们可以发现一个公钥密码系统应该满足下面几个要求。

(1)同一算法用于加密和解密，但加密和解密使用不同的密钥。

(2)两个密钥中的任何一个都可用来加密，另一个用来解密，加密和解密次序可以交换。

(3)产生一对密钥(公钥和私钥)在计算上是可行的。

(4)已知公钥和明文，产生密文在计算上是容易的。

(5)接收者利用私钥来解密密文在计算上是可行的。

(6)仅根据密码算法和公钥来确定私钥在计算上是不可行的。

(7)已知公钥和密文，在不知道私钥的情况下，恢复明文在计算上是不可行的。

上面几个要求的实质是要找一个单向陷门函数。单向陷门函数是指计算函数值是容易的，而计算函数的逆是不可行的。陷门单向函数则存在一个附加信息，当不知道该附加信息时，求函数逆是困难的，但当知道该附加信息时，求函数逆就变得容易了。陷门单向函数在附加信息未知时是单向函数，而当附加信息已知时，就不再是单向函数了。通常把附加信息称为陷门信息，将陷门信息作为私钥，公钥密码体制就是基于这一原理而设计的，其安全强度取决于它所依据的问题的计算复杂度。

2.5.2　公钥密码分析

和对称密码体制一样，如果密钥太短，公钥密码体制也易受到穷举攻击，因此密钥必须足够长。然而又由于公钥密码体制所使用的可逆函数的计算复杂性与密钥长度常常不是线性关系，而是比线性函数增大更快的函数，所以密钥长度太大又会使得加密和解密运算太慢而不实用。目前提出的公钥密码体制的密钥长度已经足够抵抗穷举攻击，但也使它的加密和解密速度变慢，因此公钥密码体制一般用于加密小数据，如会话密钥，目前主要用于密钥管理和数字签名。

对公钥密码算法的第二种攻击就是从公钥计算出私钥。到目前为止，还没有在数学上证明该方法不可行。

还有一种仅适用于对公钥密码算法的攻击法，称为穷举消息攻击。由于公钥密码算法常常用于加密短消息，只要穷举这些短消息，就可以解密消息。例如，假设用公钥算法加密 DES 的 56 位密钥，攻击者可以用算法的公钥对所有可能的 56 位密钥加密，再与截获的密文相比较，如果一样，则相应的明文即 DES 的密钥。因此不管公钥算法的密钥多长，这种攻击的本质是对 56 位 DES 密钥的穷举攻击，抵抗这种攻击的方法是在要发送的消息后面加一些随机位。

2.6　RSA 算法

RSA 算法是 1977 年由 Rivest、Shamir 和 Adleman 提出的非常著名的公钥密码算法，它基于大合数的质因子分解问题的困难性。RSA 算法是一种分组密码，明文和密文是 $0\sim n-1$ 之间的整数，通常 n 的大小为 1024 位二进制数或 309 位十进制数。

2.6.1　RAS 算法描述

1. 密钥的产生

(1)随机选择两个大素数 p 和 q。

(2)计算 $n=p\times q$。

(3)计算秘密的欧拉函数 $\varphi(n)=(p-1)(q-1)$。

(4)选择 e 使得 $1<e<\varphi(\mathrm{n})$，且 $\gcd(e,\varphi(\mathrm{n}))=1$。

(5)解方程求出 d：

$$ed\equiv 1\bmod\varphi(n)\text{，且 }0\leqslant d\leqslant n\text{。}$$

(6)公开公钥：$PU=\{e,n\}$。

(7)保存私钥：$PR=\{d,p,q\}$。

2. 加密过程

加密时明文以分组为单位进行加密，每个分组 m 的二进制值均小于 n，对明文分组 m 做加密运算：$C=m^e \bmod n$，且 $0\leqslant m<n$。

3. 解密过程

密文解密 $M=c^d \bmod n$

假设选择素数：$p=47$ 和 $q=71$。

计算 $n=p*q=47\times71=3337$，$\varphi(n)=(p-1)(q-1)=46\times70=3220$。

选择 e：使 $\gcd(e,3220)=1$，选取 $e=79$。

决定 d：$ed\equiv1 \bmod 3220$，得 $d=1019$。

公开公钥{79,3337}，保存私钥(1019,47,71}。

现假设消息为 $M=6882326879663$，进行分组，分组的位数比 n 要小，我们选取 $M_1=688$，$M_2=232$，$M_3=687$，$M_4=966$，$M_5=003$。

M_1 的密文为 $C_1=688^{79} \bmod 3337=1570$，继续进行类似计算，可得到最终密文为：

$C=15702756209122761 58$

如果解密，计算 $M_1=1570^{1019} \bmod 3337=688$，类似可以求出其他明文。

2.6.2 RSA 算法的安全性

RSA 算法的安全性基于分解大整数的困难性假设。RSA 算法的加密函数 $c=m^e \bmod n$ 是一个单向函数，所以对于攻击者来说，试图解密密文在计算上是不可行的。对于接收方解密密文的陷门是分解 $n=p\times q$，由于接收者知道这个分解，它可以计算 $\varphi(n)=(p-1)(q-1)$，然后用扩展欧几里得算法来计算解密私钥 d，因此对 RSA 算法的攻击有下面几个方法。

1. 穷举攻击

最基本的攻击是穷举攻击，也就是尝试所有可能的私钥。抵抗穷举攻击的方法是使用大的密钥空间，所以位数越多越安全，但也增加了加密和解密的复杂性，因此密钥越大，系统运行速度也越慢。

2. 数学攻击

另一种攻击方式是数学攻击，它的实质是试图对两个素数乘积的分解，数学攻击主要采用下面的几种形式。

(1)直接将 n 分解为两个素数因子，这样就可以计算 $\varphi(n)=(p-1)(q-1)$，然后可以确定私钥 $d\equiv e^{-1} \bmod \varphi(n)$。

(2)在不事先确定 p 和 q 的情况下直接确定 $\varphi(n)$，同样可以确定 $d\equiv e^{-1} \bmod \varphi(n)$。

(3)不先确定 $\varphi(n)$ 而直接确定 d。

目前大部分关于 RSA 密码分析的讨论都集中在进行素因子分解上，给定 n 确定 $\varphi(n)$ 就等价于对 n 进行因子分解，给定 e 和 n 时使用目前已知算法求出 d，在时间开销上至少和因子分解问题一样大，因此可以把因子分解的性能作为一个评价 RAS 安全性的基准。

对大整数分解的威胁除了人类的计算能力外，还会来自分解算法的进一步改进。一直以来因子分解攻击都采用所谓二次筛的方式，最新的攻击算法是广义素数筛(GNFS)。该算法分解大数的性能被大大提高。由于大数分解近年来取得很大进展，因此，就目前来说，RSA 的密钥大小应该选取1024～2048位比较合适。除了指定n的大小，为了避免选择容易分解的数值n，算法的发明者建议对p和q加以限制。

(1)p和q必须为强素数(Strong Prime)。注：强素数p的定义为存在两个大质数$p1$与$p2$。

(2)p和q的长度应该只差几位，因而p和q的长度都应该处于10^{75}～10^{100}之间。

(3)$(p-1)$和$(q-1)$都应该包含大的素因子。

(4)$\gcd(p-1,q-1)$应该很小

(5)若$e<n$且$d<n^{\frac{1}{4}}$，那么d可以容易确定。

3. 公共模数攻击(Common Modulus Attack)

假设攻击者得到两组密文：

$$c_1 = m^{e_1} \bmod n$$

$$c_2 = m^{e_2} \bmod n$$

由于e_1与e_2互素，攻击者可以解出两整数r与s，满足：

$$r \times e_1 + s \times e_2 = 1\text{(素数性质)}$$

注意：在上式的解中，r和s有一个为负数。假设r为负数，则攻击者很容易算出明文$m=(c_1{}^{-1})^{-r} \times (c_2)^s \bmod n$，因此不要在一组用户之间共享$n$。

4. 计时攻击

计时攻击也可以用于对RSA算法的攻击。计时攻击是攻击者通过监视系统解密消息所花费的时间来确定私钥。计时攻击方式比较独特，它是一种只用到密文的攻击方式。

在RSA解密采用的几种模幂运算方法中都有一个取模的乘法函数，这个函数的运行在通常的情况下是很快的，但是在一些特殊情况下花费的时间比平时要多得多。由于算法的运行时间不固定，攻击者可以猜到一些值。预防计时攻击的方法有：一是采用不变的运算时间，保证所有幂操作在返回一个结果之前花费的时间相同；二是随机延时，通过对求幂算法增加一个随机延时来迷惑攻击者；三是隐蔽，在执行幂运算之前先用一个随机数与密文相乘。

另外，还有RSA的差分能量攻击方法，它是针对RSA加密硬件的攻击，但不是破坏加密硬件设备。它通过电源连线测量加密硬件每个时钟周期的能量消耗。如在智能卡中，每个指令(比如跳转、加法、移位等)在执行时需要不同的指令周期并且消耗不同的能量，如果分析测量指令执行时的能量值，就可以在能量值图表上区分出这些指令。

2.7　EIGamal算法

EIGamal算法是1985年由T. EIGamal提出的一个著名的公钥密码算法。该算法既能用于数据加密，也能用于数字签名，是RSA之外最有代表性的公钥密码体制之一，并得到了广泛的应用，其安全性是依赖计算有限域上离散对数这一难题。数字签名标准DSS就是采用了EIGamal签名方案的一种变形。

1. 密钥产生

任选一个大素数 p，并要求 p 有大素数因子，Z_p 是一个有 p 个元素的有限域，Z_p^* 是 Z_p 中非零元构成的乘法群，$g \in Z_{p-1}^*$ 是一个本根元，公开 p 与 g。使用任选一私钥 x，$x \in [0, p-1]$，并计算公钥 $y = g^x \bmod p$。

公开公钥：y、p、g。

保密私钥：x。

2. 加密过程

对于明文 m，选取随机数 r，$r \in [0, p-1]$，并计算：

$c_1 = g^r \bmod p$，

$c_2 = m \times y^r \bmod p$，

则密文 $c = \{c_1, c_2\}$。

3. 解密过程

先计算 $w = (c_1{}^x)^{-1} \bmod p$，再计算出明文 $m = c_2 \times w \bmod p$。

假设 Alice 想要将消息 $m = 1299$ 传送给 Bob。Alice 任选一个大素数 p 为 2579，g 是模 p 的一个本原根，取 g 为 2。

选择保密的私钥 x 为 765，计算公钥 $y = g^x \bmod p = 2^{765} \bmod 2579 = 949$。

Alice 公开 y、p、g 的值，再选取一个 r 为 853，计算密文为：

$c_1 = g^r \bmod p = 2^{853} \bmod 2579 = 435$，

$c_2 = m \times y^r \bmod p = 1299 \times 949^{853} \bmod 2579 = 2396$，

Alice 将密文{435,2396}传给 Bob，Bob 计算下式解密：

$w = (c_1{}^x)^{-1} \bmod p$，

$m = c_2 \times w \bmod p = 2396 \times (435^{765})^{-1} \bmod 2579 = 1229$。

需要说明的是，为了避免选择密文攻击，EIGamal 方法是对消息 m 的 Hash 值进行签名，而不是对 m 签名。与 RSA 方法比较，EIGamal 方法具有以下优点。

(1)系统不需要保存秘密参数，所有的系统参数均可公开。

(2)同一个明文在不同的时间由相同加密者加密会产生不同的密文，但 EIGamal 方法的计算复杂度比 RSA 方法要大。

EIGamal 算法的安全性是建立在有限域上求离散对数这一难题基础上的。关于有限域上的离散对数问题，人们已经进行了很深入的研究，但到目前为止还没有找到一个非常有效的多项式时间算法来计算有限域上的离散对数。通常只要把素数 p 选取得合适，有限域 Z_p上的离散对数问题就是难解的。目前要求在 EIGamal 密码算法的应用中，如果素数 p 按十进制表示，那么至少应该有 300 位数，并且 $p-1$ 至少应该有一个大的素数因子。此外，加密中使用了随机数 r。r 必须是一次性的，否则攻击者获得 r 就可以在不知道私钥的情况下加密新的密文。

2.8　Diffie-Hellman 密钥交换

由于公钥算法速度很慢，在通信中一般不使用公钥加密消息，而是使用对称密码密钥。因此一般的做法是用对称密码密钥来加密消息，用公钥来实现对称密钥的分配。用公钥分配对称密钥比对称密钥的分配方法简单得多。

假设 A 和 B 之间需要一个对称密钥进行秘密通信，一种简单的分配方法如下。A 产生一对公钥 PU_A 和私钥 PR_A，将公钥 PU_A 和自己的身份标识 ID_A 传给 B。B 产生一个会话钥 K_s，用 A 的公钥 PU_A 加密后 $[E_{PU_A}, K_s]$ 传给 A，由于只有 A 有私钥 PR_A，所以 A 能够得到会话钥 K_s。随后双方用会话钥 K_s 加密双方需要传输的消息。

Diffie-Hellman 密钥交换是 W. Diffie 和 M. Hellman 于 1976 年提出的第一个公开密钥算法，已在很多商业产品中得以应用。算法的唯一目的是使得两个用户能够安全地交换密钥，得到一个共享的会话密钥，算法本身不能用于加密和解密。该算法的安全性基于求离散对数的困难性。

假定 p 是一个素数，α 是其本原根，将 p 和 α 公开。假设 A 和 B 之间希望交换会话密钥。

用户 A：

(1)随机地选取一个大的随机整数 x_A，将其保密，其中，$0 \leqslant x_A \leqslant p-1$。

(2)计算公开量 $y_A = \alpha^{x_A} \bmod p$，将 y_A 公开。

用户 B：

(1)随机地选取一个大的随机整数 x_B，将其保密，其中，$0 \leqslant x_B \leqslant p-1$。

(2)计算公开量 $y_B = \alpha^{x_B} \bmod p$，将 y_B 公开。

用户 A 计算：$K = {y_B}^{x_A} \bmod p$，

用户 B 计算：$K = {y_A}^{x_B} \bmod p$。

用户 A 和用户 B 各自计算的 K 即是他们共享的会话密钥。显然 A 和 B 各自计算的值相等，因为

$$ {y_A}^{x_B} \bmod p = {y_B}^{x_A} \bmod p = \alpha^{x_A \cdot x_B} \bmod p。 $$

假定在用户 Alice 和 Bob 之间交换密钥，选择素数 $p=353$，本原根 $\alpha=3$(可由一方选择后发给对方)。

Alice 和 Bob 各自选择随机秘密数。Alice 选择 $x_A=97$，Bob 选择 $x_B=233$。

Alice 和 Bob 分别计算公开数：

Alice 计算：$y_A = 3^{97} \bmod 353 = 40$。

Bob 计算：$y_B = 3^{233} \bmod 353 = 248$。

双方各自计算共享的会话钥：

Alice 计算：$K = {y_B}^{x_A} \bmod 353 = 248^{97} \bmod 353 = 160$。

Bob 计算：$K = {y_A}^{x_B} \bmod 353 = 40^{233} \bmod 353 = 160$。

Diffie-Hellman 密钥交换协议具有两个特征：

(1)仅当需要时才产生密钥，减少了将密钥长时间存储而遭受攻击的机会。

(2)除对全局参数的约定外,密钥交换不需要事先存在的基础结构。

然而 Diffie-Hellman 密钥交换协议也存在许多不足:

(1)在协商密钥的过程中,没有对双方身份的认证。

(2)没有办法防止重放攻击。

(3)它是计算密集性的,因此容易遭受阻塞性攻击:攻击方请求大量密钥,而受攻击者花大量的计算资源来求解无用的幂系数而不是在做真正的工作。

(4)很容易受到中间人攻击:一个主动的窃听者 C 可能截取 A 发给 B 的消息以及 B 发给 A 的消息,攻击者可用自己的消息替换这些消息,并分别与 A 和 B 完成一个 Diffie-Hellman 密钥交换,而且还维持了一种假象——A 和 B 直接进行了通信。密钥交换协议完毕后,A 实际上和 C 建立了一个会话密钥,B 和 C 建立了一个会话密钥。当 A 加密一个消息,并将该消息发送给 B 时,C 能解密它而 B 不能。类似地,当 B 加密个消息发送给 A 时,C 能解密它而 A 不能。对抗 Diffie-Hellman 密钥交换协议中间人攻击的一个方法是每一方拥有相对比较固定的公钥和私钥,并且以可靠的方式发送公钥,而不是每次通信之前临时选择随机的数值;另一种常用方法是在密钥协商过程中加入通信双方的身份认证机制。

习题 2

1. 在使用 RSA 的公钥体制中,已截获发给某用户的密文为 $c=10$,该用户的公钥 $e=5$,$n=35$,那么明文 m 等于多少?为什么能根据公钥可以破解密文?

2. 用 RSA 算法计算,对明文 3 进行加密,如果 $p=11$,$q=13$,$e=103$,求 d 及密文。

3. 在 RSA 体制中,某用户的公钥为 31,$n=359$,那么该用户的私钥等于多少?

4. 在 EIGamal 密码体制中,假设 Alice 想要将消息 $m=1299$ 传送给 Bob。Alice 任选一个大素数 p 为 2579,取 g 为 101,选择保密的私钥 x 为 237。

(1)计算公钥 y。(2)求密文。(3)写出解密过程。

5. 在 Diffie-Hellman 方法中,公共素数 $p=11$,本原根 $\alpha=2$。

(1)如果用户 A 的公钥 $Y_A=9$,则 A 的私钥 X_A 为多少?

(2)如果用户 B 的公钥 $Y_B=3$,则共享密钥 K 为多少?

第 3 章 消息认证与数字签名

认证分为两种:一是对消息的认证,二是对身份的认证。本章讲述如何对消息进行认证,在下一章说明如何对身份进行认证。

消息认证是用来防止主动攻击的重要技术,用以保证消息的完整性。常见的消息认证密码技术包括消息认证码(MAC)和安全散列函数(SHA)。另外,消息加密也可以提供一种形式的认证。

消息认证码(MAC)是需要使用密钥的算法,其输入是可变长度的消息和密钥,其输出是一个定长的认证码。只有拥有密钥的消息,发送者和接收者才可以生成消息认证码并验证消息的完整性。

散列函数和 MAC 算法类似,也是一个单向函数,但是无需密钥,其输入是可变长度的消息,其输出是固定长度的散列值,也叫消息摘要。

数字签名是基于公钥密码技术的认证技术,它和手写签名类似,消息的发送者可以使用自己的私钥为初始消息生成一个有签名作用的签名码,接收者接收到初始消息和相应的签名码,可以使用消息发送者的公钥对该消息的签名码进行验证。数字签名可以保证消息的来源和消息本身的完整性。

使用数字签名,通常需要和散列函数配合使用。

3.1 消息认证的概念

消息认证离不开 Hash 函数,在密码学书籍中经常见到单向函数、Hash 函数、单向 Hash 函数及单向陷门函数等概念。这些概念是认证消息、身份认证、非对称密码算法及数学签名的基石。

(1)单向函数。

单向函数的计算是不可逆的。即已知 x,要计算 y,使得 $y=f(x)$很容易;但若已知 y,计算 x,使得 $x=f^{-1}(y)$就很困难。这里的“困难”定义为:即使使用世界上所有的计算机一起计算 x 值,都需要花费数百万年甚至更长的时间。

(2)Hash 函数。

将可变长度的输入字符串映射为固定长度的输出字符串。输出字符串称为 Hash 值。如果对于不同的输入经过 Hash 映射后却得到了相同的 Hash 值,我们称该 Hash 函数产生了冲突。一个好的 Hash 函数应该是无冲突的。Hash 函数是公开的,任何人都可以看到它的处理过程。Hash 函数不一定是单向函数,对于既是 Hash 函数,又是单向函数的映射,称为单向

Hash 函数,用 $H(\cdot)$表示。

(3)单向陷门函数。

它是一类特殊的单向函数,它包含一个秘密陷门,在不知道该秘密陷门的情况下,计算函数的逆是非常困难的。若知道该秘密陷门,那么计算函数的逆就非常简单。数学对单向陷门函数有严格定义。把数论函数 $f(n)$称为单向陷门函数,则满足下面三个条件:

①对 $f(n)$的定义域中的每一个 n,均存在函数 $f^{-1}(n)$,使得

$$f^{-1}(f(n))=f(f^{-1}(n))=n。$$

②$f(n)$与 $f^{-1}(n)$都很容易计算。

③仅根据已知的计算 $f(n)$的算法,找出计算 $f^{-1}(n)$的容易算法是非常困难的。

单向陷门函数是非对称密码学的基础。非对称算法如 RSA 等利用了单向陷门函数的性质。而单向函数和单向 Hash 函数却不能用作加密,因为计算单向函数的逆是非常困难的,如果利用单向函数加密,则任何人都不可能进行解密。单向 Hash 函数的作用在于消息认证。

同样,在网络通信环境中,保密的目的是防止攻击者破译系统中的机密信息,但在大多数网络应用中,仅提供保密性是远远不够的。网络安全的威胁来自两个方面:一是被动攻击。攻击者只是通过侦听和截取等手段被动地获取数据,并不对数据进行修改。二是主动攻击。攻击者通过伪造、重放、窜改、改变顺序等手段改变数据。认证是防止主动攻击的重要技术,它对于开放环境中的各种信息系统的安全性有重要作用,可以防止如下攻击。

伪装:攻击者生成一个消息并声称这条消息是来自某个合法实体,或者攻击者冒充消息接收者向消息发送者发送的关于收到或未收到消息的欺诈应答。

内容修改:对消息内容的修改,包括插入、删除、转换和修改。

顺序修改:对通信双方消息顺序的修改,包括插入、删除和重新排序。

计时修改:对消息的延迟和重放。

在面向连接的应用中,攻击者可能延迟或重放以前某合法会话中的消息序列,也可能会延迟或重放消息序列中的某一条消息。

消息认证就是验证消息的完整性,当接收者收到发送者的报文时,接收者能够验证收到的报文是真实的和未被窜改的。它包含两层含义:一是验证信息的发送者是真实的而不是冒充的,即数据起源认证。二是验证信息在传送过程中未被窜改、重放或延迟等。

因此,如果考虑加密函数的某种认证功能,我们考虑的可用于提供认证功能的认证码函数可以分为以下三类。

加密函数:使用消息发送者和消息接收者共享的密钥对整个消息进行加密,则整个消息的密文将作为认证符。

消息认证码:是消息和密钥的函数,用于产生定长度值,该值将作为消息的认证符。

散列函数:是将任意长的消息映射为定长的 Hash 值的函数,以该 Hash 值作为认证符。

一个基本的认证系统模型如图 3-1 所示。

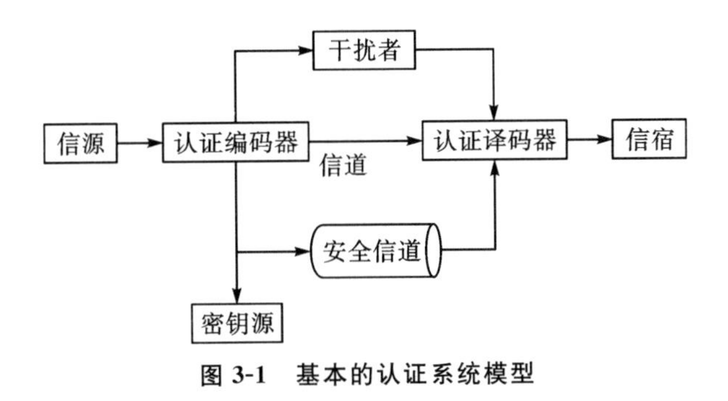

图 3-1　基本的认证系统模型

3.2　消息认证码

3.2.1　消息认证码原理

消息认证码是一种使用密钥的认证技术，它利用密钥生成一个固定长度的数据块，并将该数据块附加在消息之后。在这种方法中假定通信双方 A 和 B 共享密钥 K。

若 A 向 B 发送消息 M 时，则 A 使用消息 M 和密钥 K，计算 MAC=C(K,M)如图 3-2 所示，其中：

M=输入消息，可变长；

C=MAC 函数；

K=共享的密钥；

MAC=消息认证码。

消息认证码 MAC 为消息 M 的认证符，MAC 也称为密码校验和。

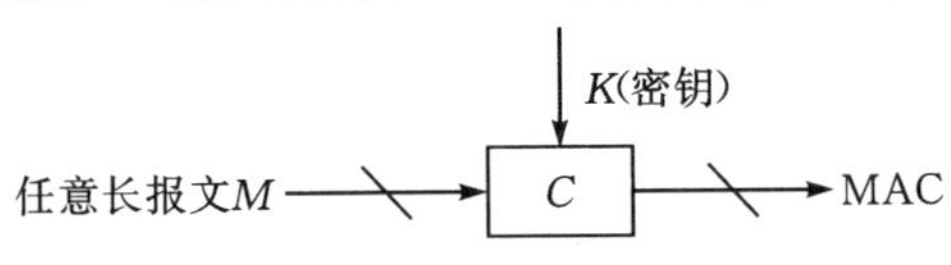

图 3-2　消息认证码生成过程

发送者将消息 M 和 MAC 一起发送给接收者。接收者收到消息后，假设该消息为 M，使用相同的密钥 K 进行计算得出新的 MAC′=C(K,M)。比较 MAC′和所收到的 MAC，假设双方共享的密钥没有被泄露，则比较计算得出的 MAC 和收到的 MAC 的结果，如果两者是相同的话，则可以认为：

(1)接收者可以相信消息未被修改。因为若攻击者窜改了消息，他必须同时相应地修改 MAC 值。而我们已假定攻击者不知道密钥，所以他不知道应如何改变 MAC 才能使其与修改后的消息相一致。

(2)接收者可以相信消息来自真正的发送者。因为其他各方均不知道密钥，他们不能产生具有正确 MAC 的消息。

(3)如果消息中含有消息序列号，那么接收者可以相信消息的顺序是正确的，因为攻击者无法成功地修改序列号。

从使用密钥上看，MAC 函数与加密函数类似，需要生成 MAC 方和验证 MAC 方共享密钥。但它们又存在本质的区别，区别在于 MAC 算法不要求可逆性，而加密算法必须是可逆的。一般而言，MAC 函数是多对一函数，其定义域由任意长的消息组成，而值域由所有可能的 MAC 和密钥组成。若使用 n 位长的 MAC，则有 2^n 个可能的 MAC，而有 m 条可能的消息，其中 $m \geqslant 2^n$，而且若密钥长为 k，则有 2^k 种可能的密钥。

一种普通的消息认证码使用示意图如图 3-3 所示，该消息认证码的使用只是对传送消息提供单纯的认证性。它还可以和加密函数一起提供消息认证和保密性，如图 3-4 所示是基于加密函数的消息认证码的示意图，发送者在加密消息 M 之前，先计算 M 的认证码，然后使用加密密钥将消息及其认证码一起加密；接收者收到消息后，先解密得到消息及其认证码，再验证解密得到的消息和验证码是否匹配，如果匹配则表示消息在传输中没有被改动。

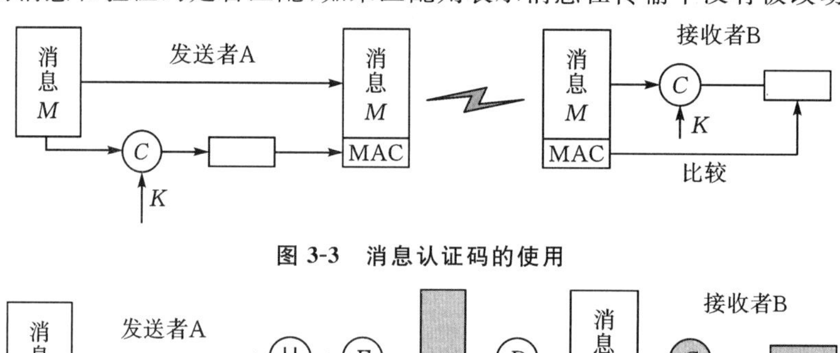

图 3-3　消息认证码的使用

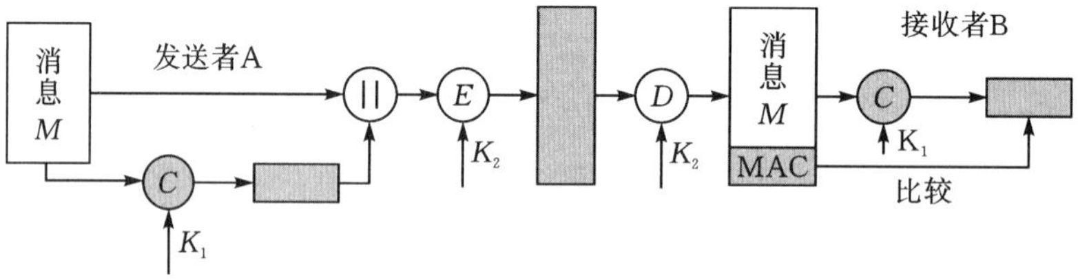

图 3-4　基于加密函数的消息认证码

3.2.2　基于 DES 的消息认证码

构造 MAC 的常用方法之一就是基于分组密码，并按 CBC 模式操作。每个明文分组在用密钥加密之前，要先与前一个密文分组进行异或运算，用一个初始量 IV 作为密文分组初始值。

数据鉴别算法也称为 CBC-MAC（密文分组链接消息鉴别码），它建立在 DES 之上，是使用最广泛的 MAC 算法之一，也是 ANSI 的一个标准。

数据鉴别算法采用 DES 运算的密文分组链接（CBC）方式，如图 3-5 所示。其初始量 IV 为 0，需要鉴别的数据分成连续的 64 位的分组 $D_1, D_2, \cdots, D_N$，若最后分组不足 64 位则在其后填 0 直至成为 64 位的分组。利用 DES 加密算法 E 和密钥 K 计算数据鉴别（DAC）的过程如下：

$$O_0 = \mathrm{IV},$$
$$O_1 = E_K(D_1 \oplus O_0),$$
$$O_2 = E_K(D_2 \oplus O_1),$$

$$O_3 = E_K(D_3 \oplus O_2),$$

$$\cdots\cdots$$

$$O_N = E_K(D_N \oplus O_{N-1}),$$

其中,DAC 可以取整个块 O_N,也可以取其最左边的 M 位,其中 $16 \leqslant M \leqslant 64$。

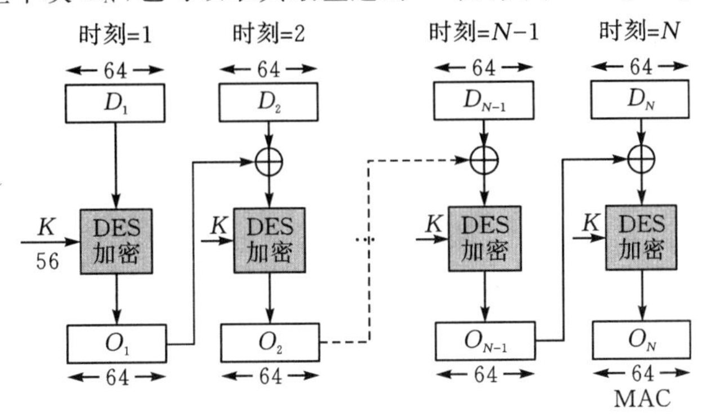

图 3-5　基于 DES 的消息认证码算法

3.3　散列函数

散列(Hash)函数是消息鉴别码的一种变形。与消息鉴别码一样,散列函数的输入是可变大小的消息 M,输出固定大小的散列码 $H(M)$,也称为消息摘要或散列值。与 MAC 不同的是,散列函数并不使用密钥,它仅是输入消息的函数。使用没有密钥的散列值作为消息鉴别是不安全的,因此实际应用中将散列函数和加密结合起来使用。

一个安全的 Hash 函数应该至少满足以下几个条件:

(1)Hash 可以应用于任意长度的数据块,产生固定长度的散列值。

(2)对每一个给定的输入 m,计算 $H(m)$是很容易的。

(3)给定 Hash 函数的描述,对给定的散列值 h,找到满足 $H(m)=h$ 的 m 在计算上是不可行的。

(4)给定 Hash 函数的描述,对于给定的消息 m_1,找到满足 $m_2 \neq m_1$ 且 $H(m_2)=H(m_1)$的 m_2 在计算上是不可行的。

(5)找到任何满足 $H(m_1) = H(m_2)$且 $m_1 \neq m_2$ 的消息对(m_1, m_2)在计算上是不可行的。

条件(1)和条件(2)指的是 Hash 函数的单向(One Way)特性。

条件(3)和条件(4)是对使用散列值的数字签名方法所做的安全保障。否则攻击者可以由已知的明文及相关数字签名任意伪造对其他明文的数字签名。条件(5)的主要作用是防止“生日攻击”。通常我们称满足条件(1)至条件(4)的散列函数为弱散列函数,若能同时满足条件(5),则称其为强散列函数。

Hash 函数主要用于完整性校验和提高数字签名的有效性,目前已有很多方案。这些算法都是伪随机函数。早在 1978 年,Rabin 就利用 DES 算法,使用密文分组链接(CBC)方式,提出一种简单快速的散列函数,方法如下。

将明文 M 分成固定长度的 64 位的分组：$m_1, m_2, m_3, \cdots, m_k$。使用 DES 的 CBC 操作模式，对每个明文分组进行加密，令 h_0 为初始值，$h_i = E_{m_i}[h_{i-1}]$，最后散列值为 h_k。

良好的散列函数的输出以不可辨别的方式依赖于输入。任何输入位串中单个位的变化，将会导致输出位串中大约一半的位发生变化。其处理思想是先要将明文分成固定长度的明文分组，再对每个分组做相同的处理，比较有名的有 MD5、Ripemd 160、SHA、Whirlpool 等算法。所有的散列函数都具有如图 3-6 所示中的处理结构，这种结构称为迭代 Hash 函数，它是由 Merkle 提出的。

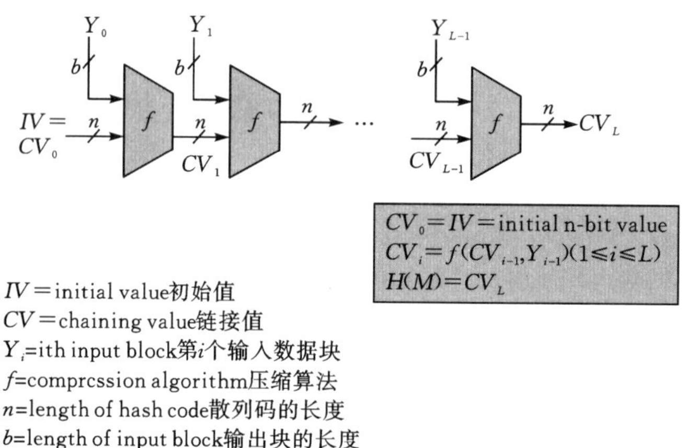

图 3-6 Hash 函数的一般结构

其中的 f 算法即散列函数中对分组进行迭代处理的压缩函数。散列函数重复使用压缩函数 f，它的输入是前一步得出的位输出（称为链接值）和一个 n 位消息分组，输出为一个 n 位分组。链接值的初始值由算法在开始时指定，其终值即为散列值。

Hash 函数的输入为消息 M，经填充后的消息分成 L 个分组，分别是 $Y_0, Y_1, \cdots, Y_{L-1}$。

这样，一般结构的 Hash 函数可归纳如下

$$CV_0 = IV = n \text{ 位初始值},$$
$$CV_i = f(CV_{i-1}, Y_{i-1}), \quad 1 \leqslant i \leqslant L$$
$$H(M) = CV_L。$$

Hash 函数和 MAC 函数不同，由于不需要使用密钥，因此 Hash 函数无法单独提供对消息的认证，通常它和数字签名结合使用来提供认证性。在安全通信中，Hash 函数和对称密码、非对称密码结合使用以提供不同的安全服务。如图 3-7 所示是 Hash 函数的几种基本应用。

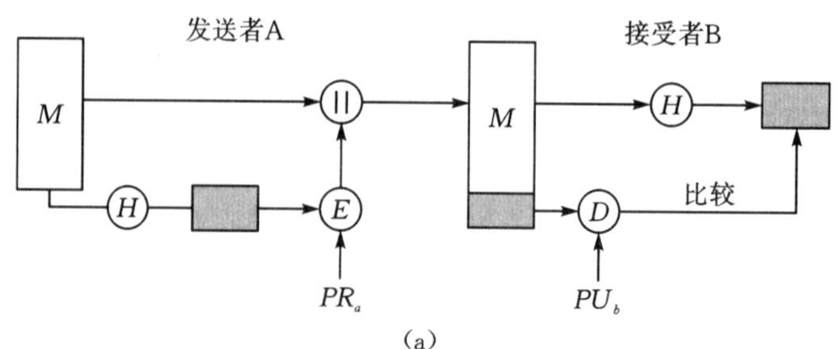

(a)

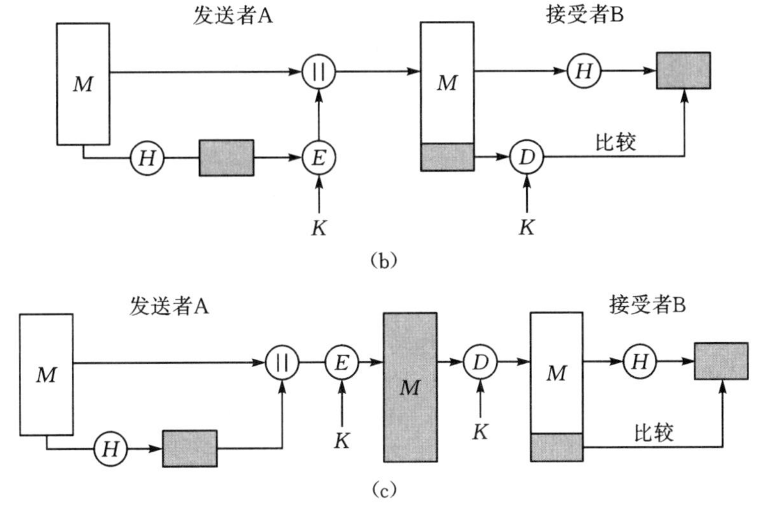

图3-7　Hash函数的基本应用

图3-7(a)为Hash函数和数字签名的典型使用方法，对消息 M 的数字签名通常不是直接对消息进行计算，而是先使用Hash函数得到消息的散列值，再使用发送者的签名私钥 PR_a 对消息的散列值进行签名，既可以提供消息的认证性，还可以保证效率。

图3-7(b)由于Hash函数不使用密钥，如果直接对消息进行散列值计算，并和消息进行连接传送，则攻击者很容易窜改消息并相应地重新计算散列值。因此，对于计算出来的散列值，使用密钥加密的方法则可以避免发生上述问题。攻击者即便窜改了消息，也因为没有相应的加密密钥伪造消息散列值的密文。

图3-7(c)中提供的安全服务是保密性和认证性。除此之外，Hash函数还可以和其他密码函数结合使用提供不同的应用模式。

散列函数的安全要求

安全Hash函数需要满足下列3个条件(即是Hash函数的安全要求)。

(1)单向性：对任何给定的散列码 h，找到满足 $H(x)=h$ 的 x 在计算上是不可行的。

(2)抗弱碰撞性：对任何给定的消息 x，找到满足 $y\neq x$ 且 $H(x)=H(y)$ 的 y 在计算上是不可行的。

(3)抗强碰撞性：找到任何满足 $H(x)=H(y)$ 的偶对 (x,y) 在计算上是不可行的。

在如图3-6所示的一般结构的Hash函数中，其输入消息被划分成 L 个固定长度的分组，每一分组长为 b 位，最后一个分组不足 b 位时需填充为 b 位，最后一个分组包含输入的总长度。由于输入中包含长度，所以攻击者必须找出具有相同散列值且长度相等的两条消息，或者找出两条长度不等但加入消息长度信息后散列值相同的消息，从而增加了攻击的难度。Merkle和Damgard发现，如果压缩函数具有抗碰撞能力，那么迭代Hash函数也具有抗碰撞能力，因此Hash函数常使用上述迭代结构，这种结构可用于对任意长度的消息产生安全Hash函数。

3.4 常用散列函数

3.4.1 MD系列散列函数(MD5)

MD5是广泛使用的散列算法之一。

MD5的设计者是麻省理工学院的Ronald L. Rivest，由MD2、MD3和MD4发展而来。MD4算法发布于1990年，该算法没有基于任何假设和密码体制，运行速度快，实用性强，受到人们广泛的关注。后来人们发现MD4存在安全缺陷，于是Rivest于1991年对MD4做了改进，改进后的算法就是MD5。MD5与MD4的设计思想类似，同样生成一个128位的消息散列值，都是面向32位计算机。虽然MD5比MD4稍微慢一些，但更为安全。

MD5的输入可以是任意长度的消息，其输出是128位的消息散列值。由于MD5的设计是针对32位处理器的，因此MD5内的所有基本运算都是针对32位运算单元的。其运算的主要过程如下。

(1)填充消息：任意长度的消息首先需要进行填充处理，使得填充后的消息总长度与448模512同余(即填充后的消息长度=448mod512)。填充的方法是在消息后面添加一位1，后续都是0。

(2)添加原始消息长度：在填充后的消息后面再添加一个64位的二进制整数表示填充前原始消息的长度，这时经过处理后的消息长度正好是512位的倍数。

(3)初始值(IV)的初始化：MD5中有4个32位缓冲区，用A、B、C、D表示，用来存散列计算的中间结果和最终结果，缓冲区中的值被称为链接变量。先将其分别初始化为A=0x01234567、B=0x89abcdef、C=0xfedcba98、D=0x76543210，这些值以高端格式存储，即字节的最高有效位存于低地址字节位置。

(4)以512位的分组为单位对消息进行循环散列计算，如图3-8所示，经过处理的信息，以512位为单位，分成L个分组，为$Y_0, Y_1, \cdots, Y_{L-1}$。MD5对每个分组进行散列处理，每一轮的处理会对$A$、$B$、$C$、$D$进行更新。

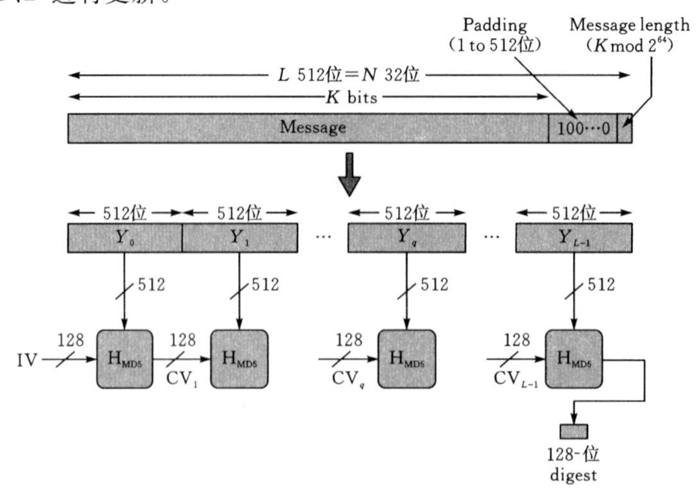

图3-8 MD5算法处理过程

(5)输出散列值:所有的 L 个分组消息都处理完后,最后一轮得到的 4 个缓冲区的值即为整个消息的散列值。

在第(4)步中循环散列计算共有 4 轮(如图 3-9 所示),每轮循环都很相似,每一轮进行 16 次操作。在第 1 轮的第 1 个步骤开始处理时,将 A、B、C 和 D 的值保存在另外的单元,假设为 AA、BB、CC 和 DD 中。然后每次操作对 A、B、C 和 D 中的其中 3 个做 1 次非线性函数运算,然后将所得结果加上第 4 个变量,即消息的一个子分组和一个常数,再将所得结果向右移一个不定的数。最后得到的结果再加上之前保存在 AA、BB、CC 或 DD 中的值,这里的“加”指的是 $mod2^{32}$ 的模加运算。得到的新的 4 个 32 位字作为 A、B、C 和 D 的新的值。然后继续使用下一分组进行运算,最后输出的 A、B、C 和 D 的级联即是整个消息的 128 位散列值。

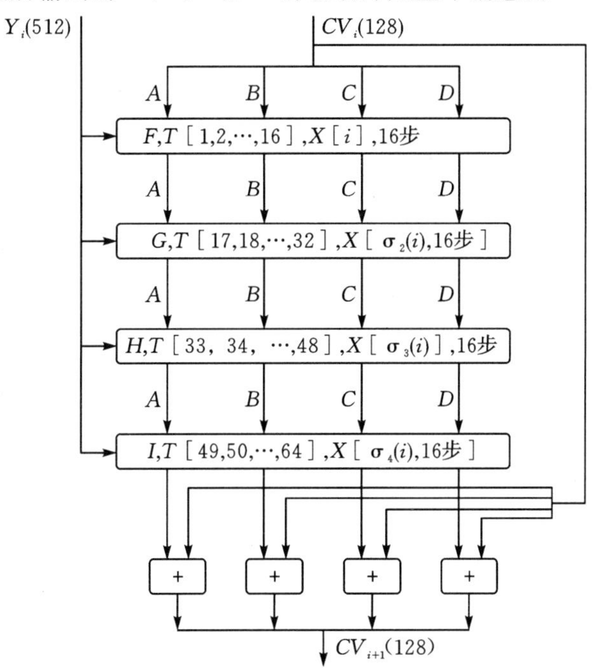

图 3-9　MD5 算法一次循环处理过程

每次操作中用到的 4 个非线性函数为:

$$F(X,Y,Z)=(X\&Y)|((\overline{X})\&Z),$$

$$G(X,Y,Z)=(X\&Z)|(Y\&\overline{Z}),$$

$$H(X,Y,Z)=(X^\wedge Y^\wedge Z),$$

$$I(X,Y,X)=Y^\wedge(X|\overline{Z}),$$

其中,& 是与,| 是或,¯ 是非,∧ 是异或。

将每次处理的 512 位的消息分组再分成 32 位一组,共 16 组,表示为 M_j,$j=0,\cdots,15$,则在每次的 4 轮运算中的计算方法是:

$FF(A,B,C,D,M_j,s,t_i)$表示 $A=B+((A+(F(B,C,D)+M_j+t_i)<<<s)$,

$GG(A,B,C,D,M_j,s,t_i)$表示 $A=B+((A+(G(B,C,D)+M_j+t_i)<<<s)$,

$HH(A,B,C,D,M_j,s,t_i)$表示 $A=B+((A+(H(B,C,D)+M_j+t_i)<<<s)$，

$II(A,B,C,D,M_j,s,t_i)$表示 $A=B+((A+(I(B,C,D)+M_j+t_i)<<<s)$，

其中“$<<<s$”表示循环左移 s 位，则 4 轮(每轮 16 步，共 64 步)的操作如下。

(1)第 1 轮

$FF(A,B,C,D,M_0,7,\text{0xd76aa478})$

$FF(D,A,B,C,M_1,12,\text{0xe8c7b756})$

$FF(C,D,A,B,M_2,17,\text{0x242070db})$

$FF(B,C,D,A,M_3,22,\text{0xc1bdceee})$

$FF(A,B,C,D,M_4,7,\text{0xf57c0faf})$

$FF(D,A,B,C,M_5,12,\text{0x4787c62a})$

$FF(C,D,A,B,M_6,17,\text{0xa8304613})$

$FF(B,C,D,A,M_7,22,\text{0xfd469501})$

$FF(A,B,C,D,M_8,7,\text{0x698098d8})$

$FF(D,A,B,C,M_9,12,\text{0x8b44f7af})$

$FF(C,D,A,B,M_{10},17,\text{0xffff5 bb1})$

$FF(B,C,D,A,M_{11},22,\text{0x895cd7be})$

$FF(A,B,C,D,M_{12},7,\text{0x6b901122})$

$FF(D,A,B,C,M_{13},12,\text{0xfd987193})$

$FF(C,D,A,B,M_{14},17,\text{0xa679438e})$

$FF(B,C,D,A,M_{15},22,\text{0x49b40821})$

(2)第 2 轮

$GG(A,B,C,D,M_1,5,\text{0xf61e2562})$

$GG(D,A,B,C,M_6,9,\text{0xc040b340})$

$GG(C,D,A,B,M_{11},14,\text{0x265e5a51})$

$GG(B,C,D,A,M_0,20,\text{0xe9b6c7aa})$

$GG(A,B,C,D,M_5,5,\text{0xd62f105d})$

$GG(D,A,B,C,M_{10},9,\text{0x02441453})$

$GG(C,D,A,B,M_{15},14,\text{0xd8a1e681})$

$GG(B,C,D,A,M_4,20,\text{0xe7d3fbc8})$

$GG(A,B,C,D,M_9,5,\text{0x21e1cde6})$

$GG(D,A,B,C,M_{14},9,\text{0xc33707d6})$

$GG(C,D,A,B,M_3,14,\text{0xf4d50d87})$

$GG(B,C,D,A,M_8,20,\text{0x455a14ed})$

$GG(A,B,C,D,M_{13},5,\text{0xa9e3e905})$

$GG(D,A,B,C,M_2,9,\text{0xfcefa3f8})$

$GG(C,D,A,B,M_7,14,\text{0x676f02d9})$

$GG(B,C,D,A,M_{12},20,\text{0x8d2a4c8a})$

(3)第 3 轮

$HH(A,B,C,D,M_5,4,0xfffa3942)$

$HH(D,A,B,C,M_8,11,0x8771f681)$

$HH(C,D,A,B,M_{11},16,0x6d9d6122)$

$HH(B,C,D,A,M_{14},23,0xfde5380c)$

$HH(A,B,C,D,M_1,4,0xa4beea44)$

$HH(D,A,B,C,M_4,11,0x4bdecfa9)$

$HH(C,D,A,B,M_7,16,0xf6bb4b60)$

$HH(B,C,D,A,M_{10},23,0xbebfbc70)$

$HH(A,B,C,D,M_{13},4,0x289b7ec6)$

$HH(D,A,B,C,M_0,11,0xeaa127fa)$

$HH(C,D,A,B,M_3,16,0xd4ef3085)$

$HH(B,C,D,A,M_6,23,0x04881d05)$

$HH(A,B,C,D,M_9,4,0xd9d4d039)$

$HH(D,A,B,C,M_{12},11,0xe6db99e)$

$HH(C,D,A,B,M_{15},16,0x1fa27cf8)$

$HH(B,C,D,A,M_2,23,0xc4ac5665)$

(4)第 4 轮

$II(A,B,C,D,M_0,6,0xf4292244)$

$II(D,A,B,C,M_7,10,0x432aff97)$

$II(C,D,A,B,M_{14},15,0xab9423a7)$

$II(B,C,D,A,M_5,21,0xfc93a039)$

$II(A,B,C,D,M_{12},6,0x655b59c3)$

$II(D,A,B,C,M_3,10,0x8f0ccc92)$

$II(C,D,A,B,M_{10},15,0xffeff47d)$

$II(B,C,D,A,M_1,21,0x85845dd1)$

$II(A,B,C,D,M_8,6,0x6fa87e4f)$

$II(D,A,B,C,M_{15},10,0xfe2ce6e0)$

$II(C,D,A,B,M_6,15,0xa3014314)$

$II(B,C,D,A,M_{13},21,0x4e0811a1)$

$II(A,B,C,D,M_4,6,0xf7537e82)$

$II(D,A,B,C,M_{11},10,0xbd3af235)$

$II(C,D,A,B,M_2,15,0x2ad7d2bb)$

$II(B,C,D,A,M_9,21,0xeb86d391)$

对于不同轮处理过程，使用 16 个字的顺序不一样。

第一轮中，使用顺序为 $M[0,1,\cdots,15]$。

第二轮中使用顺序由下列置换确定：$\sigma_2(i)=(1+5i)\bmod 16$。

第三轮中使用顺序由下列置换确定：$\sigma_3(i)=(5+3i) \bmod 16$。

第四轮中使用顺序由下列置换确定：$\sigma_4(i)=7i \bmod 16$。

如第三轮处理过程的第 i 步迭代使用字

$$M[\sigma_3(i)]=M[(5+3i) \bmod 16],$$

则第三轮第 8 步迭代使用字

$$M[\sigma_3(8)]=M[(5+3\times 8) \bmod 16]=M[29 \bmod 16]=M[13],$$

常数表 T 为 64 个 32 位常数。

$T_i=2^{32}\times abs(sin(i))$的整数部分($i=1,2,\cdots,64$)，$i$ 的单位是弧度。

3.4.2 SHA 系列散列函数(SHA-512)

美国国家标准局(NIST)为了配合数字签名标准(DSA)，在 1993 年对外公布了安全散列函数(SHA)，并公布为联邦信息处理标准(FIPS 180)，其设计的方法依据已有的 MD4 算法，所以其基本框架与 MD4 类似。1995 年 NIST 发布了 SHA 的修订版(FIPS 180-1)，通常称之为 SHA-1，SHA-1 产生 160 位的散列值。2002 年，NIST 再次发布了修订版(FIPS 180-2)，其中给出了 3 种新的 SHA 版本，散列值长度依次为 256、384 和 512 位，分别称为 SHA-256、SHA-384 和 SHA-512(见表 3-1)。这些新的版本和 SHA-1 具有相同的基础结构，使用了相同的模算术和二元逻辑运算。2005 年，NIST 宣布将逐步废除 SHA-1，到 2010 年，逐步转而使用 SHA 的其他更高位长的版本。2005 年，山东大学密码学家王小云带领的研究小组研究出了一种攻击，用 2^{69} 次操作可以找到两个独立的消息使它们有相同的 SHA-1 值，而以前认为要找到一个 SHA-1 碰撞需要 2^{80} 次的操作，所需操作大为减少。这意味着，对于 SHA 的使用需要选择更高位数的版本。

表 3-1 SHA 散列函数参数比较

	SHA-1	SHA-256	SHA-384	SHA-512
散列值长度	160	256	384	512
消息长度	$<2^{64}$	$<2^{64}$	$<2^{128}$	$<2^{128}$
分组长度	512	512	1024	1024
字长度	32	32	64	64
步骤数	80	64	80	80
安全性	80	128	192	256

注：(1)所有的长度以位为单位。

(2)安全性是指对输出长度为 n，比特散列函数的生日攻击产生碰撞的工作量大约为 $2^{n/2}$。

1. SHA-512 算法

该算法的输入是最大长度小于 2^{128} 位的消息，输出是 512 位的散列值，输入消息以 1024 位的分组为单位进行处理。输出的总体过程如图 3-10 所示。和 MD5 类似，其过程包含以下步骤。

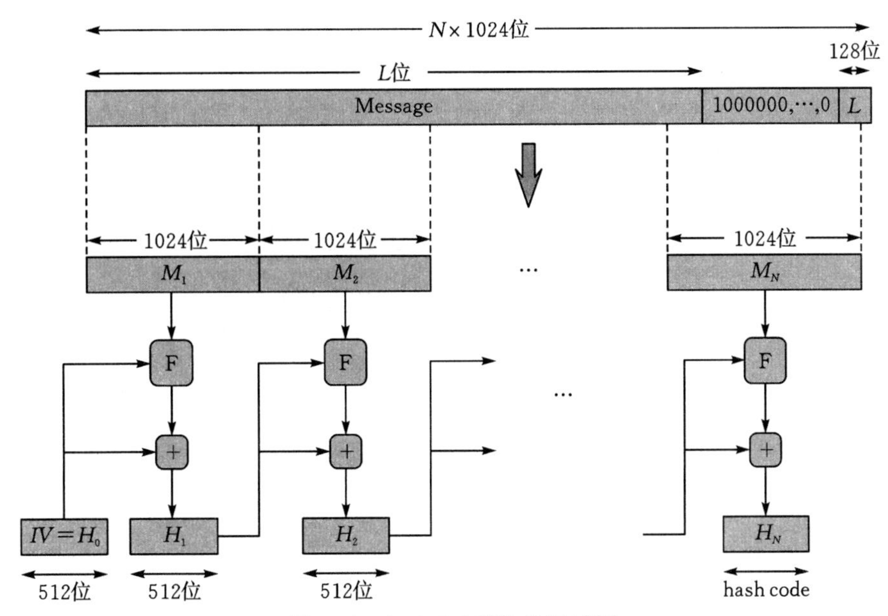

图 3-10　SHA-512 算法处理过程

步骤 1:附加填充位。填充消息使其长度模 1024 与 896 同余,即长度≡896 (mod 1024),即使消息已经满足上述长度要求,仍然需要进行填充,因此填充位数在 1 到 1024 之间。填充由一个 1 和后续的 0 组成。

步骤 2:附加长度。在消息后附加一个 128 位的块,将其看作 128 位的无符号整数,它包含填充前消息的长度,表示产生了一个长度为 1024 位整数倍的扩展消息。扩展的消息被表示为一串长度为 1024 位的消息分组 $M_1, M_2, \cdots, M_N$,因此,整个消息经扩展后的长度为 $N\times$ 1024 位。

如,消息 01100001 01100010 01100011,其长度=24,经填充得到比特串:

$$01100001\quad 01100010\quad 01100011\quad 1\ \overbrace{00\ldots00}^{871位}\quad \overbrace{00..011000}^{128位}$$

步骤 3:初始化散列缓冲区。散列函数的中间结果和最终结果保存于 512 位的缓冲区中,缓冲区用 8 个 64 位的寄存器(a、b、c、d、e、f、g、h)表示,并将这些寄存器初始化为下列 64 位的整数:

a=0x6A09E667F3BCC908　　　　e=0x510E527FADE682D1
b=0xBB67AE8584CAA73B　　　　f=0x9B05688C2B3E6C1F
c=0x3C6EF372FE94F82B　　　　g=0x1F83D9ABFB41BD6B
d=0xA54FF53A5F1D36F1　　　　h=0x5BE0CD19137E2179

这些值以高端格式存储,即字的最高有效字节存于低地址字节位置(最左边)。这些字的获取方式为:前 8 个素数(2、3、5、7、11、13、17、19)取平方根,取分数部分的前 64 位。

步骤 4:以 1024 位的分组(16 个字)为单位处理消息。算法的核心是具有 80 轮运算的模块。如图 3-11 所示的算法过程给出了 F 的逻辑原理:每一轮都把 512 位缓冲区的值(a、b、c、d、e、f、g、h)作为输入,并更新缓冲区的值。第 1 轮,缓冲区的值是中间的 Hash 值 H_{i-1}。每一轮使用一个 64 位的值 $W_t(0\leqslant t\leqslant 79)$,该值由当前被处理的 1024 位消息分组 M_i 导出。导出算法是后面将要讨论的消息调度算法。每一轮还使用附加的常数 $K_t(0\leqslant t\leqslant 79)$，这些常数的获得方法为：前 80 个素数取 3 次根，取小数部分的前 64 位。这些常数提供了 64 位随机串集合，可以消除输入数据里的任何规则性。第 80 轮的输出和第 1 轮的输入 H_{i-1} 产生 H_i。缓冲区里的 8 个字和 H_{i-1} 里的相应字独立进行模 2^{64} 的加法运算。

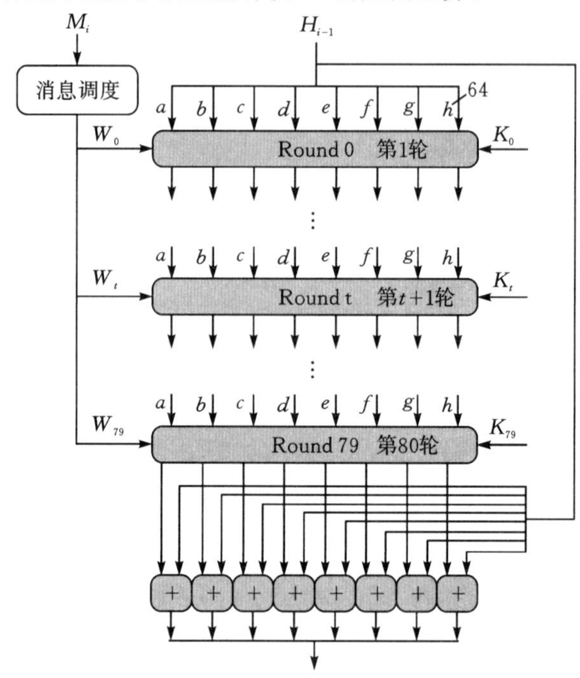

图 3-11 SHA-512 算法过程

步骤 5：输出。所有的 N 个 1024 位分组都处理完以后，最后输出的即是 512 位的消息摘要。

$$H_0=IV,$$
$$H_i=\mathrm{SUM}_{64}(H_{i-1},\mathrm{abcdefgh}_i),$$
$$MD=H_N,$$

其中 IV 为上述算法步骤 3 里定义的 a、b、c、d、e、f、g、h 缓冲区的初始值；a、b、c、d、e、f、g、h_i 为第 i 个消息分组处理的最后一轮的输出；N 为消息（包括填充和长度域）里的分组数；SUM_{64} 为输入对缓冲区里的每个字进行独立的模 2^{64} 加；MD 为最后的消息散列值。

2. 消息调度处理

每一轮的 $W_t(0\leqslant t\leqslant 79)$ 的值由当前被处理的 1024 位消息分组 M_i 导出。导出算法如图 3-12 所示，前 16 个 $W_t(0\leqslant t\leqslant 15)$ 直接取自当前消息的 16 个字。余下的值按下列方式导出：

$$W_t=\begin{cases}W_i(0\leqslant t\leqslant 15),\\ \sigma_1^{512}(W_{t-2})+W_{t-7}+\sigma_0^{512}(W_{t-15})+W_{t-16}(16\leqslant t\leqslant 79),\end{cases}$$

其中，$\sigma_0^{512}=\mathrm{ROTR}^1(x)\oplus\mathrm{ROTR}^8(x)\oplus\mathrm{SHR}^7(x)$，

$\sigma_1^{512}=\mathrm{ROTR}^{19}(x)\oplus\mathrm{ROTR}^{61}(x)\oplus\mathrm{SHR}^6(x)$。

$\mathrm{ROTR}^n(x)$ 为对 64 位变量 x 循环右移 n 位，$\mathrm{SHR}^n(x)$ 为对 64 位变量 x 向左移动 n 位，右边填充 0。

因此，在前 16 步处理中，W_t 的值等于消息分组里的相应字。对于余下的 64 步，W_t 的值由其前面的 4 个值的异或形成的值构成，要对 4 个值中的两个进行移位和循环移位操作。

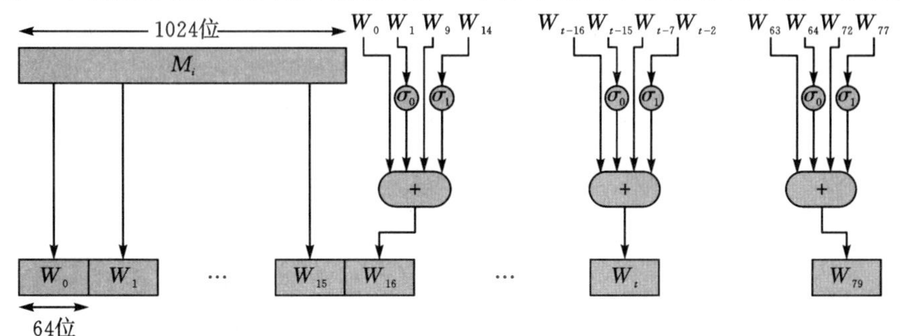

图 3-12　SHA-512 每步操作中的消息调度处理

3. SHA-512 的轮函数

SHA-512 中最核心的处理就是对单个 1024 位分组处理的 80 轮的每一轮的处理，其运算过程如图 3-13 所示。

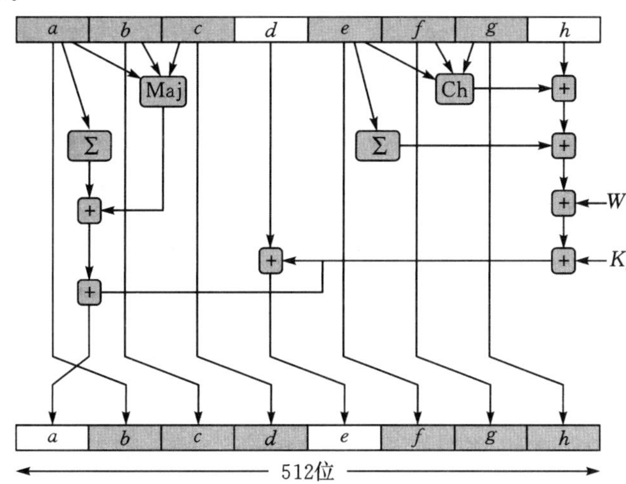

图 3-13　SHA-512 每一步的核心处理过程

$$T_1 = h + (\sum_1^{512} e) + \mathrm{Ch}(e,f,g) + W_t + K_t;$$

$$T_2 = (\sum_0^{512} a) + \mathrm{Maj}(a,b,c);$$

$$h = g; g = f; f = e; e = d + T_1; d = c; b = a; a = T_1 + T_2$$

式中，

$\mathrm{Ch}(e,f,g) = (e \text{ AND } f) \oplus (\text{NOT } e \text{ AND } g)$ 条件函数位运算：如果 e，则 f，否则 g；

$\mathrm{Maj}(a,b,c) = (a \text{ AND } b) \oplus (a \text{ AND } c) \oplus (b \text{ AND } c)$，当且仅当变量的多数（2 个或者 3 个）为真时函数为真。

$(\sum_0^{512} a) = \mathrm{ROTR}^{28}(a) \oplus \mathrm{ROTR}^{34}(a) \oplus \mathrm{ROTR}^{39}(a)$。

$(\sum_1^{512} e) = \mathrm{ROTR}^{14}(e) \oplus \mathrm{ROTR}^{18}(e) \oplus \mathrm{ROTR}^{41}(e)$。

W_t 为 64 位，从当前的 512 位输入分组中导出；K_t 为 64 位附加常数；$\oplus$ 为模 2^{64} 加。

4.计算第 i 次的中间值

$$H_0^{(i)}=a+H_0^{(i-1)};H_1^{(i)}=b+H_1^{(i-1)};H_2^{(i)}=c+H_2^{(i-1)};H_3^{(i)}=d+H_3^{(i-1)};$$

$$H_4^{(i)}=e+H_4^{(i-1)};H_5^{(i)}=f+H_5^{(i-1)};H_6^{(i)}=g+H_6^{(i-1)};H_7^{(i)}=h+H_7^{(i-1)}。$$

所有消息块处理完后得到8个64位的变量 $H_0\sim H_7$ 的数据级联 $H_0^{(N)}\parallel H_1^{(N)}\parallel H_2^{(N)}\parallel H_3^{(N)}\parallel H_4^{(N)}\parallel H_5^{(N)}\parallel H_6^{(N)}\parallel H_7^{(N)}$ 就是 SHA-512算法输出的散列值。

3.5 HMAC

MAC主要是基于对称密码的算法设计，而Hash函数是不使用密钥的，不能像MAC一样使用。目前，研究者提出了将Hash函数用于构建MAC算法的方案，HMAC是其中之一，并已经成为FIPS标准发布(FIPS 198)，在IPSec和SSL协议中使用。

3.5.1 HMAC的设计目标

HMAC的设计目标如下。

(1)无需修改就能使用现有的散列函数。

(2)能以模块化方式使用(嵌入)散列函数。

(3)保持散列函数的原有性能，不会因用于MAC而导致其性能降低。

(4)以简单的方式使用和处理密钥(或秘密信息)。

(5)在对嵌入散列函数合理假设的基础上，易于分析HMAC用于鉴别机制的强度。

因此，HMAC中使用的Hash函数并不局限于某一种Hash函数，当使用不同的Hash函数时，HMAC将有不同的实现，如HMAC-SHA、HMAC-MD5等。

3.5.2 HMAC算法描述

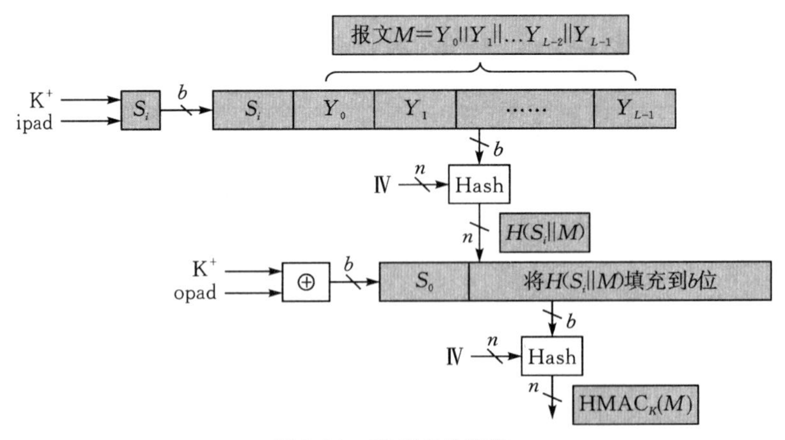

图3-14 HMAC的结构

HMAC的结构如图3-14所示，其中的符号定义如下。

H:嵌入的Hash函数(如MD5、SHA-1等)。

IV:作为Hash函数输入的初始值。

M:HMAC的消息输入(包括使用的Hash函数中定义的填充位)。

Y_i：M 的第 i 个分组，$0 \leqslant i \leqslant L-1$。

L：M 中的分组数。

b：每一分组所含的位数。

n：使用的 Hash 函数所产生的散列值的位长。

K：密钥，建议密钥长度大于 n。若密钥长度大于 b，则将密钥作为 Hash 函数的输入以产生一个 n 位长的密钥。

K^+：为使 K 为 b 位长，而在 K 左边填充 0 后所得的结果。

ipad：00110110（十六进制数 36）重复 $b/8$ 次的结果。

opad：01011100（十六进制数 5C）重复 $b/8$ 次的结果。

HMAC 可描述为：

$$\mathrm{HMAC}_k = H[K^+ \oplus (\mathrm{opad}) \parallel H[K^+ \oplus (\mathrm{ipad}) \parallel M]]$$

算法的处理流程如下。

（1）在密钥 K 后面填充 0，得到 b 位的 K^+（例如，若 K 是 160 位，$b=512$，则在 K 中加入 44 个 0 字节）。

（2）K^+ 与 ipad 执行异或运算（位异或）产生 b 位的分组 S_i。

（3）将 M 附于 S_i 后。

（4）将 H 作用于第（3）步所得的结果。

（5）K^+ 与 opad 执行异或运算（位异或）产生 b 位的分组 S_0。

（6）将第（4）步中的散列值附于 S_0 后。

（7）将 H 作用于第（6）步所得出的结果，输出最终结果。

在上述操作中，K 与 ipad 异或后，其信息位有一半发生了变化；同样，K 与 opad 异或其信息位的另一半也发生了变化，这样，通过将 S_i 与 S_0，传给 Hash 算法中的压缩函数可以从 K 伪随机地产生出两个密钥。

HMAC 的实现方案如图 3-15 所示，为了有效地实现 HMAC，HMAC 中多执行了 3 次 Hash 运算（对 S_i、S_0 和内部的 Hash 产生的分组），由于（$K^+ \oplus$opad）和（$K^+ \oplus$ipad）以及有关 Hash 函数对第一个分组的初始化向量的散列运算可预先计算出来，因此 HMAC 的计算效率较高。当然，这些预先计算的值也需要像密钥那样得到很好的保护。

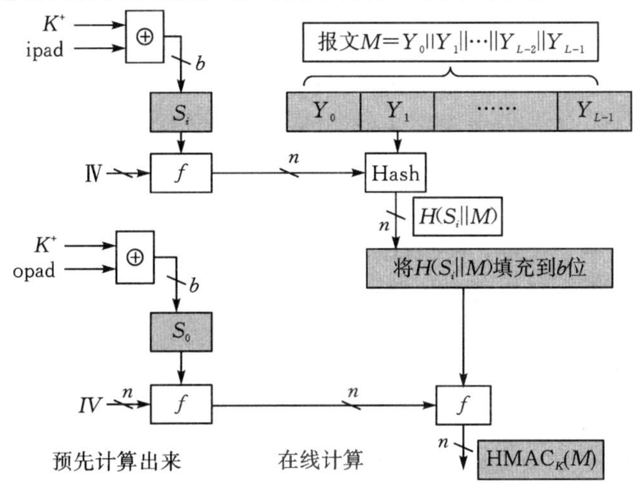

图 3-15　HMAC 的实现方案

3.5.3 HMAC 的安全性

HMAC 算法的安全性依赖所使用的散列函数的安全性。

HMAC 的安全强度与所使用的散列函数的强度存在恰当的关系(其实这也是 HMAC 算法设计的目标之一,见 RFC 2104 规范)。在目前的计算水平下,使用 MD5 或 SHA-1 等作为 HMAC 算法所使用的单向散列函数 H 时,HMAC 算法的安全性是可以保证的。

在攻击 HMAC 时,由于不知道密钥 K,攻击者就无法以离线方式有效地产生报文/鉴别码对。若把 K 看作 HMAC 的一部分,这时攻击者未能完全掌握 HMAC 算法,不能像 MD5 的生日攻击那样从有效的报文/鉴别码对中寻找冲突。

对于长 128 位的散列码,要得到 HMAC 在同一密钥产生的 2^{64} 个分组(2^{73} 位),在 1Gbit/s 的链路上,需要 250000 年,因此 MD5 完全适合 HMAC,而且就速度而言,MD5 要快于将 SHA 作为内嵌散列函数的 HMAC。

3.6 数字签名

3.6.1 数字签名的基本概念

前面章节讨论的消息认证方法主要是保护通信双方之间的消息不被第三方窜改,但却无法防止通信双方互相欺骗。例如在下面的情形中,通信双方会产生某些纠纷。

(1)在通信中,通信方 A 和 B 是通过共享的密钥对传输的消息计算 MAC 以提供认证。这样 B 可以伪造一个消息,并使用共享的密钥对其生成 MAC,然后声称这个消息是来自 A 的。

(2)A 否认曾经发送过某条消息给 B,但事后他可以辩称 B 收到的这条消息是 B 伪造的,即否认自己的行为。

(3)B 收到 A 发送的某条消息后,出于某种原因,他否认收到过这条消息。

在上述情形中,由于通信方存在互不信任的情况,单纯地使用消息认证方法无法解决这些问题。数字签名是解决这些问题的最好选择,数字签名主要的功能是保证信息传输的完整性,进行发送者的身份认证,防止通信中发生否认现象。简单地说,数字签名技术可以解决如下问题。

否认:发送者否认发送过或签名过某条消息。

伪造:用户 A 伪造一份消息,并声称该消息来自 B。

冒充:用户 A 冒充其他用户接收或发送报文。

窜改:消息接收者对收到的消息进行窜改。

数字签名也是一种认证机制,它是公钥密码学发展过程中的一个重要组成部分,是公钥密码算法的典型应用。数字签名的应用过程是,数据源发送者使用自己的私钥对数据校验或其他与数据内容有关的信息进行处理,生成对数据的合法签名,数据接收者则利用发送者的公钥来验证收到的消息上的数字签名,以确认签名的合法性。数字签名需要满足以下条件。

签名的结果必须是与被签名的消息相关的二进制位串。

签名必须使用发送者某些独有的信息(发送者的私钥),以防伪造和否认。

产生数字签名比较容易,识别和验证签名比较容易。

给定数字签名和被签名的消息,伪造数字签名在计算上是不可行的。

保存数字签名的副本,并由第三方进行仲裁是可行的。

数字签名技术是在网络虚拟环境中确认身份、提供消息完整性和保证消息来源真实性的重要技术,可以提供和现实中亲笔签字类似的效果,在技术和法律上都有保证。

数字签名通常和Hash函数结合使用,用来向用户提供安全高效的数字签名方法,广泛应用在各种认证协议中和网络应用中,如电子商务安全、电子支付、数据传输的完整性、身份验证机制以及交易的抗抵赖性的实现。

3.6.2　数字签名方案

数字签名方案也称数字签名体制,一般包含两个主要组成部分,即签名算法和验证算法。对消息M签名记为$s=\mathrm{Sig}(m)$,而对签名s的验证可记为$\mathrm{Ver}(s)\in\{0,1\}$。数字签名体制的形式如下。

一个数字签名体制是一个五元组(M,A,K,S,V),其中,M是所有可能的消息的集合,即消息空间;A是所有可能的签名组成的一个有限集,称为签名空间;K是所有密钥组成的集合,称为密钥空间。

S是签名算法的集合,V是验证算法的集合,满足:对任意$k\in K$,有一个签名算法Sig_k和一个验证算法Ver_k,使得对任意消息$m\in M$,每一个签名$a\in A$,$\mathrm{Ver}_k(m,a)=1$,当且仅当$a=\mathrm{Sig}_k(m)$。

在数字签名体制中,$a=\mathrm{Sig}_k(m)$表示使用密钥k对消息m签名,(m,a)称为一个消息签名对。发送消息时,通常将签名附在消息后。数字签名必须具有下列特征。

可验证性。信息接收方必须能够验证发送者的签名是否真实有效。

不可伪造性。除了签名人之外,任何人不能伪造签名人的合法签名。

抗抵赖性。发送者在发送签名的消息后,无法抵赖发送的行为;接收者在收到消息后,也无法否认接收的行为。

数据完整性。数字签名使得发送者能够对消息的完整性进行校验。换句话说,数字签名具有消息鉴别的功能。

基于公钥密码算法和对称密码算法都可以获得数字签名,目前主要采用基于公钥密码算法的数字签名。在基于公钥密码的签名体制中,签名算法必须使用签名人的私钥,而验证算法则只使用签名人的公钥。因此,只有签名人才可能产生真实有效的签名,只要他的私钥是安全的。签名的有效性能被任何人验证,因为签名人的公钥是公开可访问的。

3.6.3　数字签名应用

本节给出一些常见的数字签名方案及数字签名的应用。

1. RSA签名算法

RSA 数字签名体制使用了 RSA 公开密钥密码算法进行数字签名。鉴于 RSA 算法在实践中已经被证明了的安全性，RSA 签名体制在许多安全标准中得以广泛应用。ISO/IEC 9796 和 ANSI X. 30-199X 以及美国联邦信息处理标准 FIPS 186-2 已经将 RSA 作为推荐的数字签名标准算法之一。另外，美国 RSA 数据安全公司所开发的安全标准 PKCS＃1 也是以 RSA 数字签名体制作为其推荐算法。

RSA 数字签名体制的安全性决定于 RSA 公开密钥密码算法的安全性。

由 RSA 体制可知，由于只有签名者才知道用于签名的秘密密钥 d，虽然其他用户可以很容易地对消息 M(明文)的签字 S(密文)进行验证，但他们将无法伪造签名者的签名。

下面在非对称加密算法(RSA)的基础上，理解和学习 RSA 签名算法。签名方产生一对公开密钥(n,e)和私有密钥(n,d)，就可以对消息进行签名。RSA 签名算法的过程如图 3-16 所示。

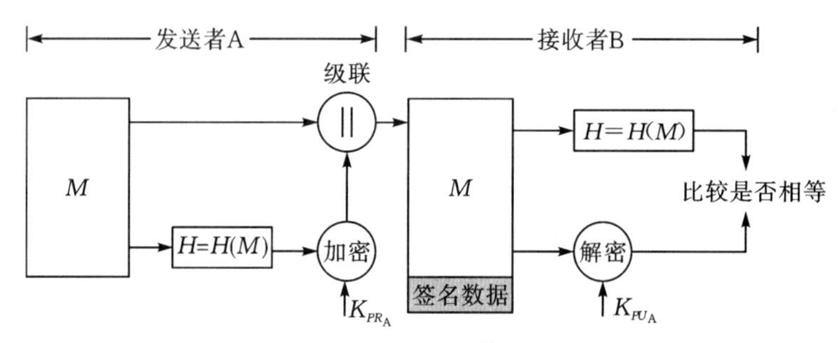

图 3-16 RSA 签名算法过程

签名过程如下。

(1)利用摘要算法计算消息的摘要 $H(M)$。

(2)用私有私钥(n,d)加密消息摘要得到 $s=H(M)^d \bmod n$。

签名完成之后，签名方将(M,s)发送给接收者。接收者收到签名(M_1,s)之后通过以下方式进行验证。

(1)利用摘要算法计算消息的摘要 $H(M_1)$。

(2)用公开密钥(n,e)加密消息摘要得到 $s_1=s^e \bmod n$。如果 $s_1=H(M_1)$，那么验证通过，否则拒绝接收该签名。因为当且仅当 $M=M_1$ 时，$s_1=H(M_1)$。

RSA 签名算法的安全性是建立在大数分解问题困难性之上的。

2. EIGamal 签名算法

EIGamal 数字签名体制是 T. EIGamal 在 1985 年给出的两个体制之一（另外一个用于加密)，它的安全性主要基于求解离散对数问题的困难性。

EIGamal 数字签名体制具有许多变体，其中重要的有美国 NIST 于 1991 年公布的数字签名标准(DSS)中所使用的数字签名算法 DSA。

EIGamal 公钥密码算法是在密码协议中有着重要应用的一类公钥密码算法，其安全性是基于有限域上离散对数问题的难解性，至今仍是一个安全性良好的公钥密码算法。它既可用于加密又可用于数字签名的公钥密码体制。

选取一个大素数 p；g 是 Z_p^* 的一个生成元，x 是签名方的秘密密钥，$x\in Z_p^*$；y 是用户 A

的公开密钥，$y=g^x \bmod p$，则签名算法描述如下。

对签名消息 M，签名过程执行以下步骤。

(1)计算 M 的 Hash 值 $H(M)$。

(2)选择随机数 $k\in Z_p{}^*$，计算 $r=g^k \bmod p$。

(3)计算 $s=[H(M)-xr]k^{-1} \bmod (p-1)$。

然后签名方将以(M,s,r)作为产生的数字签名发送给接收者。接收者在收到消息 M 和数字签名(s,r)后，利用签名者公开的全局(y,p,g)可对签名进行以下验证。

(1)根据收到的消息 M_1 计算 $H(M_1)$。

(2)验证 $y^r r^s \equiv g^{H(M_1)} \bmod p$。

如果 $y^r r^s$ 与 $g^{H(M_1)} \bmod p$ 相等，则验证通过，否则拒绝接收该签名。验证的正确性可以通过下式进行证明。

当且仅当 $M=M_1$ 时。

由于：$r\equiv g^k \bmod p$，

$s\equiv (H(M)-xr)k^{-1} \bmod (p-1)$，

所以，

$$ks\equiv (H(M)-xr) \bmod (p-1),$$

$$g^{ks}\equiv g^{H(M)-xr} \bmod p,$$

$$g^{ks}g^{xr}\equiv g^{H(M)} \bmod p,$$

综上可知：$y^r r^s\equiv g^{xr}g^{rs}\equiv g^{rx+H(M)-xr}\equiv g^{H(M)} \bmod p\equiv g^{H(M_1)} \bmod p$。

3. 数字签名标准(DSS)

1991 年，美国国家标准局(NIST)发布了数字签名标准(FIPS PUB 186)，简称 DSS。DSS 采用了 SHA 散列算法，给出了一种新的数字签名方法，即数字签名算法(DSA)。DSS 被提出后，1996 年又被稍做修改，2000 年发布了该标准的扩充版，即 FIP 186-2。DSA 的安全性是建立在求解离散对数难题之上的，算法基于 EIGamal 和 Schnorr 签名算法，其后面发布的最新版本还包括基于 RSA 和椭圆曲线密码(ECC)的数字签名算法。这里给出的算法是最初的 DSA 算法。

DSA 只提供数字签名功能的算法，虽然它是一种公钥密码机制，但是不能像 RSA 和 ECC 算法那样还可以用于加密或密钥分配。

DSS 方法使用 Hash 函数产生消息的散列值，和随机生成的 k 作为签名函数的输入，签名函数依赖发送者的私钥和一组参数，这些参数为一组通信伙伴所共有，我们可以认为这组参数构成全局公钥。签名由两部分组成，标记为 r 和 s。

接收者对收到的消息计算散列值，和收到的签名(r,s)一起作为验证函数的输入，验证函数依赖全局公钥和发送者公钥，若验证函数的输出等于签名中的 r，则签名合法。

DSA 已经在许多数字签名标准中得到推荐使用，除了联邦信息处理标准则外，IEEE 的 P1363 标准中，也推荐使用了 DSA 等算法。

DSS 中规定使用了安全散列算法(SHA-1)，DSA 可以看作 EIGamal 数字签名体制的一个变体，它也是基于离散对数问题，如图 3-17 所示是 DSA 的签名与验证过程。

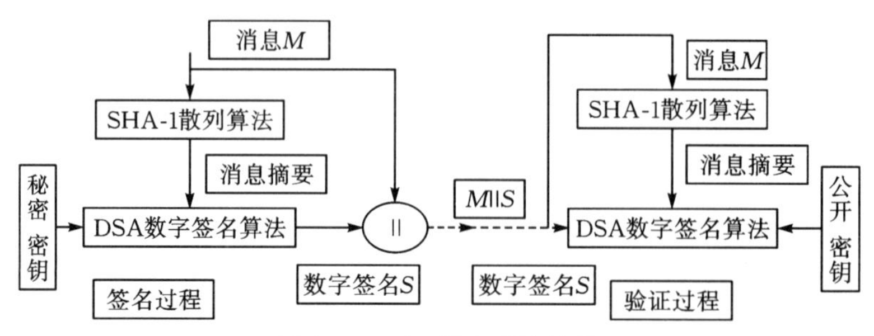

图 3-17 DSA 签名算法过程

(1)DSA 的系统参数的选择。

p:512 位的素数,其中 $2^{L-1}<p<2^{L}$,$512\leqslant L\leqslant 1024$,且 L 是 64 的倍数,即 L 的位长在 512～1024 位之间并且其增量为 64 位。

q:160 位的素数且 q 是 $p-1$ 素因子。

g:满足 $g=H^{p-1/q}\bmod p$。

H:为散列函数。

x:为用户的私钥,$0<x<q$。

y:为用户的公钥,$y=g^{x}\bmod p$。

p、q、g 为系统发布的公共参数,与公钥 y 公开;私钥 x 保密。

(2)签名。

设要签名的消息为 M,$0<M<p$。签名者随机选择一整数 k,$0<k<q$,并计算

$$r=(g^{x}\bmod p)\bmod q,$$

$$s=[k^{-1}(H(M)+xr)]\bmod q,$$

(r,s)即为 M 的签名。签名者将 M 连同(r,s)一起存放,或发送给验证者。

(3)验证。

验证者获得 M 和(r,s),需要验证(r,s)是否 M 的签名。

首先检查 r 和 s 是否属于$[0,q]$,若不属于,则(r,s)不是签名值。否则,计算:

$$w=s^{-1}\bmod g,$$

$$u_1=(H(M)w)\bmod q,$$

$$u_2=rw\bmod q,$$

$$v=((g^{u1}y^{u2})\bmod p)\bmod q。$$

如果 $v=r$,则所获得的(r,s)是 M 的合法签名。

在 DSA 中,签名者和验证者都需要进行一次模 q 的求逆运算,这个运算比较耗时,Yen 和 Laih 提出了两种改进的方法,可以免去签名者或验证者的求逆运算,其方法如下。

(1)DSA 改进方法 1。

签名:

$$r=(g^{k}\bmod p)\bmod q,$$

$$s=(rk-H(M))x^{-1}\bmod q,$$

验证：

$$t=r^{-1} \bmod q,$$

$$v=(g^{H(M)t}y^{st} \bmod p) \bmod q。$$

判断 v 是否和 r 相等。

(2)DSA 改进方法 2。

签名：

$$r=(g^k \bmod p) \bmod q,$$

$$s=(k(H(M)+xr)^{-1}) \bmod q。$$

验证：

$$t=sH(M) \bmod q,$$

$$v=(g^t y^{sr} \bmod p) \bmod q。$$

判断 v 是否和 r 相等。

在上述方法中，有些计算可以预先完成。在改进方法 1 中，签名时会用到的 x，如果不是经常更换，则 x^{-1} 可以预先计算并保存以便多次使用，这样就可以省掉一次求逆运算。

在改进方法 2 中，验证者无须计算逆元。即便对于初始 DSA，也可以采用预计算的方法提高效率：签名时所计算的 $g^k \bmod p$ 并不依赖消息，因此可以预先计算出。用户还可以据需要预先计算出多个可用于签名的 r，以及相应的 r^{-1}，这样可以大大提高效率。

以上给出的签名方案是直接数字签名，这类数字签名只涉及通信双方，即签名者使用自己的私钥对整个消息或者对于消息的散列值进行签名，验证者使用签名者的公钥进行验证。即便发生纠纷，仲裁法也是根据密文及签名值进行仲裁。该方案的有效性完全依赖签名者的私钥。如果签名者的私钥丢失或者被攻击者获取，则有可能被他人伪造签名，这时产生纠纷后，仲裁者无法给出实时的判断。因此，在实际应用中，除了普通数字签名外，还有些特殊的签名方案，更多的可以说是一种安全协议，如仲裁数字签名、群签名、代理签名、多重签名、抗抵赖签名、公平盲签名、门限签名、具有消息恢复功能的签名等，它们与具体应用环境密切相关。下面以仲裁数字签名和群签名为例进行说明。

4. 仲裁数字签名

仲裁签名中除了通信双方外，还有一个仲裁者。发送者 A 发送给 B 的每条签名的消息都先发送给仲裁者 T，T 对消息及其签名进行检查以验证消息源及其内容，检查无误后给消息加上日期再发送给 B，同时指明该消息已通过仲裁者的检验。因此，仲裁数字签名实际上涉及多余一步的处理，仲裁者的加入使得对于消息的验证具有实时性。

下面是使用对称密码的仲裁签名

(1) $A \rightarrow T: M \| E_{K_{AT}}[ID_A \| H(M)]$。

(2) $T \rightarrow B: E_{K_{TB}}[ID_A \| M \| E_{K_{AT}}[ID_A \| H(M)] \| T]$。

在这个例子中，签名采用的是对消息的加密处理，即整个密文就是消息的签名：发送者 A 和仲裁者 T 共享密钥 K_{AT}，T 和 B 共享密钥 K_{TB}。A 产生消息 M 并计算出其散列值 $H(M)$。然后将消息 M 及其签名发送给 T，其签名由 A 的标识 ID_A 和消息散列值组成，并且用 K_{AT} 加密。T 对签名解密后，通过检查散列值来验证该消息的有效性，然后 T 用 K_{TB}对 ID_A、来自 A 的原始消息 M、来自 A 的签名和时间戳加密后传给 B。B 对 T 发来的消息解密即可恢复消息 M 和签名。B 检查时间戳以确定该消息是实时的而不是重放的消息。B 可以存储 M 及其签名，如果和 A 发生争执，则 B 可将下列消息发给 T 以证明曾收到过来自 A 的消息：

$$E_{K_{TB}}[ID_A \| M \| E_{K_{AT}}[ID_A \| H(M)] \| T]$$

下面是使用公钥密码体制的签名，并且仲裁者不能阅读消息，只能仲裁发送者的行为。

(1) $A \to T: ID_A \| E_{PR_A}[ID_A \| E_{PU_B}(E_{PRA}[M])]$。

(2) $T \to B: E_{PR_T}[ID_A \| E_{PU_B}[E_{PR_A}[M]] \| T]$。

发送者 A 首先使用自己的私钥对消息进行签名，然后再使用接收者 B 的公钥对消息及签名进行加密，A 再次使用自己的私钥对连同标识和密文的内容进行签名。仲裁者收到消息后，使用 A 的公钥验证外层签名的合法性，但是无法获得原始消息 M 的内容。如果签名合法，仲裁方对密文消息加上时间戳，使用自己的私钥进行签名，并发送给 B。B 收到后可以验证仲裁者的签名以及消息的实时性，并使用自己的私钥对密文进行解密，再使用 A 的公钥验证解密后的消息中的签名，以判断消息的合法性。B 可以保存第(2)步中的消息，如果和 A 产生纠纷，则可以作为证据提供给仲裁者。

和前面一个方案相比，采用公钥密码的方案可以更有效地保护发送者和接收者的利益，因为在前面的方案中，仲裁者可以看到消息的内容，可能和接收者勾结欺骗发送者，也可能和发送者勾结欺骗接收者，而这个方案中，仲裁者看不到消息的内容，并且也无法进行联合欺骗。

5. 群签名

群签名，即群数字签名。群签名是在 1991 年由 Chaum 和 Van Heyst 提出的一个比较新的签名概念。Camenish、Stadler、Tsudik 等对这个概念进行了修改和完善。群签名在管理、军事、政治及经济等多个方面有着广泛的应用。

群签名就是满足这样要求的签名：在一个群签名方案中，一个群体中的任意一个成员可以以匿名的方式代表整个群体对消息进行签名。与其他数字签名一样，群签名是可以公开验证的，而且可以只用单个群公钥来验证，也可以作为群标志来展示群的主要用途、种类等。

一个群签名(如图 3-18 所示)是一个包含下面过程的数字签名方案。

(1)创建：一个用以产生群公钥和私钥的概率多项式时间算法。群管理者建立群资源，生成对应的群公钥和群私钥，群公钥对整个系统中的所有用户公开，比如群成员、验证者等

(2)加入：一个用户和群管理员之间的使用户成为群管理员的交互式协议，执行该协议可以产生群员的私钥和成员证书，并使群管理员得到群成员的私有密钥。即在用户加入群的时候，群管理者颁发群证书给群成员。

(3)签名：一个概率算法，当输入一个消息和一个群成员的私钥后，输出对消息的签名。即群成员利用获得的群证书签署文件，生成群签名。

(4)验证：一个概率算法，当输入一个坏消息和一个群成员的私钥后，输出对消息的签名。同时验证者利用群公钥仅可以验证所得群签名的正确性，但不能确定群中的正式签署者。

(5)打开：一个在给定一个签名及群私钥的条件下确认签名人的合法身份的算法。群管理

者利用群私钥可以对群用户生成的群签名进行追踪，并暴露签署者身份。

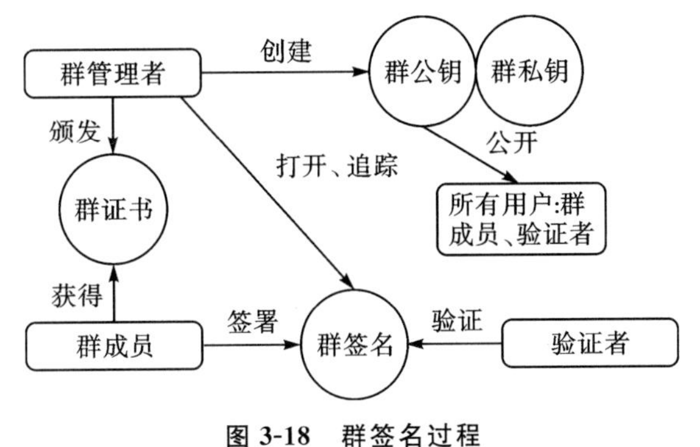

图 3-18　群签名过程

群签名的安全性要求。

(1)匿名性：给定一个群签名后，对除了唯一的群管理员以外的任何人来说，确定签名者的身份是不可行的，至少在计算上是困难的。

(2)不关联性：在不打开签名的情况下，确定两个不同的签名是否为同一个群成员所签的是不可行的，至少在计算上是困难的。

(3)不可伪造性：只有群成员才能产生有效的群签名，其他任何人包括群管理员也不能伪造一个合法的签名。

(4)可跟踪性：群管理员在发生纠纷的情况下可以打开一个签名来确定出签名者的身份，而且任何人都不能阻止一个合法签名的打开。

(5)正确性：当验证者检验一个签名时，一个合法的群成员按照签名算法产生的群签名一定能够通过验证算法。

(6)抵抗联合攻击：即使一些群成员串通在一起也不能产生一个合法的不能被跟踪的群签名。

习题 3

1. 为什么需要消息认证？
2. SHA 中使用的基本算术和逻辑函数是什么？
3. 一个安全的散列函数需要满足的特性有哪些？
4. 散列函数和消息认证码有什么区别？各自可以提供什么功能？
5. 数字签名和散列函数的应用有什么不同？
6. 数字签名需要满足哪些条件？
7. 说出几种数字签名技术，并分析其优缺点。

第 4 章　身份认证

随着计算机系统、开放式网络系统的迅速发展及其在各行各业的普遍使用，认证用户身份和保证用户使用系统时的安全性受到普遍重视。计算机网络通信领域的身份认证是通过将一个证据与实体绑定来实现的，实体可能是用户、主机、应用程序甚至是进程。证据与身份之间是一一对应的关系。双方通信过程中，一方实体向另一方提供证据证明自己的身份，另一方通过相应的机制来验证证据，以确定该实体是否与证据所宣称的身份一致。身份认证在网络安全中处于非常重要的地位，是其他安全机制的基础。只有实现了有效的身份认证，才能保证访问控制、安全审计、入侵防范等安全机制的有效实施。

认证技术是信息安全中的一个重要内容，认证指的是证实被认证对象是否属实和有效的一个过程。认证一般分为两种：一是消息认证，用于保证信息的完整性和抗抵赖性。在网络通信中，用户要确认互联网上的信息是否真实，信息是否被第三方修改或伪造。二是身份认证，用于鉴别用户身份，包括识别和验证。识别是指明确并区分访问者身份，验证是对访问者声称的身份进行确认。

4.1　身份认证

4.1.1　身份认证的概念

身份认证的目的是在不可信的网络上建立通信实体之间的信任关系。身份认证是对系统中的主体进行验证的过程，用户必须提供他是谁的证明。在现实生活中，每个人的身份主要是通过各种证件来确认的，如身份证、学生证、户口本等。计算机系统和计算机网络是一个虚拟的数字世界，计算机只能识别用户的数字身份，所有对用户的授权也是针对用户数字身份的授权。如果不能保证以数字身份进行操作的操作者就是这个数字身份的合法拥有者，也就不能保证操作者的物理身份与数字身份的相对应，那么将不能保证用户的信息安全。

因此，为了防止非法用户进入系统，在用户进入(使用)计算机系统和网络之前，系统要对用户的身份进行鉴别，以判别该用户是否是系统的合法用户。

身份认证是安全系统中的第一道防线。用户在访问系统之前，首先经过身份认证系统识别身份，然后系统访问监控器根据用户的身份和授权数据库决定用户是否能够访问某个资源，授权数据库由安全管理员按照需要进行配置。身份认证在安全系统中极其重要，是最基本的安全服务，其他的安全服务都要依赖它。一旦身份认证系统被攻破，那么系统的所有安全措施将形同虚设。正因为如此，现实的网络攻击中，黑客攻击的目标就是身份认证系统。

4.1.2　身份认证的基本方法

目前，计算机系统采取的身份认证方法有很多，比如口令认证、智能卡认证、基于生物特征的认证、双因素认证、基于源地址的认证、数字证书和安全协议等。从认证的信息来看，身份认证可以分为静态认证和动态认证。从认证的手段可将身份认证分为以下 3 种。

(1)基于用户所知道的(秘密，如密码、个人识别号或密钥)。

(2)基于用户所拥有的(令牌，如信用卡、智能卡、印章)。

(3)基于用户本身的(生物特征，如语音特征、笔迹特征或指纹)。

这 3 种方法可以单独使用或联合使用。

现在计算机及网络系统中常用的身份认证方法主要有以下几种。

1. 口令的认证

基于口令的认证是指系统通过用户输入的用户名和密码来确认用户身份的一种机制，基于口令的身份认证是一种最简单的认证方法，也是最常用的身份认证方法，它是基于“用户所知道”的验证手段。它的一般做法是每一个合法用户都拥有系统给的一个用户名和密码对，当用户要求访问提供服务的系统时，系统就要求用户输入用户名、密码，在收到后，将其与系统中存储的用户名与密码进行比较，以确认被认证对象是否为合法访问者。如果是，则该用户的身份得到了验证。由于每个用户的密码是由这个用户自己设定的，只有用户自己才知道，因此只要能够正确输入密码，计算机就认为他就是这个用户。这种认证方法在常用的计算机系统(如 UNIX、Windows NT、NetWare 等)中都提供了对密码认证的支持。

但这种方式是一种单因素的认证，它的安全性依赖于密码。而实际上，由于许多用户为了防止忘记密码，经常会采用容易被他人猜到的有含义的字符串作为密码，例如单一字账号名称、一串相同字母或是有规则变化的字符串等，甚至采用电话号码、生日，证件号码等内容。虽然很多系统都会设计登录不成功的限制次数，但不足以防止长时间自试猜测，只要经过一定的时间，用户名和密码总会被猜测出来。还有一些系统会使用强改密码的方法来防止这种入侵，但是依照习惯及好记的原则下选择的密码，仍然很容易测出来，因而这种方式存在着许多安全隐患，极易造成密码泄露。密码一旦被泄露，用户可被冒充。即使能保证用户密码不被泄露，由于密码是静态的数据，并且在验证过程中要在计算机内存中和网络中传输，而每次验证过程使用的验证信息都是相同的，很容易被留在计算机内存中的木马程序或被网络中的监听设备截获。

为了提高口令的安全性，有人提出了口令生命周期的概念，用以强迫用户经常更换口令。但是强度不高的口令依然安全性不高。如何提高口令的安全性，专家给出几点建议：提高口令长度，强迫用户经常更改口令，对安全系统中的用户进行培训，审计口令更换情况和用户的登录情况，建立定期检查审计日志的习惯，在用户 N 次(N 值是系统预先设定的)登录不成功后自动锁定账户，不允许对口令文件随便访问，限制用户更改验证系统的方法。

由于口令认证是一种极不安全的身份认证方式，密码保护设计无法保障网络重要资源或机密。身份认证的工具应该具有不可复制及防伪能力，使用者应依照自身的安全程度需求选择使用一种或多种工具。

2. IC 卡认证方式认证

比口令认证稍微安全的认证方式是 IC 卡认证方式。IC 卡是一种内置了集成电路的卡片，卡片中存有与用户身份相关的数据，可以认为是不可复制的硬件。IC 卡由合法用户随身携带，登录时必须将 IC 卡插入专用的读卡器，以验证用户的身份。IC 卡认证是基于"用户所拥有"的手段，通过 IC 卡不可复制来保证用户身份不会被仿冒。

由于每次从 IC 卡中读取的数据是静态的，通过内存扫描或网络监听等技术还是很容易截取到用户的身份验证信息，因此，静态验证的方式还是存在根本的安全隐患。

3. 动态密码方式认证

动态密码技术是一种让用户的密码随时间或使用次数不断动态变化，每个密码只使用一次的技术。它采用一种被称为动态密码卡的专用硬件，密码生成芯片运行专门的密码算法，根据当前时间或使用次数生成当前密码。用户使用时只需要将动态令牌上显示的当前密码输入客户端计算机，由这个信息的正确与否，可以对使用者的身份做出正确识别。由于每次使用的密码必须由动态密码卡产生，只有合法用户才能持有该硬件，所以只要密码验证通过就可以认为该用户的身份是可靠的。动态密码技术采用一次一密的方法，在每次使用时会产生一组不同的密码，供拥有者使用。密码内容每次改变，而且没有规则性，不能由产生的内容预测出下一次的内容，因此对于欲窃取者而言是没有意义的。并且输入方法普遍（一般计算机键盘即可，甚至于可用于一般门禁装置或者电话等设备），能符合网络行为双方的需要，有效地保证了用户身份的安全性。但是如果客户端硬件与服务器端程序的时间或次数不能保持良好的同步，就可能发生合法用户无法登录的问题，这会使用户的使用非常不方便。

动态密码卡的产生原理：采用特定的运算函数或流程，可称为基本函数，加上具有变动性的一些参数，可称为基本元素。利用基本元素经过基本函数的运算流程得到结果，再将产生的内容转换为使用的密码。由于基本元素具有每次变化的特性，因此每次产生的密码都会不相同，所以称为动态密码。

动态密码卡的基本元素依目前的产品分类来看，大致上可分为三种产生方法：一是依时间因素产生；二是依使用次数的原理；三是以挑战/响应的方式作为密码产生的变化因素。

4. 生物特征认证方式

基于生物特征的认证方式是以人体唯一的、可靠的、稳定的生物特征（如指纹、虹膜、脸部、掌纹等）为依据，采用计算机的强大功能和网络技术进行图像处理和模式识别。从理论上说，生物特征认证是最可靠的身份认证方式，因为它直接使用人的物理特征来表示每一个人的数字身份，几乎不可能被仿冒。该技术具有很好的安全性、可靠性和有效性，与传统的身份确认手段相比，无疑产生了质的飞跃。

不过，生物特征认证是基于生物特征识别技术的，受到现在的生物特征识别技术成熟度的影响。采用生物特征认证还具有较大的局限性：首先，生物特征识别的准确性和稳定性还有待提高；其次，由于研发投入较大而产出较小的原因，生物特征认证系统的成本非常高。

5. USB Key 认证方式

基于 USB Key 的身份认证方式是一种方便、安全、经济的身份认证技术，它采用软硬件相结合、一次一密的强双因子认证模式，很好地解决了安全性与易用性之间的矛盾。USB Key

是一种拥有 USB 接口的硬件设备，它内置单片机或智能卡芯片，可以存储用户的密钥或数字证书，利用 USB Key 内置的密码学算法实现对用户身份的认证。

基于 USB Key 身份认证系统，主要有两种应用模式：一是基于挑战/应答的认证模式，二是基于 PKI 体系的认证模式。

6. 基于密码认证协议的认证

用于点对点(PPP)的身份认证协议。如通过非对称数字用户环路(ADSL)拨号上网时进行身份认证就是基于密码认证协议(PAP)的认证。PAP 是 PPP 协议集中的一种链路控制协议，通过二次握手建立认证，对等结点持续重复发送身份和密码(明文)给验证者，直至认证得到响应或连接终止，常见于 PPPOE 拨号环境中。PAP 并不是一种强有效的认证方法，其密码以文本格式在电路上进行发送，对于窃听、重放或重复尝试和错误攻击没有任何保护。

7. 基于质询握手认证协议的认证

质询握手认证协议(CHAP)通过三次握手验证被认证方的身份(密文)，在初始链路建立时完成，为了提高安全性，在链路建立之后周期性进行验证，目前在企业网的远程接入环境中用得比较常见，如图 4-1 所示。

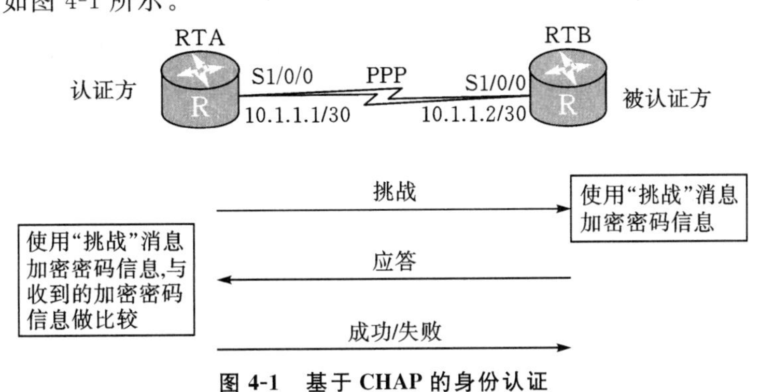

图 4-1　基于 CHAP 的身份认证

基于 CHAP 的身份认证过程如下。

(1)链路建立阶段结束之后，认证方主动向对端点发送“挑战”消息。

(2)被认证方收到消息后到自己的数据库查到认证方主机名对应的密码，用查到的密码结合认证方发来的认证序列号 ID 和随机数，经过单向 Hash 函数 MD5 计算出来的值做应答。

(3)主认证方根据被认证者发来的认证用户名，在本地数据库中查找被认证者对应的密码，结合 ID 找到先前保存的随机数据和 ID，根据 MD5 算法算出一个 Hash 值，与被认证者得到的 Hash 值做比较，如果一致，则认证通过，如果不一致，则认证不通过。

(4)经过一定的随机间隔，认证方发送一个新的挑战给对方端点，重复步骤 (1)到 (3)。基于 PPP PAP 认证和 PPP CHAP 认证可以结合第 11 章的实验 4 进一步理解和掌握。

4.2　身份认证协议

在开放的网络环境中，为了通信的安全，一般要求通信双方有一个初始的握手认证过程，以实现对通信双方或某一方的身份验证过程。认证包括通信对象的认证和消息内容的认证，通信对象的认证分为人机认证(身份认证)和设备间认证。一般将设备之间的认证称为认证协议。身份认证协议在网络安全中占据十分重要的地位,在网络安全应用中发挥着重要的作用。身份认证和认证协议最常用的方法采用"挑战/应答"方式,即"一方问,另一方回答",挑战方根据对方应答来判断对方是否是真实的所声称的实体。

人机认证可以通过下面四种方法进行:(1)根据用户知道什么,如借助口令验证等。(2)根据用户拥有什么,如用 IC 智能卡和 PIN 码一起使用。(3)根据用户的生物特征,验证用户具有哪些生理特征,如指纹、声音、虹膜等。(4)根据用户的下意识动作。不同人的同一个动作会留下不同的特征,如手写签字等。

设备之间的认证一般通过协议来完成,协议可以认为是双方交互的一种语言,设备双方将通过这种语言(协议)完成"挑战/应答"的认证过程。认证协议主要通过密码技术实现,使用密码技术完成通信双方或多方的身份认证、密钥分发、保密通信和完整性确认等功能。

在认证协议中,"挑战/应答"的过程如下:一方发送给另一方一个临时值(如"挑战"消息),通常使用一个临时交互号(随机数)。认证协议通常采用密码学机制,如对称加密、非对称加密、密码学中的 Hash 函数、数字签名和随机数生成程序等来保证消息的保密性、完整性以及消息来源、消息目的、次序、时间性和消息含义等的正确性。基于所采用的密码技术,可以简单地将认证协议分为基于对称密码的认证协议、基于公钥密码的认证协议、基于密码技术的 Hash 函数的认证协议等。

4.2.1 单向认证

1. 对称加密的单向认证

单向认证是指通信双方中只有一方对另一方的认证。

通常,单向认证协议包括 3 步。首先,发送者 A 向应答者 B 发送自己身份信息;其次应答者 B 通过网络向发送者 A 发送一个挑战;最后,发送者 A 回复一个对挑战的响应,应答者 B 检查此响应是否匹配,从而实现通信。单向认证采用对称加密技术,也可以采用公钥加密技术来实现。

如图 4-2 所示,在方案 1 中,应答方 B 随机选择一个挑战值 R 发送给 A,A 收到后使用 A 和 B 的共享密钥 K_{AB}加密 R 并将解密结果发给 B,则 B 也通过加密得到 R',通过验证 $R=R'$ 实现对 A 的单向身份认证。

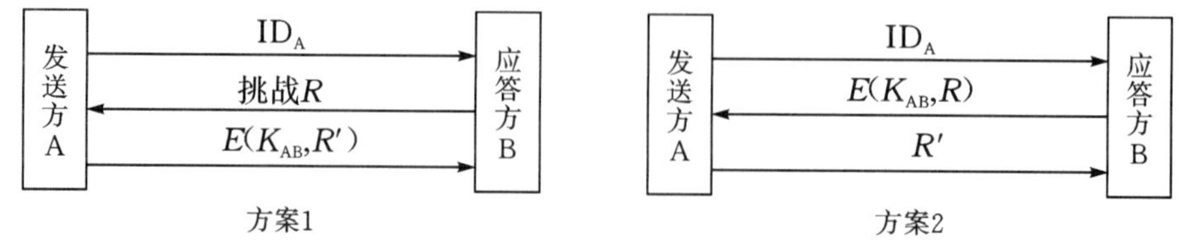

图 4-2 基于对称加密的单向认证

方案 2 中,应答方 B 随机选择一个挑战 R,并将 R 加密发送给 A。A 收到后使用共享的密钥 K_{AB}解密收到的数据得到 R' 并发送给 B,同时 B 可以验证 $R=R'$ 来实现对 A 的单向身份认证。

在上述方案中要求发送方 A 先向应答方 B 发起会话请求，等接收到包含会话密钥的响应回复后才能发送消息，这就要求双方必须在线。所以在分布式密钥分发环境中，对称加密不太切合实际。如果存在一个密钥分发中心（KDC）就可以解决这个问题。如图 4-3 所示是基于对称加密的 KDC 单向身份认证。

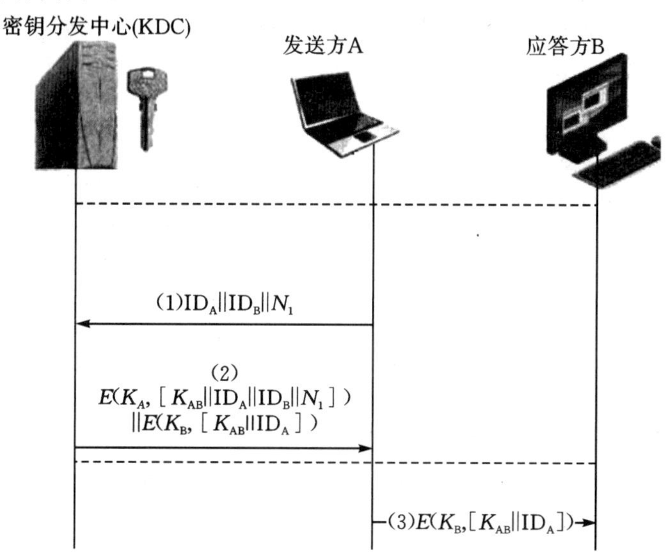

KDC：密钥分发中心；ID_A：用户 A 的身份唯一标识；K_A：A 与 KDC 的共享密钥
K_B：B 与 KDC 的共享密钥；N_1：临时交互号；K_{AB}：一次性会话密钥，用于会话

图 4-3　基于对称加密的 KDC 单向认证

每个用户与 KDC 共享唯一的一个主密钥，如用户 A 除了自己外只有 KDC 知道密钥 K_A，同样，用户 B 与 KDC 有共享的主密钥 K_B。当用户 A 和用户 B 建立一个逻辑连接，需用一个一次性的会话密钥来保护数据的传输，具体过程如下：

(1) A→KDC：$ID_A \parallel ID_B \parallel N_1$。

(2) KDC→A：$E(K_A,[K_{AB} \parallel ID_A \parallel ID_B \parallel N_1]) \parallel E(K_B,[K_{AB} \parallel ID_A])$。

(3) A→B：$E(K_B,[K_{AB} \parallel ID_A]) \parallel E(K_{AB},M)$。

第一步：A 向 KDC 请求会话密钥以保护与 B 的逻辑连接。消息中 A 和 B 有自己的 ID 标识及唯一临时交互标识 N_1。

第二步：KDC 用与 A 的共享密钥 K_A 加密消息进行响应，此消息中有两项内容给 A：一是一次性临时会话密钥 K_{AB}；二是原始请示消息，包括临时交互号。同时，消息也有两项内容给 B：一是一次性临时会话密钥 K_{AB}；二是 A 的标识符 ID_A。这两项用 KDC 与 B 的共享密钥 K_B 进行加密，用于向 B 建立连接时证明 A 的身份标识。

第三步：A 保留会话密钥 K_{AB}，并将消息的后两项（$E(K_B,[K_{AB} \parallel ID_A])$）发送给 B。B 通过 K_B 解密，得到会话密钥 K_{AB}，通过 K_{AB} 建立通话伙伴 A（来自 ID_A），并知道这些消息是来自 KDC（因为是用 K_B 加密的）。从而，B 实现了对 A 的身份认证过程。

2. 基于公钥加密的单向认证

单向认证也可以通过公钥加密技术来实现。

如图 4-4 所示,在方案 1 中,应答方 B 随机选择一个挑战值 R 发送给 A,发送方 A 则用自己的私钥 PR_A 对 R 进行加密后发送给 B,B 可以通过 A 的公钥解密出 R',验证当 $R=R'$ 时,可以实现 B 对 A 的身份认证。

如图 4-4 所示,在方案 2 中,B 随机选择一个挑战值 R,并将 R 通过发送者 A 的公钥 PU_A 进行加密发送给 A。A 收到后使用自己的私钥解密得到数据 R',并发送给 B,同时 B 可以通过验证 $R=R'$ 来实现对 A 的单向身份认证。

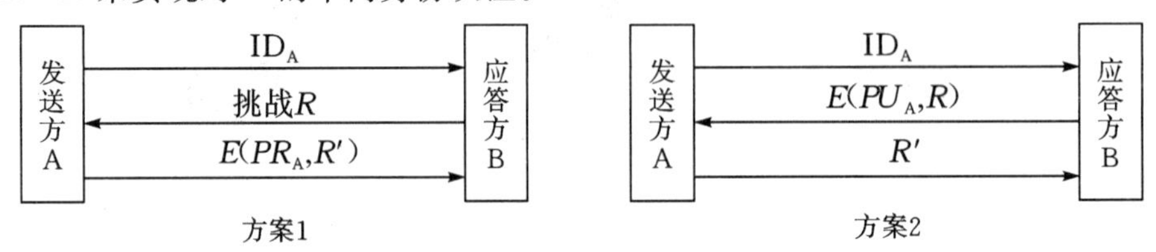

图 4-4 基于公钥的单向认证

4.2.2 双向认证

双向认证是指通信双方相互验证对方的身份。双向认证协议可以使通信双方确信对方的身份并交换会话密钥。保密性和及时性是认证的密钥交换的两个重要问题。在了解双向认证协议之前,先理解几个概念。

时间戳:通俗地讲,时间戳是能够表示一份数据在一个特定时间点已经存在的可验证的数据。它的提出主要是为用户提供一份电子证据,以证明用户的某些数据的产生时间。在实际应用上,它可以使用在包括电子商务、金融活动的各个方面,尤其可以用来支撑公开密钥基础设施的抗抵赖性服务。时间戳服务的本质是将用户的数据和当前准确时间绑定,在此基础上用时间戳系统的数字证书进行签名,凭借时间戳系统在法律上的权威授权地位,产生可用于法律证据的时间戳,用来证明用户数据的产生时间,达到抗抵赖的目标。时间戳系统的组成主要包括三个部分:可信时间源、签名系统和时间戳数据库。

可信时间源。就是时间戳系统的时间来源,安全接入审计(TSA)系统中的所有部件的时间都必须以这个可信时间源为标准,尤其在颁发的时间戳中填写的时间必须严格按照可信时间源填写。而作为可信时间源自身,就是国家权威时间部门发布的时间,或者是用国家权威时间部门认可的硬件和方法获得的时间。

签名系统。负责接收时间戳申请、验证申请合法性以及产生和颁发时间戳,最后将时间戳存储到数据库中。这个过程中,申请消息和颁发时间戳格式、时间戳的产生和颁发都必须符合规范中给出的要求。用户向签名系统发起时间戳申请,签名系统获取用户的文件数据摘要后,再验证申请的合法性,最后将当前时间和文件摘要按一定格式绑定后签名返回,并保存在数据库中。

时间戳数据库。负责保存 TSA 系统颁发的时间戳,而且必须定期备份,以便用户需要时可以申请从中取得时间戳。对时间戳数据库的存储、备份和检索也要求符合规范中给出的规定。

随机数:计算机利用一定的算法产生的数值。严格上说,计算机产生的随机数应为"伪随机数”，一般简称随机数。随机数在密码学中非常重要，保密通信中大量运用的会话密钥的生成就需要随机数的参与。

挑战/应答：基于挑战/应答方式的身份认证系统就是每次认证时认证服务器端都给客户端发送一个不同的“挑战”字串，客户端程序收到这个“挑战”字串后，做出相应的“应答”，该机制称为“挑战/应答”机制。

与单向认证类似，双向认证可以采用对称密码技术实现，也可以采用公钥密码技术实现。

1. 基于对称加密的双向认证

基于对称密码的认证协议的基本思想是需要认证的双方事先建立共享密钥并安全分配，即认证双方有共享的密钥。认证过程就是双方互相验证对方是否拥有共享的密钥。双方一般是利用随机数或者时间标识进行“挑战/应答”的交互。基于对称加密的双向认证如图 4-5 所示。

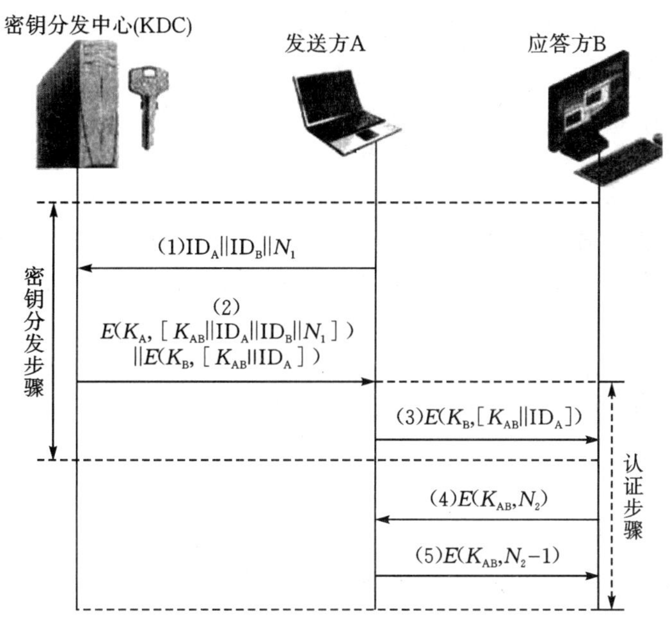

KDC：密钥分发中心；ID_A：用户 A 的身份唯一标识；K_A：A 与 KDC 的共享密钥

K_B：B 与 KDC 的共享密钥；N_1、N_2：临时交互号；K_{AB}：一次性会话密钥，用于会话

图 4-5　基于对称密码的认证协议

基于对称密码的双向认证协议过程如下：

(1) A→KDC：$ID_A \| ID_B \| N_1$。

(2) KDC→A：$E(K_A, [K_{AB} \| ID_A \| ID_B \| N_1]) \| E(K_B, [K_{AB} \| ID_A])$。

(3) A→B：$E(K_B, [K_{AB} \| ID_A])$。

(4) B→A：$E(K_{AB}, N_2)$。

(5) A→B：$E(K_{AB}, N_2 - 1)$。

该协议(1)(2)(3)步完成后，A 和 B 双方同时分配了一个共享的对称密钥 K_{AB}，这 3 个过程完成了密钥分配，(3)(4)(5)步完成了认证过程。协议过程如下。

第一步，A向密钥分配中心（KDC）发送一条明文消息。该消息包含A与B的标识，以及A生成的一个随机数N_1（临时交互号）。

第二步，密钥分配中心（KDC）返回给A一条用K_A加密的消息，K_A为A和KDC之间的共享主密钥。此消息包含了A发送的随机量N_1、ID_A和ID_B的标识，KDC生成的用于A、B双方认证之后进行加密通信的会话密钥K_{AB}，以及称为票据的子消息$E(K_B, [K_{AB} \| ID_A])$。该票据中包含了用K_B加密的会话密钥K_{AB}和A的标识，K_B为B和KDC共享的主密钥。A收到上述消息后，可以用K_A解密，并检查其中的随机数是否与他在第一步时发生的随机数一致。如果一致，那么A就可以断定此消息是新的，因为它必定是在A产生随机数之后才生成的。由于A可能同时与多个主体通信，所以检查消息中B的标识对于确认通信的主体是必要的。从这条消息，A还可以得到KDC生成的会话密钥K_{AB}以及票据。因为A不知道K_B，所以他无法通过解密获得票据的内容，但他可以在第三步简单地把票据转发给B。

第三步，当B收到A在第三步发出的消息后，通过解密，他就可以发现是A想与他通信，并且知道会话密钥是K_{AB}。

第四步，B生成一个随机量N_2，用会话密钥K_{AB}加密后发给A。这通常被称为一个挑战，B通过此挑战来确定A是否知道会话密钥K_{AB}。

第五步，在协议的最后，A接收B的挑战$E(K_{AB}, N_2)$，用K_{AB}解密，把得到的随机量减去1，即(N_2-1)（这里需要对N_2进行改变，如果不改变，攻击者可以重放），再用会话密钥K_{AB}加密后发送给B，B在检验过收到的数的确是其发出的随机量减去1之后，就可以确信A知道此会话密钥了。因此成功地完成协议之后，A和B就能确信他们之间拥有了一个除了可信赖的KDC之外，只有他们才知道的会话密钥。并且，A相信与他用K_{AB}进行加密通信的一定是B，因为只有B才可能解密票据得到会话密钥，B也相信与他用K_{AB}进行加密通信的一定是A，因为只有A才能解密包含在票据的会话密钥K_{AB}。由此，A与B完成了双向身份认证，同时也可以进行秘密通信了。

2. 基于公钥密码的双向认证

基于公钥的双向认证协议的基本思想是通信双方都拥有公钥和私钥对。公钥公开，私钥保密，认证过程是验证对方是否具有其公钥所对应的私钥。双方一般是利用随机数或者时间标记进行“挑战/应答”交互。

一个简单的基于公钥的认证协议如图4-6所示。

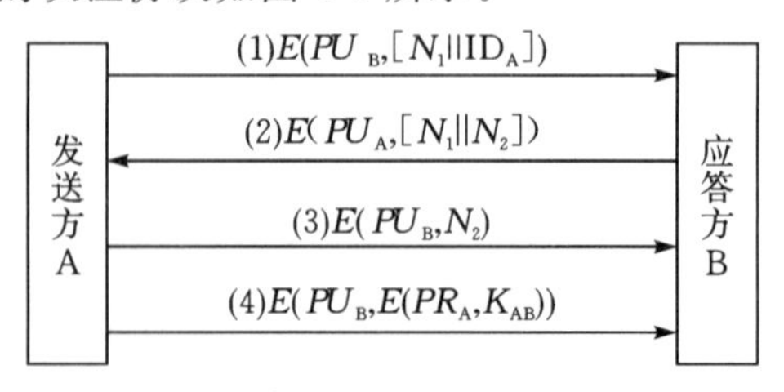

图4-6 基于公钥密码的双向认证

(1) A→B：$E(PU_B, [N_1 \| ID_A])$。

(2) B→A：$E(PU_A, [N_1 \| N_2])$。

(3)A→B:$E(PU_B, N_2)$。

(4)A→B:$E(PU_B, E(PR_A, K_{AB}))$。

其中,PU_B是 B 的公钥,PU_A是 A 的公钥,PR_A 是 A 的私钥,PR_B 是 B 的私钥,N_1 和 N_2 是临时交互号(随机数)。

(1)A 用 B 的公钥对含有其标识 ID_A和挑战字串(N_1)的消息加密,并发送给 B。其中 N_1 用来唯一标识本次交互。

(2)B 发送一条用 PU_A加密的消息,该消息包含 A 的挑战字串(N_1)和 B 产生的新挑战字串(N_2)。因为只有 B 可以解密消息(1),所以消息(2)中的 N_1 可使 A 确信其通信伙伴是 B。

(3)A 用 B 的公钥对 N_2 加密,并返回给 B,这样可使 B 确信其通信伙伴是 A。

至此,A 与 B 实现了双向认证。

(4)A 选择密钥 K_{AB},并将 $M=E(PU_B, E(PR_A, K_{AB}))$发送给 B。使用 B 的公钥对消息加密可以保证只有 B 才能对它解密;使用 A 的私钥加密可以保证只有 A 才能发送该消息。

(5)B 计算 $D(PU_A, D(PR_B, M))$得到密钥。

步骤(4)(5)实现了公钥加密的共享密钥分配。

4.2.3　零知识证明

零知识证明(ZKP),是由 S. Goldwasser、S. Micali 及 C. Rackoff 在 20 世纪 80 年代初提出的。它指的是证明者能够在不向验证者提供任何有用的信息的情况下,使验证者相信某个论断是正确的。零知识证明实质上是一种涉及两方或更多方的协议,即两方或更多方完成一项任务所需采取的一系列步骤。证明者向验证者证明并使其相信自己知道或拥有某一消息,但证明过程不能向验证者泄漏任何关于被证明消息的信息。大量事实证明,零知识证明在密码学中非常有用。如果能够将零知识证明用于验证,将可以有效解决许多问题。

零知识证明是一种基于概率的验证方式,验证的内容包括“事实类陈述”和“关于个人知识的陈述”。验证者基于一定的随机性向证明者提出问题,如果都能给出正确回答,则说明证明者大概率拥有他所声称的“知识”。

例如,对于现在登录网站而言,在 Web 服务器上存储了客户的密码的 Hash 值,为了验证客户实际上知道密码,目前大部分网站采用的方式是服务器对客户输入的密码进行 Hash 计算,并与已存结果对比,但是这种方式的弊端在于服务器在计算时就可以知道客户的原始密码,一旦服务器被攻击,用户的密码也就泄露了。如果能够实现零知识证明,那么就可以在不知道客户密码的前提下,进行客户登录的验证,即使服务器被攻击,由于并未存储客户明文密码,用户的账户还是安全的。

基本的零知识证明协议是交互式的,需要验证方向证明方不断询问一系列有关其所掌握的“知识”的问题,如果均能够给出正确回答,那么从概率上来讲,证明方的确很有可能知道其所声称的“知识”。但是存在证明方与验证方一起作弊的可能。

非交互式的零知识证明顾名思义,不需要互动过程,避免了串通的可能性,但是可能会额外需要一些机器和程序来决定试验的序列。

假设 Alice 要向 Bob 证明自己拥有某个房间的钥匙,假设该房间只能用钥匙打开锁,而其他任何方法都打不开。这时有两个方法。

(1)Alice 把钥匙出示给 Bob,Bob 用这把钥匙打开该房间的锁,从而证明 Alice 拥有该房间的正确的钥匙。

(2)Bob 确定该房间内有某一物体,Alice 用自己拥有的钥匙打开该房间的门,然后把物体拿出来出示给 Bob,从而证明自己确实拥有该房间的钥匙。

方法(2)属于零知识证明。它的好处在于,在整个证明的过程中,Bob 始终不能看到钥匙的样子,从而避免了钥匙的泄露。

零知识证明具有以下三个方面的性质。

(1)完备性:如果证明方和验证方都是诚实的,并遵循证明过程的每一步,进行正确的计算,那么这个证明一定是成功的,验证方一定能够接受证明方。

(2)合理性:没有人能够假冒证明方,使这个证明成功。

(3)零知识性:证明过程执行完之后,验证方只获得了"证明方拥有这个知识"的信息,而没有获得关于这个知识本身的任何信息。

零知识证明及其有关协议的主要优点如下。

(1)随着零知识证明的使用,安全性不会降级,因为该证明具有零知识性质。

(2)高效性:该过程计算量小,双方交换的信息量少。

(3)安全性依赖未解决的数学难题,如离散对数、大整数因子分解、平方根等。

(4)许多零知识证明相关的技术避免了直接使用有政府限制的加密算法,这就给相关产品的出口带来了优势。

有关零知识证明的更深入的探讨,请查阅相关书籍。

4.3 RADIUS 协议

当前,电信运营商和服务提供商所采用的认证方式主要有本地认证、RADIUS 认证和不认证,而计费策略常见的有不计费(包月)、按时长计费、按流量计费、按端口计费等,目前在所有这些认证计费方式中,以采用 RADIUS Server 进行集中认证计费应用最为普及和广泛。

4.3.1 AAA 概述

AAA 是认证、授权和计费的首字母缩写,它是运行于 NAS(网络访问服务器)上的客户端程序,提供了一个用来对认证、授权和计费这三种安全功能进行配置的一致性框架,实际上是对网络安全的一种管理。这里的网络安全主要指访问控制,包括哪些用户可以访问网络服务器,具有访问权的用户可以得到哪些服务,以及如何对正在使用网络资源的用户进行计费。AAA 的框架如图 4-7 所示。

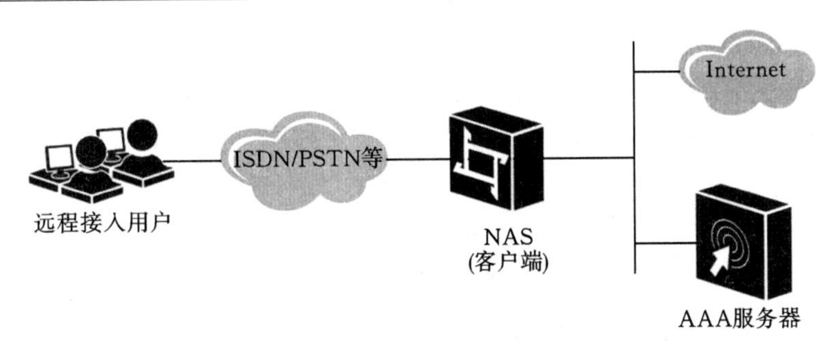

图 4-7　AAA 的框架

AAA 的实现可采用 RADIUS 协议。RADIUS 用来管理 Internet 大量分散网络用户访问服务器的身份认证。当用户通过某个网络(如电话网)与 NAS 建立连接从而获得访问其他网络的权利时,NAS 可以选择在 NAS 上进行本地认证计费,或把用户信息传递给 RADIUS 服务器,由 RADIUS 进行认证计费;RADIUS 协议规定了 NAS 与 RADIUS 服务器之间如何传递用户信息和计费信息,即两者之间的通信规则;RADIUS 服务器负责接收用户的连接请求,完成认证,并把用户所需的配置信息返回给 NAS,RADIUS 服务器完成授权用户的正常上线、在线和下线过程对用户账号计费的功能。

4.3.2　RADIUS 概述

远程身份验证拨入用户服务协议(RADIUS)最初是由 Livingston 公司提出的,原先的目的是为拨号用户进行认证和计费,后来经过多次改进,形成了一项通用的认证计费协议。由 RFC 2865、RFC 2866 定义,是应用于 NAS 和 AAA 服务器间通信的一种协议。

AAA 是一种管理框架,因此,它可以用多种协议来实现。在实践中,人们最常使用 RADIUS 来实现 AAA 技术。

1. RADIUS 的特性

客户端/服务器模式:NAS 是作为 RADIUS 的客户端运行的。NAS 客户端负责将用户信息传递给指定的 RADIUS 服务器,并负责执行返回的响应。RADIUS 服务器负责接收用户的连接请求,鉴别用户,并为 NAS 客户端返回为用户提供服务的配置信息。一个 RADIUS 服务器可以为其他的 RADIUS Server 或其他种类认证服务器担当代理。

网络安全:客户端和 RADIUS 服务器之间的事务是通过使用一种从来不会在网上传输的共享密钥机制进行鉴别的。另外,客户端和 RADIUS 服务器之间的任何用户密码都是被加密后传输的,这是为了消除用户密码在不安全的网络上被监听获取的可能性。

灵活的认证机制:RADIUS 服务器能支持多种认证用户的方法,包括点对点的 PAP 认证(PPP PAP)、点对点的 CHAP 认证(PPP CHAP)、UNIX 的登录操作(UNIX login)和其他认证机制。

扩展协议:RADIUS 协议具有很好的扩展性。RADIUS 包是由包头和一定数目的属性构成的。新的属性可以在不中断已存在协议执行的前提下进行增加。

2. RADIUS体系结构

RADIUS是一种流行的AAA协议，采用UDP协议传输，并规定UDP端口1812、1813分别作为认证、计费端口。RADIUS协议在协议栈的位置如图4-8所示。

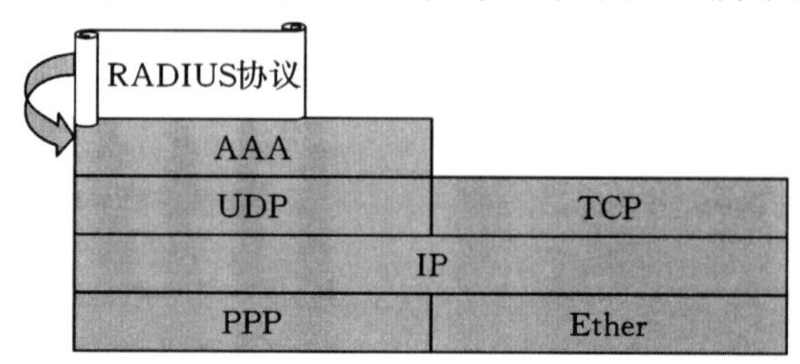

图4-8 RADIUS在协议栈的位置

RADIUS报文格式如图4-9所示。

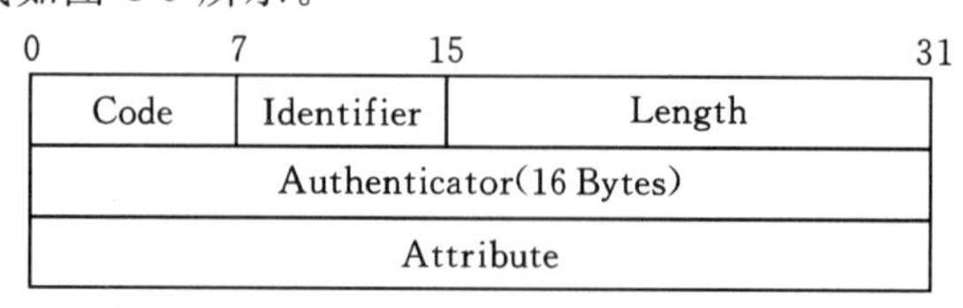

图4-9 RADIUS报文格式

Code：长度为1个字节，用来说明RADIUS报文的类型。

Identifier：长度为1个字节，用来匹配请求报文和响应报文，并检测在一段时间内重发的请求报文。客户端发送请求报文后，服务器返回的响应报文中的Identifier值应与请求报文中的Identifier值相同。

Length：长度为2个字节，用来指定RADIUS报文的长度。超过Length取值的字节将作为填充字符而忽略。如果接收到的报文的实际长度小于Length的取值，则该报文会被丢弃。

Authenticator：长度为16个字节，用来验证RADIUS服务器的响应报文，同时还用于用户密码的加密。

Attribute：不定长度，为报文的内容主体，用来携带专门的认证、授权和计费信息，提供请求和响应报文的配置细节。Attribute可以包括多个属性，每一个属性都采用（Type、Length、Value）三元组的结构来表示。

目前RADIUS定义了十六种报文类型。

RADIUS认证报文如表4-1所示。

表4-1 RADIUS认证报文

报文名称	说明
Access-Request	认证请求报文。这是RADIUS报文交互过程中的第一个报文，用来携带用户的认证信息（例如用户名、密码等）。认证请求报文由RADIUS客户端发送给RADIUS服务器，RADIUS服务器根据该报文中携带的用户信息判断是否允许接入。
Access-Accept	认证接受报文。这是服务器对客户端发送的Access-Request报文的接受响应报文。如果Access-Request报文中的所有属性都可以接受（即认证通过），则发送该类型报文。客户端收到此报文后，认证用户才能认证通过并被赋予相应的权限。

续表

报文名称	说明
Access-Reject	认证拒绝报文。这是服务器对客户端的 Access-Request 报文的拒绝响应报文。如果 Access-Request 报文中的任何一个属性不可接受(即认证失败),则 RADIUS 服务器返回 Access-Reject 报文,用户认证失败。
Access-Challenge	认证挑战报文。EAP 认证时,RADIUS 服务器接收到 Access-Request 报文中携带的用户名信息后,会随机生成一个 MD5 挑战字,同时将此挑战字通过 Access-Challenge 报文发送给客户端。客户端使用该挑战字对用户密码进行加密处理后,将新的用户密码信息通过 Access-Request 报文发送给 RADIUS 服务器。RADIUS 服务器将收到的已加密的密码信息和本地经过加密运算后的密码信息进行对比,如果相同,则该用户为合法用户。

RADIUS 计费报文如表 4-2 所示。

表 4-2 RADIUS 计费报文

报文名称	说明
Accounting-Request (Start)	计费开始请求报文。如果客户端使用 RADIUS 模式进行计费,客户端会在用户开始访问网络资源时,向服务器发送计费开始请求报文。
Accounting-Response (Start)	计费开始响应报文。服务器接收并成功记录计费开始请求报文后,需要回应一个计费开始响应报文。
Accounting-Request (Interim-update)	实时计费请求报文。为避免计费服务器无法收到计费停止请求报文而继续对该用户计费,可以在客户端上配置实时计费功能。客户端定时向服务器发送实时计费报文,减少计费误差。
Accounting-Response (Interim-update)	实时计费响应报文。服务器接收并成功记录实时计费请求报文后,需要回应一个实时计费响应报文。
Accounting-Request (Stop)	计费结束请求报文。当用户断开连接时(连接也可以由接入服务器断开),客户端向服务器发送计费结束请求报文,其中包括用户上网所使用的网络资源的统计信息(上网时长、进/出的字节数等),请求服务器停止计费。
Accounting-Response (Stop)	计费结束响应报文。服务器接收计费停止请求报文后,需要回应一个计费停止响应报文。

RADIUS 授权报文如表 4-3 所示。

表 4-3 RADIUS 授权报文

报文名称	说明
Change of Authorization-Request	动态授权请求报文。当管理员需要更改某个在线用户的权限时(例如管理员不希望用户访问某个网站),可以通过服务器发送一个动态授权请求报文给客户端,使客户端修改在线用户的权限。
Change of Authorization-ACK	动态授权请求接受报文。如果客户端成功更改了用户的权限,则客户端回应动态授权请求接受报文给服务器。

续表

报文名称	说明
Change of Authorization-NAK	动态授权请求拒绝报文。如果客户端未成功更改用户的权限，则客户端回应动态授权请求拒绝报文给服务器。
Disconnect Message-Request	用户离线请求报文。当管理员需要让某个在线的用户下线时，可以通过服务器发送一个用户离线请求报文给客户端，使客户端终结用户的连接。
Disconnect Message-ACK	用户离线请求接受报文。如果客户端已经切断了用户的连接，则客户端回应用户离线请求接受报文给服务器。
Disconnect Message-NAK	用户离线请求拒绝报文。如果客户端无法切断用户的连接，则客户端回应用户离线请求拒绝报文给服务器。

4.3.3 RADIUS 认证、授权、计费

RADIUS 服务器对用户的认证过程通常需要利用 NAS 等设备的代理认证功能，RADIUS 客户端和 RADIUS 服务器之间通过共享密钥认证相互间交互的消息，用户密码采用密文方式在网络上传输，增强了安全性。RADIUS 服务器则根据这些信息完成用户身份认证以及认证通过后的用户授权和计费。用户、RADIUS 客户端和 RADIUS 服务器之间的交互流程如图 4-10 所示。

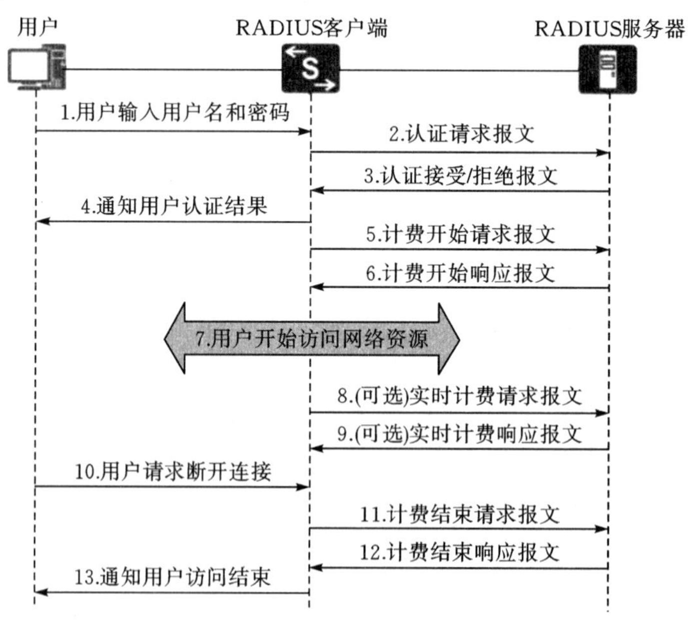

图 4-10 RADIUS 客户端和 RADIUS 服务器的交互过程

RADIUS 服务器使用 RADIUS 协议完成用户的认证、授权、计费时，RADIUS 协议工作流程如下。

(1)当用户接入网络时，用户发起连接请求，向 RADIUS 客户端(即设备)发送用户名和密码。

(2)RADIUS 客户端向 RADIUS 服务器发送包含用户名和密码信息的认证请求报文。

(3)RADIUS 服务器对用户身份的合法性进行检验：

如果用户身份合法，RADIUS 服务器向 RADIUS 客户端返回认证接受报文，允许用户进行下一步动作。由于 RADIUS 协议合并了认证和授权的过程，因此认证接受报文中也包含了用户的授权信息。

如果用户身份不合法，RADIUS 服务器向 RADIUS 客户端返回认证拒绝报文，拒绝用户访问接入网络。

(4)RADIUS 客户端通知用户认证是否成功。

(5)RADIUS 客户端根据接收到的认证结果接入/拒绝用户。如果允许用户接入，则 RADIUS 客户端向 RADIUS 服务器发送计费开始请求报文。

(6)RADIUS 服务器返回计费开始响应报文，并开始计费。

(7)用户开始访问网络资源。

(8)(可选)在实时计费功能的情况下，RADIUS 客户端会定时向 RADIUS 服务器发送实时计费请求报文，以避免因付费用户异常下线导致的不合理计费。

(9)(可选)RADIUS 服务器返回实时计费响应报文，并实时计费。

(10)用户发起下线请求，请求停止访问网络资源。

(11)RADIUS 客户端向 RADIUS 服务器提交计费结束请求报文。

(12)RADIUS 服务器返回计费结束响应报文，并停止计费。

(13)RADIUS 客户端通知用户访问结束，用户结束访问网络资源

RADIUS 是一种客户端/服务器结构的协议，它的客户端最初就是 NAS 服务器，现在任何运行 RADIUS 客户端软件的计算机都可以成为 RADIUS 的客户端。RADIUS 协议认证机制灵活，可以采用 PAP、CHAP 认证或者 Unix 登录认证等多种方式。

4.4 Kerberos 协议

Kerberos 协议是 20 世纪 80 年代美国麻省理工学院开发，并公开源代码的网络认证协议，是一种第三方认证协议，基于对称密码实现。密码设计基于 KDC 概念和 Needham-Schroeder 协议的分布式认证服务系统，它可以在不安全的网络环境中为用户对远程服务器的访问提供自动鉴别，提供数据安全性和完整性服务以及密钥管理服务。

4.4.1 Kerberos 协议概述

Kerberos 协议主要用于计算机网络的身份鉴别，其特点是用户只需输入一次身份验证信息就可以凭借此验证获得的票据访问多个服务。由于在每个用户和服务器之间建立了共享密钥，因此该协议具有良好的安全性。Kerberos 系统应用广泛，比如，构造 Windows 网络中的身份认证，服务器与服务器之间的认证，网络计算，计算机单点登录访问整个网络资源时，访问其他服务器不需要再次验证。

Kerberos 从提出到今天，共经历了五个版本的发展。其中第一版到第三版主要在麻省理

工学院内部使用。当发展到第四版的时候，已经取得了在麻省理工学院校外的广泛认同和应用。由于第四版的传播，人们逐渐发现了它的一些局限性和缺点，例如适用网络环境有限、加密过程存在冗余等。麻省理工学院充分吸取了这些意见，对第四版进行了修改和扩充，形成了非常完善的第五版。Kerberos 协议的身份认证系统有以下特点。

(1)安全性高：Kerberos 系统提供强大的安全机制来防止潜在的非法入侵者发现脆弱的链路，客户机和服务器都信任 Kerberos 对它们的仲裁，因此，非法用户不能伪装成合法用户来窃听通信信息，只要 Kerberos 服务器本身是安全的，那么认证服务就是安全的。且 Kerberos 系统中没有口令信息的明文传输，使窃听者很难在网络上得到相应的口令信息。

(2)可靠性高：采用分布式服务器结构，随时对系统进行备份，用户能依靠 Kerberos 提供的服务来取得进行访问控制所需的服务。

(3)透明性高：第三方仲裁参与认证开放网络中通信双方，用户感觉不到认证过程。为了方便用户，整个 Kerberos 系统只要求用户输入一个口令，用户感觉不到认证服务器的存在。

(4)可扩展性好：Kerberos 系统采用模块化、分布式结构，能够支持大量客户机和服务器。

Kerberos 协议的描述中定义了许多术语，比较重要的有以下几个。

(1)个人主体：参与网络通信的实体，是具有唯一标识的客户机或服务器。

(2)认证：验证一个主体所宣称的身份是否真实。

(3)认证头：是一个数据记录，包括票据和提交给服务器的认证码。

(4)认证路径：跨域认证时所经过的中间域的序列。

(5)认证码：是一个数据记录，其中包含一些最近产生的信息，产生这些信息需要用到客户机和服务器之间共享的会话密钥。

(6)票据：Kerberos 协议中用来记录信息、密钥等的数据结构，用户用它向服务器证明身份，包括了用户身份标识、会话密钥、时间戳和其他信息。所有内容都用服务器的密钥加密。

(7)会话密钥：两个主体之间使用的一个临时加密密钥，只是一次会话中使用，会话结束即作废。

(8)密钥分发中心(KDC)：负责发行票据和会话密钥的可信网络服务中心。KDC 同时为初始票据和票据授予票据 TGT 请求提供服务。

Kerberos 的设计目的就是解决分布式网络环境下用户访问网络资源时的安全问题，即工作站的用户希望获得服务器上的服务，服务器能够对服务请求进行认证，并能限制授权用户的访问。Kerberos 是 TCP/IP 网络设计的第三方认证协议，利用可信第三方 KDC 进行集中的认证。

4.4.2 Kerberos 协议的工作过程

在 Kerberos 认证系统中使用了一系列加密的消息，提供了一种认证方式，使得正在运行的用户能够代表一个特定的用户来向验证者证明身份。Kerberos 协议主要包括：认证服务器(AS)、票据授予服务器(TGS)和应用服务器。其中 AS 和 TGS 两个服务器为认证提供服务，应用服务器则是为用户提供最终请求的资源，使用了时间戳来减少需要基本认证的消息数目，增加了票据授予服务使得不用重新输入主体的口令就能支持后期再访问资源的认证，用不同的方式实现域间的认证。Kerberos 的认证过程如图 4-11 所示。

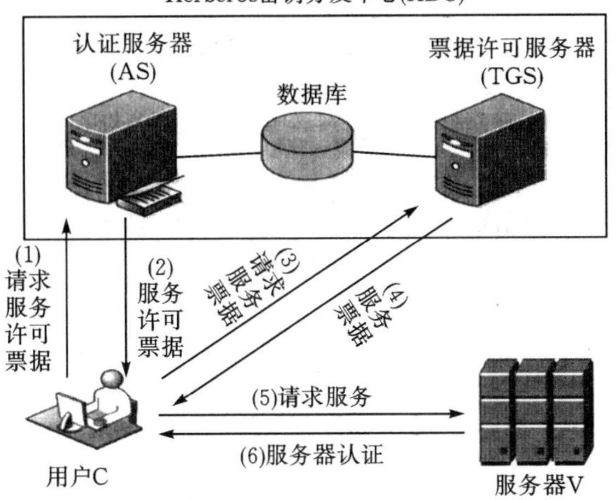

图 4-11　Kerberos 的认证过程

Kerberos 认证过程分为以下三个阶段。

1. 第一阶段：服务认证交换（获得会话密钥和 TGT）

当用户 C 登录工作站时，工作站向 AS 申请会话密钥。AS 生成一个会话密钥 S_C，并用用户 C 的主密钥加密发送给 C 的工作站。此外，AS 还发送一个门票授权门票（TGT），TGT 包含用 KDC 主密钥加密的会话密钥 S_C，用户 C 的身份 ID_C 以及密钥过期时间等信息。工作站用 C 的主密钥解密，然后工作站就可以忘记 C 的用户名和口令，只需要记住 S_C 和 TGT。每当用户申请一项新的服务时，用户就用 TGT 证明自己的身份，向 TGS 发出申请，过程如图 4-12 所示。

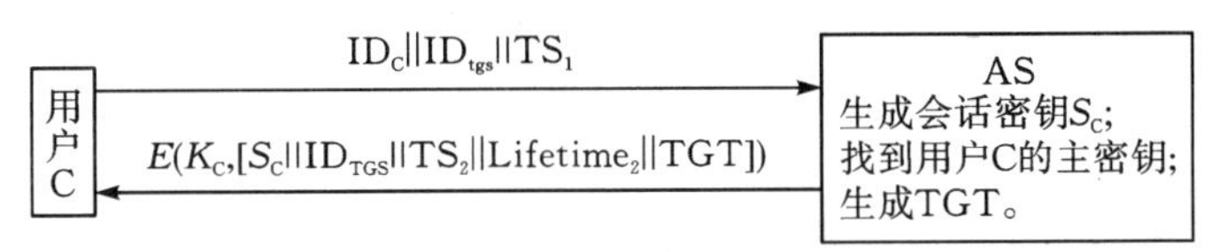

图 4-12　获得会话密钥和 TGT

用户 C 输入用户名和密码登录工作站，工作站以明文方式发送请求消息给 KDC，消息中包含 C 的用户名。收到请示后，KDC 中的 AS 使用用户 C 的主密钥加密 K_C 访问 TGS 所需要的证书，该证书包括：会话密钥 S_C 和 TGT。其中 TGT 包括会话密钥、用户名和过期时间，并用 KDC 的主密钥加密，因此只有 KDC 才能解密此 TGT。

消息交换过程可以简单描述如下。

(1) $C \to AS: ID_C \parallel ID_{TGS} \parallel TS_1$，

ID_C：用户 C 告知 AS 工作站的用户标识；

ID_{TGS}：用户告知 AS 需要请求访问 TGS；

TS_1：使 AS 能验证工作站时钟是否与 AS 时针同步。

(2) $AS \to C: E(K_C, [S_C \parallel ID_{TGS} \parallel TS_2 \parallel Lifetime_2 \parallel TGT])$，

$$TGT = E(K_{KDC}, [S_C \parallel ID_C \parallel AD_C \parallel ID_{TGS} \parallel TS_2 \parallel Lifetime_2])$$，

K_C是用户 C 与 KDC 共享的密钥，用于保护消息的内容；S_C由 AS 创建，为客户端与 TGS 会话密钥；ID_{TGS}标识此门票为 TGS 生成的 TS_2 通知客户端门票发放的时间戳；$Lifetime_2$ 通知客户端门票的生存时间；TGT 是客户端用于访问 TGS 的门票。

2. 第二阶段：服务授权门票交换：请求远程访问

用户 C 获得了会话密钥 S_C 和 TGT，用户 C 就可以与 TGS 通话。如用户 C 向服务器 V 请求访问资源。由用户 C 向票据许可服务器 TGS 发送消息，消息中包含客户端访问 TGS 的门票 TGT、所申请服务的标识 ID_C以及认证值，认证值包括服务器 V 的用户标识 ID_V、网络地址和时间戳。

当 TGS 收到消息后，用共享的会话密钥 S_C 解密 TGT，TGT 包含的信息中说明了用户 C 已经得到会话密钥 S_C。接着，TGS 使用该会话密钥解密认证消息，用得到的消息检查消息来源的网络地址，如一致，则 TGS 确认该门票的发送者与门票的所得者是一致的，从而验证了用户 C 的身份。

TGS 为用户 C 与服务器 V 生成一个共享密钥 K_{CV}，并为用户 C 生成一个可以访问服务器 V 的服务授权门票，门票的内容是使用服务器 V 的主密钥加密的共享密钥 K_{CV}和用户 C 的 ID。用户 C 无法读取门票中的信息，因为门票用服务器 V 的主密钥加密。为了获得服务器 V 上的资源使用授权，用户 C 将门票发送给服务器 V，服务器 V 可以解密该门票来获得会话密钥 K_{CV}和 C 的 ID。然后，TGS 给用户 C 发送一个应答消息，此消息用 TGS 和 C 的共享会话密钥加密。此应答消息内容包括用户 C 与服务器 V 的共享密钥 K_{CV}、服务器 V 的标识 ID 以及用户 C 访问服务器 V 的服务授权门票。

服务授权门票的消息交换过程如图 4-13 所示。

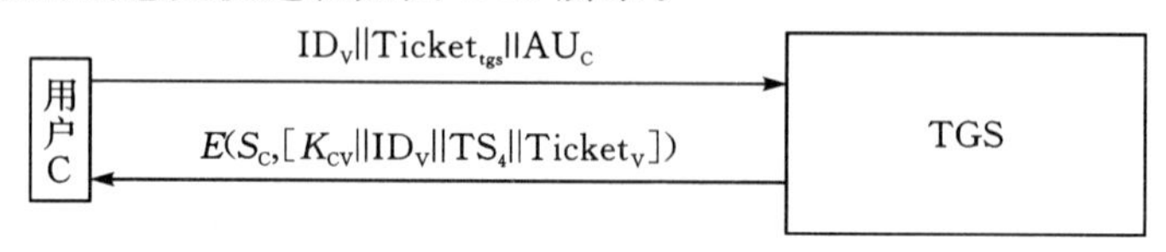

图 4-13 服务授权门票的消息交换过程

第二阶段消息的交换过程可以简单描述如下。

(1) C→TGS：$ID_V \parallel TGT \parallel AU_C$，

$TGT = E(K_{KDC}, [S_C \parallel ID_C \parallel AD_C \parallel ID_{TGS} \parallel TS_2 \parallel Lifetime_2])$，

$AU_C = E(S_C, [ID_C \parallel AD_C \parallel TS_3])$，

TGT：告知 TGS 该用户已被 AS 认证；

AU_C：客户端生成的合法门票；

TS_2：通知 TGS 门票发放的时间；

TS_3：通知 TGS 认证消息的生成时间；

$Lifetime_2$：防止门票过期后继续使用；

K_{KDC}：由 AS 和 TGS 共享密钥加密的门票，防止伪造。

(2) TGS→C：$E(S_C, [K_{CV} \parallel ID_V \parallel TS_4 \parallel Ticket_V])$，

$Ticket_V = E(K_V, [K_{CV} \parallel ID_C \parallel AD_C \parallel ID_V \parallel TS_4 \parallel Lifetime4])$，

$Ticket_V$：客户端用于访问服务器 V 的门票；

ID_V:标识该门票是为服务器 V 生成的;

K_{CV}:客户端 C 与服务器 V 的会话密钥,由 TGS 创建;

TS_4:通知客户端门票发放的时间戳;

ID_C:标识门票的合法所有者;

AD_C:防止门票在与申请门票的不同工作站上使用;

$Lifetime_4$:防止门票超时使用。

3. 第三阶段:客户端/服务器认证交换(访问远程资源)

第三阶段是用户 C 访问服务器 V 的过程,如图 4-14 所示。用户 C 给服务器 V 发送一个请求消息,此请求消息包含访问服务器 V 的门票和认证值,认证值是用户 C 和服务器 V 共享的会话密钥 K_{CV}加密的当前时间。

服务器 V 解密用户 C 发送的门票得到密钥 K_{CV}和用户 C 的 ID。然后,服务器 V 解密认证值,同时检查时间,以保证收到的消息不是重放消息。此时,服务器 V 已经认证了用户 C 的身份,服务器 V 给用户 C 发送一个应答消息,这个应答消息也是为实现用户 C 对服务器 V 的认证。这个过程具体的实现机制是:服务器 V 将解密得到的时间值加 1,用 K_{CV}加密后发送给用户 C。用户解密消息后得到增加后的时间戳,由于消息是被会话密钥加密的,用户 C 可以确信此消息只可能是服务器 V 生成。此时,用户 C 与服务器 V 实现了双向认证,并共享一个密钥 K_{CV},该密钥可以用于加密在它们传递的消息或交换新的随机会话密钥。

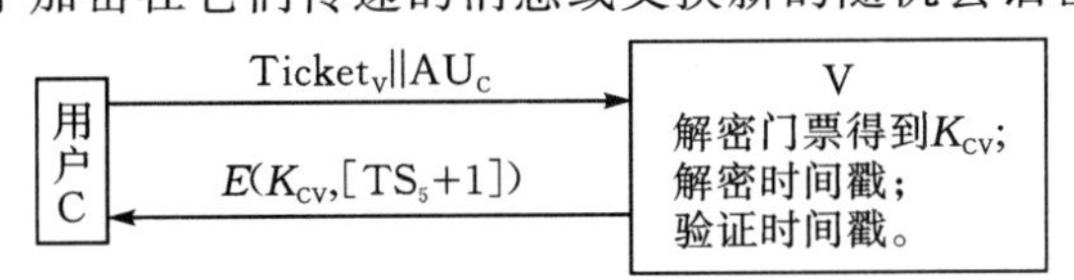

图 4-14　访问远程资源

这一阶段消息交换过程可以简单描述如下。

(1)$C \rightarrow V: Ticket_V \| AU_C$,

$$Ticket_V = E(K_V, [K_{CV} \| ID_C \| AD_C \| ID_V \| TS_4 \| Lifetime_4]),$$

$$AU_C = E(K_{CV}, [ID_C \| AD_C \| TS_5]),$$

TS_5:通知服务器认证消息的生成时间;

AD_C:门票中必须与认证消息匹配的网络地址;

AU_C:客户端生成的认证值;

$Ticket_V$:向服务器证明该用户通过了 AS 的认证,可重用,使得用户在多次使用同一服务器时不需要向 TGS 申请新门票。

(2)$V \rightarrow C: E(K_{CV}, [TS_5+1])$,

TS_5+1:向用户 C 证明该应答不是对原来消息的应答。

此时,双方完成了身份认证,并且拥有了会话密钥。其后进行的数据传递将以此会话密钥进行加密。由于从 TGS 获得的门票是有时间标记的,因此用户可以用这个门票在一段时间内请求相应的服务而不用再次认证。

Kerberos 将认证从不安全的工作站转移到集中的认证服务器上,为开放网络中的两个主体提供身份认证,并通过会话密钥对通信进行加密。Kerberos 使用一个集中认证服务器,提供用户对服务器和服务器对用户的认证，而不是为每一个服务器提供详细的认证协议。这种方式的优点是通过对实体和服务的统一管理实现单一注册，也就是说用户通过在网络中的一次登录就可以使用网络上的所有资源。

Kerberos 也存在以下一些问题：当 Kerberos 服务器损坏或宕机会使得整个安全系统无法工作；AS 在传输用户与 TGS 之间的会话密钥时是以用户密钥加密的，而用户密钥是由用户密码生成的，这有可能会受到密码猜测的攻击；Kerberos 使用了时间戳，因此也存在时间同步问题；要将 Kerberos 用于某一应用系统，则该系统的客户端和服务器端软件都要做一定的修改。

习题 4

1. 用户认证的主要方法有哪些？
2. 零知识证明的性质有哪些？
3. 什么是 AAA 技术？
4. RADIUS 认证有哪些特性？
5. 简述 RADIUS 认证、授权、计费的交互过程。
6. Kerberos 协议是为了解决什么问题？
7. 简述 Kerberos 中用户获得会话密钥和 TGT 的过程。

微信扫码
获取本章 PPT

第 5 章　公钥基础设施

随着电子商务和网络银行等新兴服务飞速发展，Internet 的安全性备受关注，公钥基础设施(PKI)就是在这种背景下诞生的一种技术。公钥基础设施在网络信息空间中的地位非常重要。公钥基础设施能够让应用程序增强自己的数据安全以及与其他数据进行交换的安全。PKI 作为基础设施，具有以下几个特点：透明性、易用性、可扩展性、互操作性、多用性、支持多平台。正由于这些特点，单个应用程序随时可以从 PKI 得到安全服务，增强并简化登录过程，对终端用户透明，在整个网络通信环境中提供全面的安全保障。

数字证书认证体系能有效地解决上述安全要求，因此，在国内外电子商务中得到广泛的应用。将数字证书的使用和管理作为核心的公钥基础设施成为目前网络安全建设的基础与核心，作为电子商务等应用安全实施的基本保障。

5.1　PKI 概述

公钥基础设施 PKI 是利用公钥密码理论和技术建立的提供安全服务的基础设施，是用于创建、管理、存储、分发和撤销数字证书的一套体系。PKI 不针对任何一种具体的网络应用，但它提供了一个基础平台，并提供友好的接口。PKI 采用数字证书对公钥进行管理，通过第三方的可信任机构(认证中心，即 CA)把用户的公钥和用户的其他标识信息捆绑在一起，如用户名和电子邮件地址等信息，以便在互联网上验证用户的身份。任何应用或者用户只需要知道如何接入 PKI 获得服务，其提供的安全服务对于用户来说是透明的。简单来说，PKI 的主要目的是通过自动管理密钥和证书，为用户建立起一个安全的网络运行环境，使用户可以在多种应用环境下方便地使用加密、数字签名技术等多种密码技术来保证互联网上数据的安全性。如图 5-1 所示是以 PKI 为基础的安全网络。

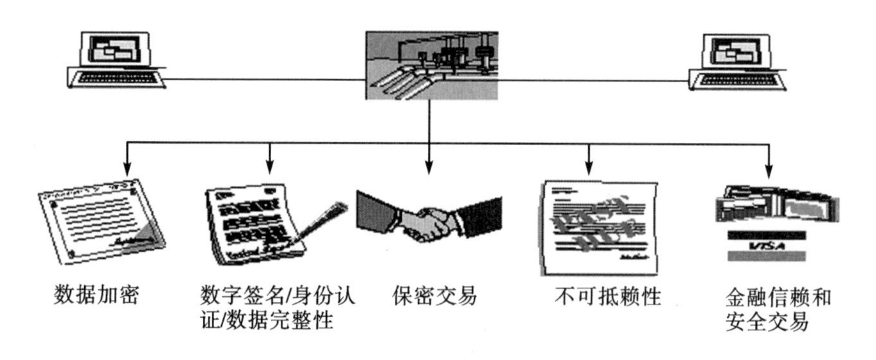

图 5-1　以 PKI 为基础的安全网络

虽然 PKI 技术是基于公钥密码体制的，但是在实现和上层应用中，综合使用了其他多种密码技术，包括对称和非对称加解密技术、数字签名技术、消息认证码、散列函数、数字证书、数字信封、双重数字签名技术等。

对称加密体制和非对称加密体制都可以提供加密、解密功能，但在实际应用中，通常采用混合使用的模式，发挥两种密码体制的优势，如使用非对称加密体制交换对称会话密钥或短的认证信息，使用对称加密体制加密大量数据信息。

消息认证码是保证数据完整性的技术，它使用密钥对消息进行加密处理，为消息生成一段数据码作为消息的认证码，这个认证码与原始消息的每一位相关联，因此，它可以用来判断原始消息是否被窜改。PKI 中广泛地使用了消息认证码技术为数据的完整性提供服务。

散列函数和消息认证码的功能类似，也是对原始消息产生一段数据码，作为和原始消息相关联的认证信息，但不同的是，散列函数不使用密钥信息。在 PKI 中，散列函数通常和非对称密码机制结合使用，用来实现数字签名。

数字签名是 PKI 中的典型应用，它是基于非对称密码体制的。数字签名可以提供身份认证、数据完整性、抗抵赖性等安全服务。

数字信封就是消息发送者用接收者的公钥，对本次会话的对称会话密钥进行加密，同时使用这个对称密钥对传输的其他消息进行加密，然后将这两部分密文都传送给接收者。接收者收到两段密文后，首先要通过自己的私钥解密，得到对称密钥，再用对称密钥解密另外一段密文。其中发送者对于对称密钥的加密处理得到的密文，就好像是将钥匙放在一个信封中传送给接收者，因此称为数字信封。数字信封是 PKI 中对于加密、数字签名和散列函数的综合使用的一种常用技术。

双重数字签名是指发送者需要发送两组相关的信息给接收者，对这两组相关信息，接收者只能解读其中一组，而另一组需要转发给第三方接收者。这种应用中使用的两组数字签名称为双重数字签名。数字签名在 SET 协议中的一个重要应用就是双重数字签名。在交易中持卡人发往银行的支付指令是通过商家转发的。为了避免在交易过程中商家窃取持卡人的信息，以及避免银行跟踪持卡人的行为，侵犯消费者隐私，但同时又不能影响商家和银行对持卡人所发信息的合理验证，只有当前商家同意持卡人的购买请求后，才会让银行给商家付费。

5.2 PKI 的组成

PKI 是利用公钥密码技术来实现并提供信息安全服务的基础设施，它能够为所有网络应用透明地提供加密、数字签名等密码服务所需要的密钥和证书管理。PKI 在实际应用上是一套软硬件系统和安全策略的集合，它提供了一整套安全机制，使用户在不知道对方身份的情况下，以证书为基础，通过一系列的信任关系进行通信和电子商务交易。如图 5-2 所示为一个典型的 PKI 系统的组成，包括 PKI 策略、软硬件系统、认证中心(CA)、注册机构(RA)、证书发布系统、PKI 应用接口等。

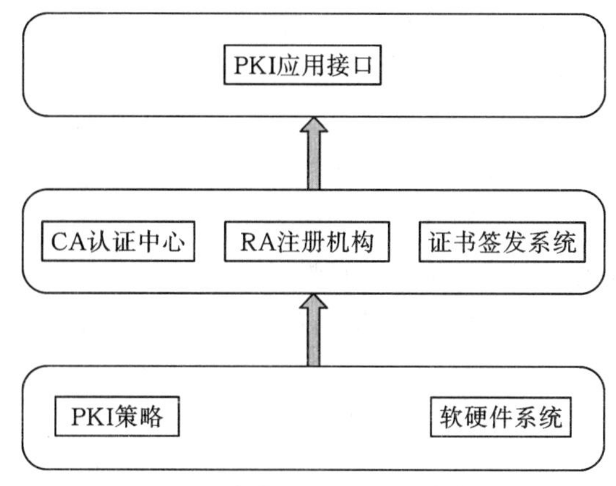

图 5-2　一个典型的 PKI 系统的组成

(1)PKI 策略。PKI 策略是一个包含如何在实践中增强和支持安全策略的一些操作过程的详细文档,它建立和定义了一个组织信息安全方面的指导方针,同时也定义了密码系统使用的处理方法和原则。它包括一个组织怎样处理密钥和有价值的信息,根据风险的级别定义安全控制的级别。一般情况下,在 PKI 中有两种类型的策略:一是证书策略,用于管理证书的使用,比如,可以确认某一 CA 是在 Internet 上的公有 CA 还是某一企业内部的私有 CA;另外一个就是证书操作声明(CPS),一些由可信的第三方(TTP)运营的 PKI 系统需要 CPS。PKI 策略的内容一般包括认证政策的制定、遵循的技术标准、各 CA 之间的上下级或同级关系、安全策略、安全程度、服务对象、管理原则和框架、认证规则、运作制度的制定、所涉及的各方法律关系以及技术的实现。

(2)软硬件系统。软硬件系统是 PKI 系统运行所需的所有软件和硬件的集合,主要包括认证服务器、目录服务器、PKI 平台等。

(3)认证中心(CA)。认证中心是 PKI 的信任基础,负责管理密钥和数字证书的整个生命周期。在 PKI 体系中,为了确保用户的身份及其所持有密钥的正确匹配,公钥系统需要一个可信的第三方充当认证中心,来确认公钥拥有者的真正身份,签发并管理用户的数字证书。认证中心保证数字证书中列出的用户名称与证书中列出的公开密钥的一一对应关系,解决了公钥体系中公钥的合法性问题。认证中心对数字证书的数字签名操作使得攻击者不能伪造和篡改数字证书。认证中心是 PKI 体系的核心。

(4)注册机构(RA)。注册机构是 PKI 信任体系的重要组成部分,是个人用户或团体用户与认证中心之间的一个接口,是认证机构信任范围的一种延伸。注册机构接受用户的注册申请,获取并认证用户的身份,主要完成收集用户信息和确认用户身份的功能。注册机构可以向其下属机构和最终用户颁发并管理用户的证书。因此,RA 可以设置在直接面对客户的业务部门,如银行的营业部等。当然,对于一个规模较小的 PKI 应用系统来说,可把注册管理的职能交由认证中心来完成,而不设立独立运行的 RA。但这并不是取消了 PKI 的注册功能,只是将其作为认证中心的一项功能。PKI 国际标准推荐由独立的 RA 来完成注册管理的任务,可以增强应用系统的安全性。

(5)证书签发系统。证书签发系统负责证书的发放,如可以通过用户自己,或是通过目录服务器。目录服务器可以是一个组织中现有的,也可以是PKI方案中提供的。

(6)PKI应用接口。PKI的应用非常广泛,包括在Web服务器和浏览器之间的通信、电子邮件、电子数据交换(EDI)、在Internet上的信用卡交易和虚拟专用网(VPN)等。一个完整的PKI必须提供良好的应用接口系统(API),以便各种应用都能够以安全、一致、可信的方式与PKI交互,确保所建立起来的网络环境的可信性,降低管理和维护的成本。

PKI提供了一个安全平台,任何机构都可以采用PKI来组建一个安全的网络环境。

5.3 PKI的管理

PKI以数字证书为媒介,那么就需要一个可信任的权威机构来产生、管理、存档、发放、撤销证书以及实现这些功能的软硬件的相关政策和操作规范,并为PKI体系中的各成员提供全部的安全服务。这个可信任的机构就是认证中心(CA)。

5.3.1 CA框架模型

在PKI系统中,CA管理公钥的整个生命周期,其功能包括签发证书、规范证书有效期限,同时在证书发布后还需要负责对证书进行撤销、更新和归档等操作。从证书管理的角度,每一个CA的功能都是有限的,需要按照上级CA的策略,负责具体的用户公钥的签发、生成和发布,以及CRL的生成和发布等职能。CA的主要职能如下。

(1)制定并发布本地CA策略。但本地策略只是对上级CA策略的补充,而不能违背。

(2)对下属各成员进行身份认证和鉴别。

(3)颁发证书:以数字签名的方式签发证书,发布用户的公钥。

(4)证书撤销:接收和认证对所签发证书的撤销申请。

(5)证书更新:当用户私钥泄漏或证书的有效期快到期时,用户应申请更新私钥。这时用户可以申请更新证书,并废除原来证书。证书更新的操作步骤与申请颁发证书类似。

(6)证书验证:包括验证有效性、可用性与真实性。

(7)密钥管理:包括密钥的产生、备份与恢复以及密钥的更新。

(8)保存证书、CRL信息、审计信息和所制定的策略。

一个典型的CA系统包括安全服务器、注册机构(RA)、CA服务器、LDAP目录服务器和数据库系统,如图5-3所示。

安全服务器是面向证书用户提供安全策略管理的服务器,主要用于保证证书申请、浏览证书、证书申请列表及证书下载等安全服务。CA颁发了证书后,该证书首先交给安全服务器,用户一般从安全服务器上获得证书。用户与安全服务器之间一般采用SSL安全通信方式,但不需要对用户身份进行认证。

CA服务器是整个认证机构的核心,负责证书的签发。CA首先产生自身的私钥和公钥(长度至少1024位),然后生成数字证书,并将数字证书传输给安全服务器。CA还负责给操作员、安全服务器和注册机构服务器生成数字证书。CA 服务器中存储 CA 的私钥和发行证书的脚本文件。出于安全考虑，一般来说 CA 服务器与其他服务器隔离，以保证安全性。

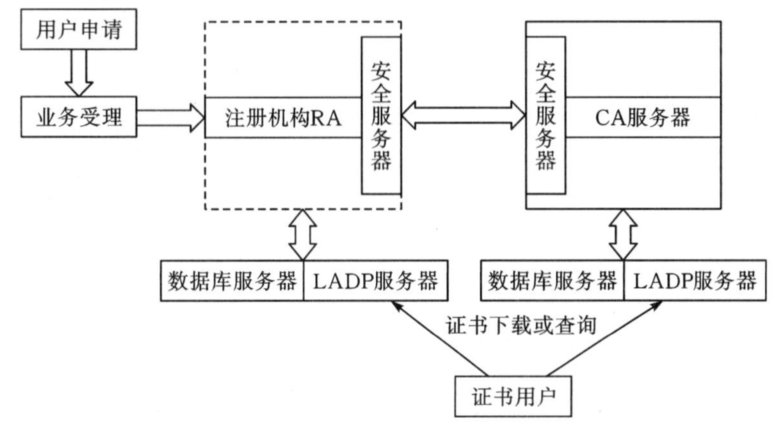

图 5-3　典型的 CA 系统

注册机构(RA)是可选的元素，可以承担一些 CA 的管理任务。RA 在 CA 体系结构中起着承上启下的作用，一方面向 CA 转发安全服务器传过来的证书申请请求，另一方面向 LDAP 目录服务器和安全服务器转发 CA 颁发的数字证书和证书撤销列表。

LDAP 服务器提供目录浏览服务，负责将 RA 传输过来的用户信息及数字证书加入服务器上。用户访问 LDAP 服务器就可以得到数字证书。

数据库服务器是 CA 的关键组成部分，用于数据(如密钥和用户信息等)、日志等统计信息的存储和管理。实际应用中，此数据库服务器采用多种安全措施，如双机备份和分布式处理等，以维护其安全性、稳定性等。

5.3.2　证书和证书库

PKI 中最重要的是引入了数字证书。数字证书是一个经证书授权中心数字签名的包含公开密钥拥有者信息和公开密钥的文件，最简单的证书包含一个公开密钥、名称以及证书授权中心的数字签名。数字签名是指用户用自己的私钥对原始数据的 Hash 进行加密所得的数据，是非对称加密技术与 Hash 技术的应用。数字签名在 PKI 中提供数据完整性保护和抗抵赖性服务。

证书库是 CA 颁发证书和撤销证书的集中存放地，是 Internet 上的一种公共信息库，可供用户进行开放式查询。证书库的一般构造方法是采用支持 LDAP 协议的目录系统。证书及证书撤销信息在目录系统上发布，其标准格式采用 X.500 系列协议。用户或相关应用可以通过 LDAP 来访问证书库，实时查询证书和证书撤销信息。系统必须保证证书库的完整性，防止伪造、窜改证书。

证书是 PKI 的管理核心，PKI 适用于异构环境，所以证书的格式在所使用的范围内必须使用统一的证书格式，遵循 ITUT X.509 国际标准。

标准的 X.509 数字证书包含的内容如图 5-4 所示。

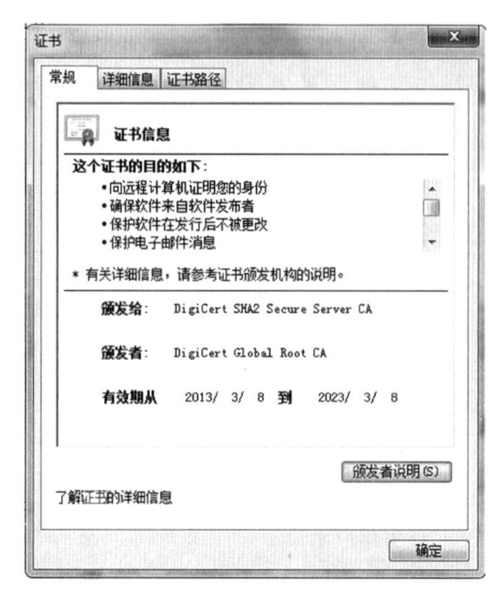

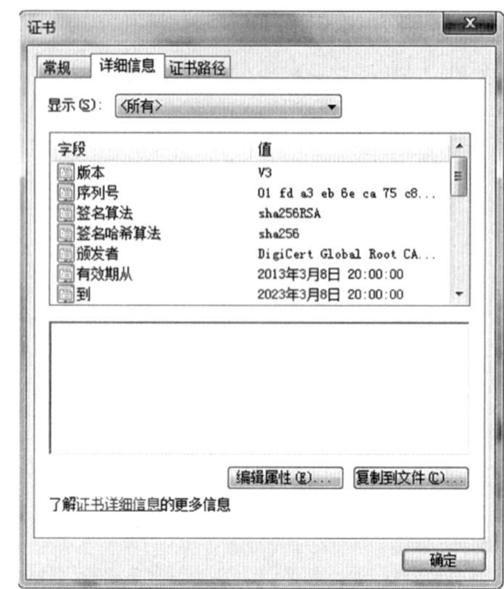

图 5-4 数字证书格式及内容

X.509 目前有 3 个版本:V1、V2 和 V3。其中,V3 是在 V2 的基础上加上扩展项后的版本,这些扩展包括由 ISO 文档(X.509-AM)定义的标准扩展,也包括由其他组织或团体定义或注册的扩展项。为了适应新的需求,ISO/IEC 和 ANSI X9 发展了 X.509 V3 版本证书格式,该版本证书通过增加标准扩展项对 V1 和 V2 证书进行了扩展。另外,根据实际需要,各个组织或团体也可以增加自己的私有扩展。X.509 V3 版本的数字证书的格式相关内容如图 5-5 所示。

内容	说明
版本 V	X.509 版本号
证书序列号	用于标识证书
算法标识符	签名证书的算法标识符
参数	算法规定的参数
颁发者	证书颁发者的名称及标识符(X.500)
起始时间	证书的有效期
终止时间	证书的有效期
持证者	证书持有者的姓名及标识符
算法	证书的公钥算法
参数	证书的公钥参数
持证书人公钥	证书的公钥
扩展部分	CA 对该证书的附加信息,如密钥的用途
数字签名	证书所有数据经 Hash 运行后 CA 用私钥签名

图 5-5 X.509 V3 证书格式

X. 509 V1 和 V2 证书所包含的主要内容如下。

(1)证书版本号:指明 X. 509 证书的格式。

(2)证书序列号:序列号指定由 CA 分配给证书的唯一的数字型标识符。当证书被取时,则将此证书的序列号放入由 CA 签发的 CRL 中。

(3)签名算法标识符:指定由 CA 签发证书时所使用的签名算法。算法标识符用来定 CA 签发证书时所使用的公开密钥算法和 Hash 算法,需在知名标准组织(如 ISO)注册。

(4)签发机构名:命名规则一般采用 X. 500 格式,包括国家、省市、地区、组织注册机构、单位部门和通用名。

(5)有效期:指定证书的有效期,包括证书开始生效的日期和时间以及失效的日期和时间。每次使用证书时,都需要检查证书是否在有效期内。

(6)证书用户名:指定证书持有者的 X. 500 的唯一名字,包括国家、省市、地区、组织机构、单位部门和通用名,还可包含 E-mail 地址等个人信息。

(7)证书持有者公钥信息:证书持有者公开密钥信息域包含两个重要信息,即证书持有者的公开密钥的值和公开密钥使用的算法标识符。此标识符包含公开密钥算法和 Hash 算法。

(8)签发者唯一标识符:签发者唯一标识符在 V2 版被加入证书定义中。此域用在当同一个 X. 500 名字用于多个认证机构时,用 1 位字符串来唯一标识签发者的 X. 500 名字。该标识符是可选的。

(9)证书持有者唯一标识符:持有证书者唯一标识符在 V2 版的标准中被加入 X. 500 证书定义。此域用在当同一个 X. 500 名字用于多个证书持有者时,用 1 位字符串来唯一标识证书持有者的 X. 500 名字。该标识符是可选的。

(10)签名值:证书签发机构对证书上述内容的签名值。

X. 509 V3 证书在 V2 的基础上增加了扩展项,以使证书能够附带额外信息。标准扩展是指由 X. 509 V3 版本定义的对 V2 版本增加的具有广泛应用前景的扩展项,任何人都可以向一些权威机构(如 ISO)来注册一些其他扩展项,如果这些扩展项应用广泛,也许以后会成为标准扩展项。

5.3.3 证书签发

证书的发放有两种方式:离线方式和在线方式。所谓离线发放即面对面通过人工方式发放,特别是企业、银行、证券等安全性需求很高的证书,最好是采用人工方式面对面发放。在线发放是通过 Internet 使用轻量级目录访问协议(LDAP)在目录服务器上下载证书。

1. 离线方式发放证书的步骤

(1)一个企业级用户证书的申请被批准注册以后,注册机构(RA)端的应用程序初始化申请者信息,在 LDAP 目录服务器中添加企业证书申请人的有关信息。

(2)RA 将申请者信息初始化后传给 CA,CA 为申请者产生一个参照号和一个认证码。参照号 Ref. number 及认证码 Auth. code 在 PKI 中有时也称为 userID 和 Password。参照号是一次性密钥。RA 将 Ref. number 和 Auth. code 使用电子邮件或打印在保密信封中,通过可靠途径传递给企业高级证书的申请人。企业高级证书的申请人输入参照号及认证码在审查机构处面对面地领取证书。证书可以存入光盘、软盘或者 IC 卡等存储介质。

2. 在线方式发放证书的步骤

在线方式发放证书的步骤如下：

(1)个人证书申请者将个人信息写入 CA 的申请人信息数据库，RA 端即可接收到从 CA 中心发放的 Ref. number 和 Auth. code，并将屏幕上显示的参照号和授权打印出来，当面提交给证书申请人。

(2)证书申请人回到自己的计算机上，登录到网站，通过浏览器安装 Root CA 证书(根 CA 证书)。

(3)申请人在网页上按提示输入参照号和授权码，验证通过后就可以下载自己的证书。

5.3.4 证书撤销

CA 签发证书用来捆绑用户的身份和公钥。和各种其他类型的证件一样，证书在有效期内可能因为一些原因需要撤销用户信息和公钥的捆绑关系，如用户姓名的改变、用户与所属团体的关系发生变更、私钥泄露等。这就需要终止证书的生命期，并警告其他用户不再使用这个证书。PKI 为此提供了证书撤销的管理机制，撤销证书有以下几种机制。

(1)撤销一个或多个主体的证书。

(2)撤销由某一对密钥签发的所有证书。

(3)撤销由 CA 签发的所有证书。

一般 CA 通过发布证书撤销列表(CRL)来发布撤销信息。CRL 是由 CA 签名的一组电子文档，包括了被撤销证书的唯一标识(证书序列号)。CRL 为应用程序和其他系统提供了一种检验证书有效性的方式。任何一个证书被撤销后，CA 就会通过发布 CRL 的方式来通知各方。目前，X. 509 V3 证书对应的 CRL 为 X. 509 V2 CRL，其所包含的内容如图 5-6 所示。

版本号	签名	颁发者	本次更新	下次更新	证书撤销列表	扩展域

图 5-6 CRL 格式

(1)版本号：CRL 的版本号。0 表示 X. 509 V1 标准；1 表示 X. 509 V2 标准。目前常用的是与 X. 509 V3 证书对应的 CRL V2 版本。

(2)签名：包含算法标识和算法参数，用于指定证书签发机构用来对 CRL 内容进行签名的算法。

(3)颁发者：签发机构名，由国家、省市、地区、组织机构、单位部门、通用名等组成。

(4)本次更新：本次 CRL 的发布时间，以 UTC Time 或 Generalized Time 的形式表示。

(5)下次更新：该字段可选，表明下次 CRL 的发布时间。注意：本次更新和下次更新的时间表示格式必须一样。

(6)证书撤销列表：该字段填写每个证书对应的一个唯一的标识符。

(7)扩展域：在 X. 509 中定义了四个可选扩展项。分别为：理由代码——证书撤销的理由；证书颁发者——证书颁发者的名字；控制代码——用于证书的临时冻结；无效日期——本证书不再有效的时间。

另外,CRL 中还包含条目扩展域。CRL 条目扩展域提供与 CRL 条目有关的额外信息,允许团体和组织定义私有的 CRL 条目扩展域来传送它们独有的信息。

CRL 一般通过 Internet 上下载的方式存储在用户端。如果合适,在撤销一个用户的证书时应提供一个新的证书,CA 以离线方式通知证书拥有者证书已被撤销。CA 必须维护颁发被撤销的带时间标记的证书列表。

对证书撤销信息的查询也可以使用在线查询方式,在线证书状态协议(OCSP)是 IETF 颁布的用于检查数字证书在某一交易时间是否有效的标准,可以实时进行这类检查,比下载和处理 CRL 的传统方式更快、更方便和更具独立性。为立即检查证书是否被撤销,用户的客户机必须形成请求,并将请求转发到一个 OCSP 应答器,即网络中保存最新撤销信息的服务器应用程序。应答器对请求给予回答。证书机构或其他实体向作为公共密钥基础设施的可信体系组成部分的可信赖机构提供 OCSP 应答器。对于使用 OCSP 应答器的用户来说,获得这一信息的最佳途径是使证书机构将信息直接输入应答器中。根据证书机构与 OCSP 应答器之间的关系,证书机构可以转发即时的通知或证书撤销信息,并且这些信息可以立即被提供给用户。

5.3.5　密钥管理

密钥管理也是 PKI(主要指 CA)中的一个核心功能,主要是指密钥对的安全管理,包括密钥产生、密钥备份和恢复、密钥更新和密钥历史档案等。

(1)密钥产生。密钥对的产生是证书申请过程中重要的一步,其中产生的私钥由用户保留,公钥和其他信息则由 CA 中心进行签名,从而产生证书。根据证书类型和应用的不同,密钥对的产生也有不同的形式和方法。对普通证书和测试证书,一般由浏览器或固定的终端应用来产生,这样产生的密钥强度较小,不适合应用于比较重要的安全网络交易。而对于比较重要的证书,如商家证书和服务器证书等,密钥对一般由专用应用程序或 CA 中心直接产生,这样产生的密钥强度大,适合于重要的应用场合。另外,根据密钥的应用不同,也可能会有不同的产生方式。比如签名密钥可能在客户端或 RA 产生,而加密密钥则需要在 CA 直接产生。

(2)密钥备份和恢复。在一个 PKI 系统中,维护密钥对的备份至关重要,如果没有这种措施,当密钥丢失后,将意味着加密数据的完全丢失,对于一些重要数据,这将是灾难性的。所以,密钥的备份和恢复也是 PKI 密钥管理中的重要一环。使用 PKI 的企业和组织必须能够得到确认:即使密钥丢失,对加密保护的重要信息也必须能够恢复,并且不能让一个独立的个人完全控制最重要的主密钥,否则将引起严重后果。企业级的 PKI 产品至少应该支持用于加密的安全密钥的存储、备份和恢复。密钥一般用口令进行保护,而口令丢失则是管理员最常见的安全疏漏之一。所以,PKI 产品应该能够备份密钥,即使口令丢失,它也能够让用户在一定条件下恢复该密钥,并设置新的口令。例如,在某些情况下用户可能有多对密钥,但至少应该有两个密钥,一个用于加密,一个用于签名。签名密钥不需要备份,因为用于验证签名的公钥(或公钥证书)广泛发布,即使签名私钥丢失,任何用于相应公钥的人都可以对已签名的文档进行验证。但 PKI 系统必须备份用于加密的密钥对,并允许用户进行恢复,否则,用于解密的私钥丢失将意味着加密数据完全不可恢复。另外,使用 PKI 的企业也应该考虑所使用密钥的生命周期，它包括密钥和证书的有效时间，以及已撤销密钥和证书的维护时间等。

(3)密钥更新。每一个由CA颁发的证书都会有有效期，密钥对生命周期的长短由签发证书的CA来确定，各CA系统的证书有效期限有所不同，一般大约为2～3年。当用户的私钥被泄漏或证书的有效期快到期时，用户应该更新私钥。这时用户可以废除证书，产生新的密钥对，申请新的证书。

(4)密钥历史档案。密钥更新(无论是人为还是自动)，意味着经过一段时间，每个用户都会拥有多个“旧”证书和至少一个“当前”的证书。这一系列证书和相应的私钥组成用户的密钥历史档案(可能应当更正确地称为密钥和证书历史)。记录整个密钥历史是十分重要的。因为A自己5年前加密的数据(或其他人为A加密的数据)无法用现在的私钥解密。A需要从他的密钥历史档案中找到正确的解密密钥来解密数据。类似地，需要从密钥历史档案中找到合适的证书验证A 5年前的签名。类似于密钥更新，管理密钥历史档案也应当由PKI自动完成。在任何系统中，需要用户自己查找正确的私钥或用每个密钥去尝试解密数据，这对用户来说是无法容忍的。PKI必须保存所有密钥，以便正确地备份和恢复密钥，查找正确的密钥以便解密数据。

5.3.6 PKI的应用接口

PKI需要提供良好的应用接口，使得其所能提供的服务可以为用户方便地使用加密、数字签名等安全服务，因此一个完整的PKI必须提供良好的应用接口系统，为各种各样的应用能够以安全、一致、可信的方式与PKI交互，确保所建立起来的网络环境的可信性，同时降低管理维护成本。为了向应用系统屏蔽密钥管理的细节，PKI应用接口系统需要实现如下功能。

(1)完成证书的验证工作，为所有应用提供一致、可信的公钥证书支持。

(2)以安全、一致的方式与PKI的密钥备份及恢复系统交互，为应用提供统一的密钥备份及恢复支持。

(3)在所有应用系统中，确保用户的签名私钥始终在用户本人的控制之下，阻止备份签名私钥的行为。

(4)根据安全策略自动为用户更新密钥，实现密钥更换的自动、透明和一致性。

(5)为方便用户访问加密的历史数据，向应用提供历史密钥的安全管理服务。

(6)为所有应用访问统一的公共证书库提供支持。

(7)以可信、一致的方式与证书作废系统交互，向所有应用提供统一的证书作废处理服务。

(8)完成交叉证书的验证工作，为所有应用提供统一模式的交叉验证服务。

(9)支持多种密钥存发介质，包括IC卡、PC卡、安全文件等。

(10)PKI应用接口系统应该是跨平台的。

没有应用接口系统，PKI将无法有效地为应用系统提供安全服务。应用接口系统独立于所用的应用程序之外，为不同的应用系统提供统一的、完整的安全接口界面，使应用系统通过标准的接口可以方便地使用PKI所提供的安全服务。这是一种可扩展、易管理的结构。在设计一个跨平台、多设备的PKI结构时，必须要注意到这种模型结构的设计。

5.4 PKI信任模型

信任模型就是一个建立和管理信任关系的框架。在PKI中,当两个认证机构中的一方给对方的公钥或双方给对方的公钥颁发证书,两者之间就建立了信任关系。信任模型主要解决以下问题:一个实体能够信任的证书是怎样被确定的,如何建立这种信任,在什么情况下能够限制或控制这种信任。

多个认证机构之间的信任关系必须保证PKI用户不必也不能信任唯一的认证中心。这有助于实现扩展、管理和维护,即要确保一个认证机构签发的数字证书能够被另一个认证机构所信任,同时对建立这种信任关系还必须有相关的控制。

目前较流行的PKI信任模型主要有四种:严格层次模型、分布式信任模型、Web模型以及以用户为中心的信任模型。

5.4.1 严格层次模型

认证机构的严格层次结构可以描述为一棵倒置的树,如图5-7所示,树根代表一个对整个PKI域内的所有实体都有特别意义的CA,通常被称为根CA,作为信任的根或信任锚,它是信任的起点。在根CA的下面是零层或多层中间CA,也被称为子CA,从属于根CA。与非CA的PKI实体相对应的中结点通常称为终端实体或终端用户。

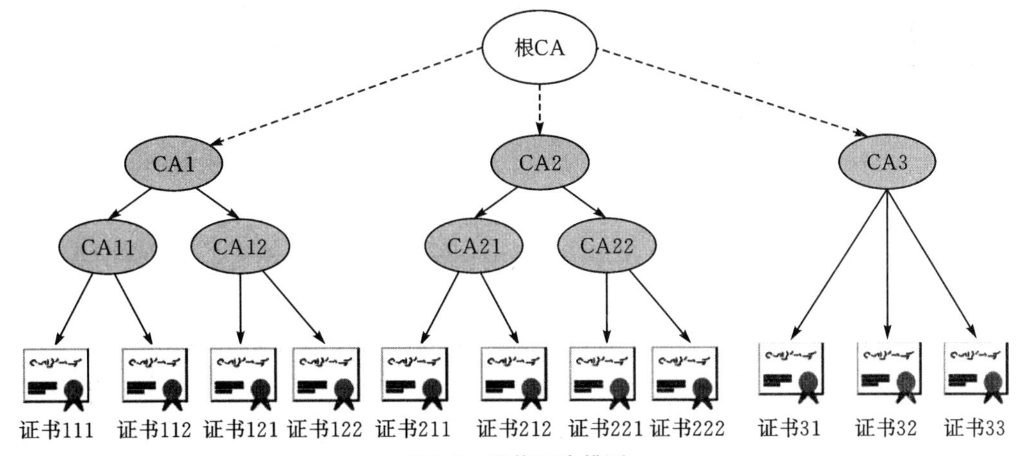

图5-7 严格层次模型

在这个机构中,根CA直接认证连在它下面的CA,中间CA可以认证其下面的CA,也可以直接认证终端实体。每个实体都必须拥有根CA的公钥。在这个模型中,根公钥的安装是随后进行的所有通信进行证书处理的基础。因此,它必须通过一种安全的方式完成。

在多层的严格层次结构中,终端实体直接被其上层CA颁发证书,但其信任根是另一个不同的CA(根CA)。在没有子CA的浅层次结构中,终端实体的根和证书颁发者是相同的。这种层次结构称为可信颁发者层次结构。

根CA具有一个自签名的证书,依次对它下面的CA进行签名。层次结构中叶子结点上的 CA 用于对终端实体进行签名。对于实体而言，它信任根 CA，可以不必关心中间的 CA，但它的证书是由底层的 CA 签发的。要维护这棵树，在每个结点 CA 上需要保存两种证书：向前证书（其他 CA 发给它的证书）和向后证书（它发给其他 CA 的证书）。

假设实体 A 收到 B 的一个证书，B 的证书中含有签发该证书的 CA 的信息，沿着层次树往上找，可以构成一条证书链，直到根证书。验证过程正好沿相反的方向，从根证书开始，依次往下验证每一个证书中的签名，一直到验证 B 的证书中的签名。如果所有的签名验证都通过，则 A 可以确定所有的证书都是正确的，如果它信任根 CA，则它可以相信 B 的证书和公钥。

例如，终端实体 A 持有可信根 CA 的公钥，它需要去验证另一个终端实体 B 的证书，而 B 的证书是由 CA_2 签发的，而 CA_2 的证书是由 CA_1 签发的，CA_1 的证书是由根 CA 签发的，则 A 首先使用根 CA 的公钥验证 CA_1 的证书，验证通过后，使用所提取 CA_1 的公钥来验证 CA_2 的公钥，类似地可以得到 CA_2 的公钥，最后 A 使用 CA_2 的公钥验证 B 的证书，从而获取 B 的公钥信息。至此，A 可以使用 B 的公钥进行加密或者验证数字签名。

5.4.2 分布式信任结构模型

在严格层次模型中，PKI 系统中的所有实体都唯一信任根 CA，而分布式信任模型把信任分散到两个或多个 CA 上。更准确地说，A 把 CA_1 的公钥作为它的信任锚，而 B 可以把 CA_2 的公钥作为它的信任锚。因此相应的 CA 必须是整个 PKI 群体的一个子集所构成的严格层次结构的根 CA（CA_1 是包括 A 在内的层次结构的根，CA_2 是包括 B 在内的层次结构的根）。不同的同位体根 CA 之间的互连过程称为交叉认证。如图 5-8 所示为交叉认证信任模型。

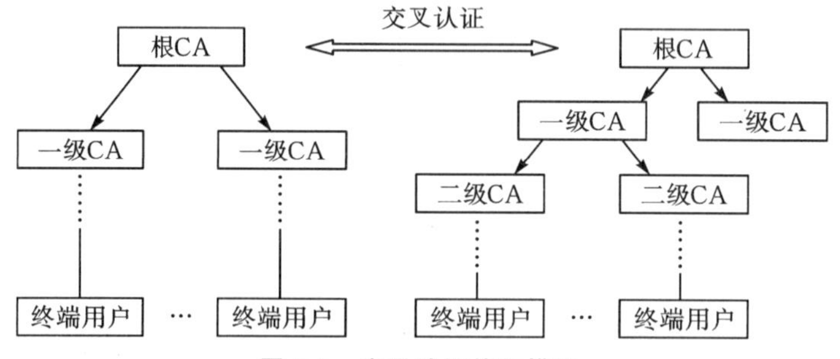

图 5-8 交叉认证信任模型

交叉认证是一种把以前无关的 CA 连接在一起的机制，从而使它们各自的实体之间的安全通信成为可能。交叉认证可以是单向的，也可以是双向的。如果 A 被 CA_1 认证，并拥有 CA_1 的公钥证书；B 被 CA_2 认证，拥有 CA_2 的公钥证书。如果 CA_1 和 CA_2 进行了双向的交叉认证后，则 A 可以使用其所信任的 CA_1 的证书去验证 CA_2 的证书，验证通过后再使用 CA_2 的证书验证 B 的证书。同样，B 也可以类似地验证 A 的证书。

5.4.3 Web 模型

Web 模型依赖浏览器，如微软的 IE 等。在这种模型中，浏览器厂商将许多 CA 的公钥集成在浏览器软件中，这些公钥确定了一组 CA，浏览器用户最初是信任这些 CA 的（也许用户本身并不知道浏览器软件中嵌入了哪些 CA 的公钥或证书)，并将其作为信任的根。

Web 信任模型的一个最大缺点就是安全性较差。例如，当某个 CA 的私钥被盗或被泄漏，那么显然应当从浏览器中废除掉该 CA 的公钥。但实际上很难从全世界的计算机上删掉该 CA 的公钥。因为很多用户要么不知道 CA 的私钥已被泄漏，要么知道私钥已经被泄漏，但不知道应当如何删除。

以微软的 IE 浏览器为例介绍嵌入在浏览器中的证书和公钥。打开 IE 浏览器，依次选择“工具”→“ Internet 选项”→“内容”→“证书”，将出现如图 5-9 所示界面。可以看到，浏览器中内嵌了很多受信任的根证书颁发机构和中级证书颁发机构。任意选择一个实体的证书，可以查看其证书的信息，比如证书的使用目的、证书的颁发者、证书的拥有者、证书的有效日期以及其他详细信息，如证书版本号、序列号、所选用的签名算法以及公钥等信息。如果该证书的颁发者 MSN Content PCA 的私钥不小心被盗，那么我们将不再信任该证书。简单地通过 IE 浏览器将其删除即可。

图 5-9　集成在浏览器中的 CA 证书

5.4.4　以用户为中心的模型

以用户为中心的信任模型中，每个用户都对决定信赖哪个证书和拒绝哪个证书直接完全地负责。在这个信任模型中，没有专门的 CA，每个用户可以向他所信任的人签发公钥证书，通过这样的方式建立一个信任网。

如 PGP 是一个基于 RSA 公钥加密体系的邮件加密软件，使用的就是以用户为中心的信任模型。在 PGP 中，一个用户通过 CA 的角色并使其公钥被其他人认证来建立信任网。例如，当 A 收到一个据称属于 B 的证书时，A 发现这个证书是由 A 不认识的 C 签署的，而 C 的证书是由 A 认识并且信任的 D 签署的。那么，A 可以先验证 D 的证书，然后再验证 B 的证书，从而决定信任 B 的密钥，A 也可以决定不信任 B 的密钥。

由于要依赖用户自身的行为和决策能力，因此以用户为中心的模型在技术水平较高和利害关系高度一致的群体中是可行的，但是在一般的群体（如没有安全及 PKI 的概念）中是不现实的。这种模型一般不适合用在贸易、金融或政府环境中，因为在这些环境中，通常希望或需要对用户的信任实行某种控制，显然这样的信任策略在以用户为中心的模型中是不可能实现的。

习题 5

1. 什么是数字证书？数字证书的基本功能是什么？
2. 简述 X.509 证书包含的信息。
3. 简述 X.509 中是如何撤销证书的。
4. 一个完整的 PKI 应用系统包括哪些组成部分？各自有什么功能？
5. 简述 CA 的基本职责。
6. 请具体描述 PKI 在网络安全应用中的一个案例，并分析 PKI 在其中所起的作用。

微信扫码
获取本章 PPT

第6章 网络安全协议

网络安全协议是营造网络安全环境的基础，是构建安全网络的关键技术。设计并保证网络安全协议的安全性和正确性能够从基础上保证网络安全，避免因网络安全等级不够而导致网络数据丢失或文件损坏等信息泄露问题。在计算机网络应用中，人们对计算机通信的安全协议进行了大量的研究，以提高网络信息传输的安全性。

6.1 几种常见安全协议简介

网络安全协议主要包括网络层安全协议 IPSec、介于传输层和应用层之间的安全套接层协议(SSL)、应用层安全电子交易协议(SET)、安全多用途 Internet 邮件扩展(S/MIME)以及优良保密协议(PGP)加密等。

1996 年 IETF 开发的 IPSec 是一个用于保证通过 IP 网络进行安全秘密通信的开放式标准框架。IPSec 实现了网络层的加密认证，提供端到端的安全解决方案。IPSec 联合使用多种安全技术，包括两种协议：一个是认证头(AH)协议，另一个是封装安全载荷(ESP)协议。

1994 年 Netscape 公司最先提出的安全套接层协议是一种基于会话、加密和认证的 Internet 协议，目的是在两实体(客户和服务器)之间提供一个安全的通道。

SET 协议为保护在电子商务交易中使用的支付卡免遭欺诈提供了框架。SET 协议通过保证持卡人数据的保密性和完整性及一种认证机制来保护支付卡。

PGP 在电子邮件和文件存储应用中提供保密和认证服务，是一种流行的安全电子邮件系统。

网络各层相关的安全协议

1. 网络层相关安全协议

在网络层提供安全服务具有透明性，它的密钥协商开销相对来说很小，对任何传输层协议都能为其“无缝”地提供安全保障，可以以此为基础构建虚拟专用网 VPN 和企业内部网。

网络层安全协议 IPSec 如图 6-1 所示。IPSec 协议簇是 IETF 为了在 IP 层提供通信安全而制定的一套协议簇，它包括安全协议部分和密钥协商部分。安全协议部分定义了对通信的安全保护机制；密钥协商部分定义了如何为安全协议协商保护参数以及如何对通信实体的身份进行鉴别。安全协议部分给出了封装安全载荷(ESP)和认证头(AH)两种通信保护机制。其中 ESP 机制为通信提供机密性和完整性保护，AH 机制为通信提供完整性保护。密钥协商部分使用 IKE 协议实现安全协议的自动安全参数协商。

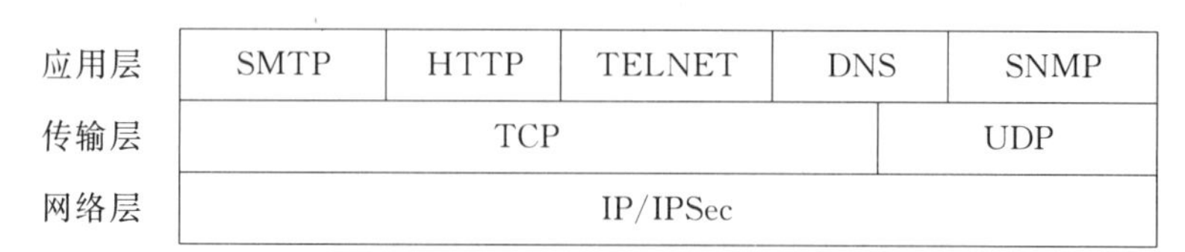

图 6-1　网络层安全协议 IPSec

2. 传输层相关安全协议

传输层安全协议如图 6-2 所示。在传输层不需要强制为每个应用作安全方面的改进，它能够为不同的通信应用配置不同的安全策略和密钥。基于 SSL 和传输层安全 TLS 的 SSL/TLS 协议是建立在可靠连接(如 TCP)之上的一个能够防止偷听、窜改和消息伪造等安全问题的协议。SSL 是分层协议，它对上层传下来的数据进行分片—压缩—计算 MAC—加密，然后发送数据；对收到的数据则经过解密—验证—解压—重组之后再分发给上层的应用程序，完成一次加密通信过程。

应用层	SMTP	HTTP	TELNET	DNS	
	SSL/TLS				SNMP
传输层	TCP				UDP
网络层	IP				

图 6-2　传输层安全协议

3. 应用层相关安全协议

在应用层以用户为背景执行，因此更容易访问用户凭据，如私人密钥。对用户想保护的数据具有完整的访问权，应用可自由扩展，不必依赖操作系统来提供。

(1)PGP 是端到端安全邮件标准，它既是一种规范，也是一种应用。PGP 是一个完整的电子邮件安全软件包，它包含 4 个密码单元，即对称加密算法、非对称加密算法、单向散列算法以及随机数产生器。它的特点是通过单向散列算法对邮件体进行签名，以保证邮件体无法修改，使用对称和非对称密码相结合的技术保证邮件体保密且抗抵赖。通信双方的公钥发布在公开的地方，如 FTP 站点，而公钥本身的权威性则可由第三方进行签名认证。

(2)S/MIME 是传输层安全邮件标准。S/MIME 集成了 3 类标准，即 MIME、加密消息语法标准和证书请求语法标准。S/MIME 与 PGP 主要有两点不同：它的认证机制依赖层次结构的证书认证机构，所有下一级的组织和个人的证书由上一级的组织负责认证，而最上一级的组织(根证书)之间相互认证，整个信任关系基本是树状的；S/MIME 将信件内容加密签名后作为特殊的附件传送，它的证书格式采用 X.509 V3 相符的公钥证书。

(3)SET 协议。SET 被设计为开放的电子交易信息加密和安全规范，可为 Internet 公网上的电子交易提供整套安全解决方案，确保交易信息的保密性和完整性，确保交易参与方身份的合法性，确保交易的抗抵赖性。SET 协议本身不是一个支付系统，而是一个安全协议和格式规范的集合。

6.2 IPSec协议

6.2.1 IPSec体系结构

IP层是TCP/IP网络中最关键的一层，IP作为网络层协议，其安全机制可对它上层的各种应用服务提供透明的安全保护。因此，IP安全是整个TCP/IP安全的基础，是Internet安全的核心。

IP安全体系结构，简称IPSec，是IETF IPSec工作组于1998年制定的一组基于密码学的开放网络安全协议。IPSec工作在IP层，为IP层及其上层协议提供保护。

IPSec提供访问控制、无连接的完整性、数据来源验证、防重放保护、保密性、自动密钥管理等安全服务。IPSec独立于算法，并允许用户（或系统管理员）控制所提供的安全服务粒度。比如可以在两台安全网关之间创建一条承载所有流量的加密隧道，也可以在穿越这些安全网关的每对主机之间的每条TCP连接间建立独立的加密隧道。

IPSec在传输层之下，对应用程序和终端用户来说是透明的。当在路由器或防火墙上安装IPSec时，无需更改用户或服务器系统中的软件设置。即使在终端系统中执行IPSec，应用程序之类的上层软件也不会受到影响。

IPSec是互联网工程任务组（IETF）定义的一种协议套件，由一系列协议组成，包括认证头（AH）、封装安全载荷（ESP）、Internet安全关联和密钥管理协议ISAKMP的Internet IP安全解释域（DOI）、ISAKMP、Internet密钥交换（IKE）、IP安全文档指南、OAKLEY密钥确定协议等，它们分别发布在RFC 2401～RFC 2412的相关文档中，如表6-1所示。

表6-1 IPSec协议簇中RFC文档

RFC	内容
2401	IPSec体系结构
2402	AH协议
2403	HMAC-MD 5-96在AH和ESP中的应用
2404	HMAC-SHA-1-96在AH和ESP中的应用
2405	DES-CBC在ESP中的应用
2406	ESP协议
2407	IPSec DOI
2408	ISAKMP协议
2409	IKE协议
2410	NULL加密算法及其在IPSec中的应用

续表

RFC	内容
2411	IPSec 文档路线图
2412	OAKLEY 协议

IPSec 协议不是一个单独的协议，而是一组安全协议集，是为 IP 层数据包的 IP 业务提供保护的安全协议标准，其目的是把安全机制引入 IP 协议，通过使用现代密码学中支持的密码技术和认证技术，使用户能有选择地使用并得到所需要的安全服务。

IPSec 包括多种协议和算法，如网络认证协议（AH）、封装协议（ESP）、密钥管理协议（IKE）、用于认证和加密的算法等。IPSec 将多种安全技术结合形成一个比较完整的安全体系结构，并规定了在对等层之间选择的安全协议，确定安全算法和密钥交换，向上提供了访问控制、数据源认证、数据加密等网络安全服务。如图 6-3 所示是 IPSec 的体系结构示意图，显示了组件及各组件间的相互关系。

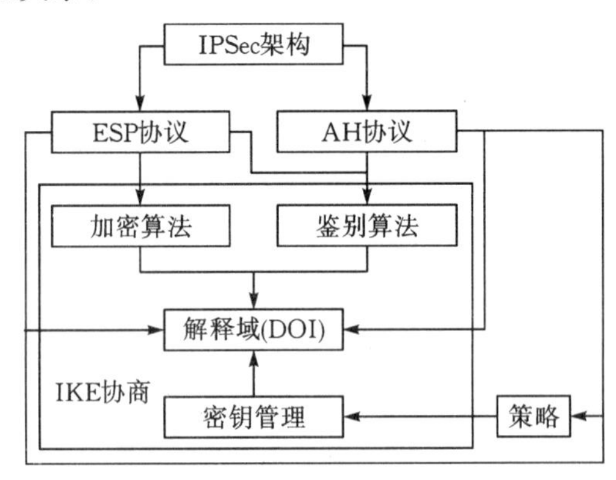

图 6-3 IPSec 的体系结构

AH（认证头）和 ESP（封装安全载荷）：这是 IPSec 体系中的主体，其中定义了协议的载荷头格式以及它们所能提供的服务，另外还定义了数据报的处理规则，正是这两个安全协议为数据报提供了网络层的安全服务。两个协议在处理数据报时都需要根据确定的数据变换算法来对数据进行转换，以确保数据的安全，其中包括算法、密钥大小、算法程序以及算法专用的相关信息。

IKE（Internet 密钥交换）：IKE 利用 ISAKMP 语言来定义密钥交换，是对安全服务进行协商的手段。IKE 交换的最终结果是一个通过验证的密钥以及建立在通信双方同意基础上的安全服务“IPSec 安全关联”。

SA（安全关联）：一套专门将安全服务/密钥和需要保护的通信数据联系起来的方案。它保证了 IPSec 数据报封装及提取的正确性，同时将远程通信实体和要求交换密钥的 IPSec 数据传输联系起来。即 SA 解决的是如何保护通信数据、保护什么样的通信数据以及由谁来实行保护的问题。

策略：策略是一个非常重要的但又尚未成为标准的组件，它决定两个实体之间是否能够通信;如果允许通信,又采用什么样的数据处理算法。如果策略定义不当,可能导致双方不能正常通信。

6.2.2　IPSec 的工作原理

IPSec 是为了给 IPv4 和 IPv6 数据提供高质量的、可互操作的、基于密码学的安全性。IPSec 通过使用认证头(AH)和封装安全载荷(ESP)来达到这些目标,使用 Internet 密钥交换(IKE)协议的密钥管理过程和协议来达到这些目标。

AH 协议提供数据源认证、无连接的完整性认证,以及一个可选的抗重放服务。ESP 协议提供数据保密性、有限的数据流保密性、数据源认证、无连接的完整性以及抗重放服务。对于 AH 协议和 ESP 协议都有两种操作模式:传输模式和隧道模式。IKE 协议用于协商 AH 协议和 ESP 协议所使用的密码算法,并将算法所需要的密钥放在合适的位置。

IPSec 所使用的协议被设计成与算法无关。算法的选择在安全策略数据库(SPD)中指定。IPSec 允许系统或网络的用户和管理员控制安全服务提供的粒度。通过使用安全关联(SA),区分对不同数据流提供的安全服务。

IPSec 本身是一个开放的体系,随着网络技术的进步和新的加密、验证算法的出现,通过不断加入新的安全服务和特性,IPSec 就可以满足未来对于信息安全的需要。随着网络技术的不断进步,IPSec 作为网络层安全协议,也在不断地改进和增加新的功能。其实在 IPSec 的框架设计时就考虑过系统扩展问题,例如在 ESP 协议和 AH 协议的文档中定义有协议、报头的格式以及它们提供的服务,还定义有数据报的处理规则,但是没有指定用来实现这些能力的具体数据处理算法。AH 协议默认的、强制实施的加密 MAC 是 HMAC-MD5 和 HMAC-SHA,在实施方案中其他的加密算法如 DES-CBC、CAST-CBC 以及 3DES-CBC 等都可以作为加密器使用。

6.2.3　IPSec 的工作模式

IPSec 协议(包括 AH 和 ESP)既可以用来保护一个完整的 IP 载荷,也可以用来保护某个 IP 载荷的上层协议。这两个方面的保护分别由 IPSec 两种不同的模式来提供:传输模式和隧道模式。

传输模式:在传输模式中,IP 头与上层协议头之间需插入一个特殊的 IPSec 头。传输模式保护的是 IP 包的有效载荷或者说保护的是上层协议(如 TCP、UDP 和 ICMP),如图 6-4 所示。在通常情况下,传输模式只用于两台主机之间的安全通信。

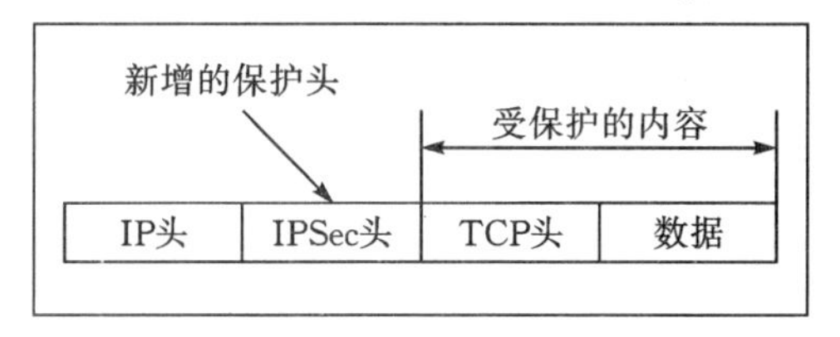

图 6-4　IPSec 传输模式的 IP 数据报格式

隧道模式:隧道模式为整个 IP 包提供保护,如图 6-5 所示,要保护的整个 IP 包都需封装到另一个 IP 数据报中,同时在外部与内部 IP 头之间插入一个 IPSec 头。所有原始的或内部包通过这个隧道从 IP 网的一端传递到另一端,沿途的路由器只检查最外面的 IP 报头,不检查内部原来的 IP 报头。由于增加了一个新的 IP 报头,因此,新 IP 报文的目的地址可能与原来的不一致。

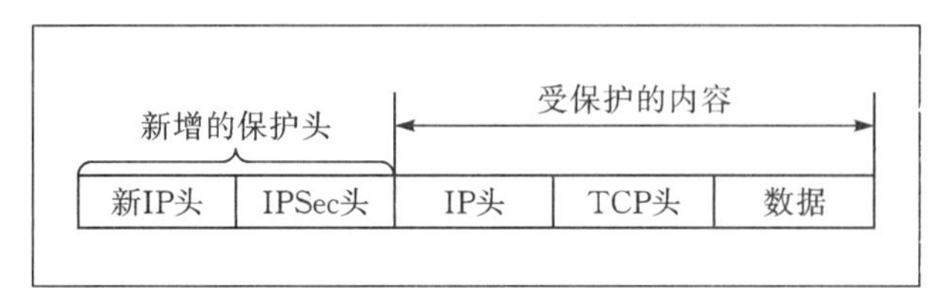

图 6-5 IPSec 隧道模式的 IP 数据报格式

在千兆网络加密通信的实现上,根据 IPSec 协议,采用安全网关设备来保证数据的机密性,可以采用隧道模式的 ESP。

6.2.4 IPSec 的实现方式

IPSec 可以在主机、路由器或防火墙(创建一个安全网关)中同时实施和部署。用户可以根据对安全服务的需要决定究竟在什么地方实施,IPSec 的实现方式可分为集成方式、BITS 方式、BITW 方式三种。

集成方式:把 IPSec 集成到 IP 协议的原始实现中,这需要处理 IP 源代码,适用于在主机和安全网关中实现。

"堆栈中的块"(BITS)方式:把 IPSec 作为一个"锲子"插在原来的 IP 协议栈和链路层之间。这不需要处理 IP 源代码,适用于对原有系统的升级改造。这种方法通常用在主机方式中。

"线缆中的块"(BITW)方式:这是本书采用实现 IPSec 的方式,它将 IPSec 的实现在一个设备中进行,该设备直接接入路由器或主机设备。当用于支持一台主机时,与 BITS 实现方式非常相似,但在支持路由器或防火墙时,它必须起到一台安全网关的作用。

IPSec 协议的处理分两类:外出处理和进入处理。

(1)外出处理。

在外出处理的过程中,数据包从传输层流进 IP 层。IP 层首先取出 IP 头的有关参数,检索安全策略数据库(SPDB),判断应为这个包提供哪些安全服务。输入 SPDB 的是传送报头中的源地址和目的地址的选择符。SPDB 输出的是根据选择符查询的策略结果,有可能出现以下几种情况。

①丢弃这个包。此时包不会得到处理,只是简单地丢掉。

②绕过安全服务。在这种情况下,这个 IP 包不作任何处理,按照一个普通的 IP 包发送出去。

③应用安全服务。在这种情况下,需要继续进行下面的处理。

如果 SPDB 的策略输出中指明该数据包需要安全保护,那么接着就是查询安全关联数据库(SADB)来验证与该连接相关联的 SA 是否已经建立,查询的结果可能是下面的两种情况之一：如果查询不到相应的 SA，说明该数据包所属的安全通信连接尚未建立，就会调用 IKE 进行协商，将所需要的 SA 建立起来。如果所需要的 SA 已经存在，那么 SPDB 结构中包含指向 SA 或 SA 集束的一个指针(具体由策略决定)。如果 SPDB 的查询输出规定必须将 IPSec 应用于数据包，那么在 SA 成功创建完成之前，数据包是不被允许传送出去的。

对于从 SADB 中查询得到的 SA 还必须进行处理，处理过程如下。

①如果 SA 的软生存期已满，就调用 IKE 建立一个新的 SA。

②如果 SA 的硬生存期已满，就将这个 SA 删除。

③如果序列号溢出，就调用 IKE 来协商一个新的 SA。

SA 处理完成后，IPSec 的下一步处理是添加适当的 AH 或 ESP 报头，开始对数据包进行处理。其中涉及对负载数据的加密、计算、校验等将在下面的内容中会详细介绍。SA 中包含所有必要的信息，并已排好顺序，使 IPSec 报头能够按正确的顺序加以构建。在完成 IPSec 的报头构建后，将生成的数据报传送给原始 IP 层进行处理，然后进行数据报的发送。

(2)进入处理。

进入处理中，在收到 IP 包后，假如包内根本没有包含 IPSec 报头，那么 IPSec 就会查阅 SPDB，并根据为之提供的安全服务判断该如何对这个包进行处理。因为如果特定通信要求 IPSec 安全保护，任何不能与 IPSec 保护的那个通信的 SPDB 定义相匹配的进入包就应该被丢弃。它会用选择符字段来检索 SPDB 数据库。策略的输出可能是以下三种情况：丢弃、绕过或应用。如果策略的输出是丢弃，那么数据包就会被放弃；如果是应用，但相应的 SA 没有建立，包同样会被丢弃，否则就将包传递给下一层作进一步的处理。

如果 IP 包中包含了 IPSec 报头，就会由 IPSec 层对这个包进行处理。IPSec 从数据包中提取出 SPI、源地址和目的地址组织成＜SPI，目的地址，协议＞三元组对 SADB 数据库进行检索(另外还可以加上源地址，具体由实施方案决定)。协议值要么是 AH，要么是 ESP。根据这个协议值，这个包的处理要么由 AH 协议来处理，要么由 ESP 协议来处理。在协议处理前，先对重放攻击和 SA 的生存期进行检查，把重放的报文或 SA 生存期已到的包简单丢弃而不作任何处理。协议载荷处理完成之后，需要查询 SPDB 对载荷进行校验，选择符用来作为获取策略的依据。验证过程包括：检查 SA 中的源和目的地址是否与策略相对应，检查 SA 保护的传输层协议是否和要求的相符合。

IPSec 完成了对策略的校验后，会将 IPSec 报头剥离下来，并将包传递到下一层。下一层要么是一个传输层，要么是网络层。假如说数据包是 IP(ESP(TCP))，下一层就是传输层；假如这个包是 IP(AH(ESP(TCP)))，下一层仍然是 IPSec 层。

6.2.5　认证头协议

1. AH 协议

IP 协议中，用来提供 IP 数据包完整性的认证机制是非常简单的。IP 头通过头部的校验和域来保证 IP 数据包的完整性。而校验和是对 IP 头的每 16 位计算累加和的反码。这样并没有提供多少安全性，因为 IP 头很容易被修改，可以对修改过的 IP 头重新计算校验和并用它代替以前的校验和，这样接收端的主机就无法知道数据包已经被修改。

认证头（AH）协议的目的是用于增加 IP 数据包的安全性。AH 协议提供无连接的完整性、数据源认证和反重放攻击服务。由于 AH 协议不提供任何保密性服务，也就是说它不加密所保护的数据包，所以它不需要加密算法。AH 协议可用来保护一个上层协议（传输模式）或一个完整的 IP 数据报（隧道模式），它可以单独使用，也可以和 ESP 联合使用。AH 协议的组成如图 6-6 所示，具体包含以下内容。

8位	8位	16位
下一个头	有效载荷长度	保留
安全参数索引(SPI)		
序列号		
验证数据(可变长度)		

图 6-6　AH 协议格式

（1）下一个头（8 位）：指示下一个负载的协议类型。

（2）载荷长度（8 位）：AH 的负载长度。

（3）保留（16 位）：供将来使用。当前这个字段的值设置为 0。

（4）安全参数索引 SPI （32 位）：它是一个 32 位长的整数。它与源地址或目的地址以及 IPSec 协议（AH 或 ESP）来共同唯一标识一个数据包所属的数据流的安全联合（SA）。SPI 的值 1～255 被互联网数字分配机构（IANA）留作将来使用；0 被保留，用于本地和具体实现。所以目前有效的 SPI 值范围为 $256 \sim 2^{32}-1$。

（5）序列号（32 位）：这里包含了一个作为单调增加计数器的 32 位无符号整数，用于防止对数据包的重放。所谓重放指的是数据包被攻击者截取并重新发送。如果接收端启动了反重放攻击功能，它将使用滑动接收窗口检测重放数据包。具体的滑动窗口因不同的 IPSec 实现而不同，一般具有下列功能。窗口长度最小 32 位，窗口的右边界代表特定 SA 所接收到的验证有效的最大序列号，序列号小于窗口左边界的数据包将被丢弃。将序列号值位于串口之内的数据包与位于窗口内的接收到的数据包清单进行比照，如果接收到的数据包的序列号位于窗口内并且是新的，或者序列号大于窗口右边界且有效，那么接收主机继续处理认证数据的计算。

（6）验证数据（变量）：这是一个变长域（必须是 32 位字的整数倍）。它包含数据包的认证数据，该认证数据称为这个数据包的完整性校验值（Integrity Check Value，ICV）。用于计算 ICV 的可用算法因 IPSec 的实现不同而不同。然而，为了保证互操作性，AH 强制所有的 IPSec 必须包含两个 MAC：HMAC-MD5 和 HMAC-SHA-1。

AH 协议的作用是为 IP 数据流提供高强度的消息认证，以确保被修改过的数据包可以被检查出来。AH 协议使用消息认证码（MAC）对 IP 进行认证。MAC 不同于 Hash 函数，因为它需要密钥来产生消息摘要，而 Hash 函数不需要密钥。常用的 MAC 是 HMAC，它与任何迭代密码 Hash 函数（如 MD5，SHA1 等）结合使用，而不用对 Hash 函数进行修改。由于生成 IP 数据包的消息摘要需要密钥，所以 IPSec 的通信双方需要共享一个同样的认证密钥，这个密钥就是由双方的 SA 信息来提供的。

2. AH 协议传输模式

AH 协议只用于保证收到的数据包在传输过程中不被修改，保证由要求发送它的当事人将它发送出去，以及保证它是一个新的非重播的数据包。AH 协议用于传输模式时，保护的是端到端的通信，通信的终点必须是 IPSec 终点。

在传输模式的 AH 协议中，封装后的分组 IP 头仍然是原 IP 头，只是 IP 头的协议字段由原来的值变为 51，表示 IP 头后紧接的载荷为 AH 协议载荷。AH 协议为整个数据包提供完整性检查。AH 协议传输模式如图 6-7 所示。在传输模式中，即使内网中的其他用户也不能窜改传输于两个主机之间的数据内容，这可以分担 IPSec 的处理负荷，从而避免 IPSec 处理的瓶颈问题。实现 AH 协议传输模式的主机都必须安装并实现 IPSec 模块，因此它不能提供对端用户的透明服务。用户为获得 AH 协议提供的安全服务，必须付出内存、处理时间等，而且不能使用私有地址，因此必须使用公共地址资源，这可能会暴露子网内部的拓扑结构。

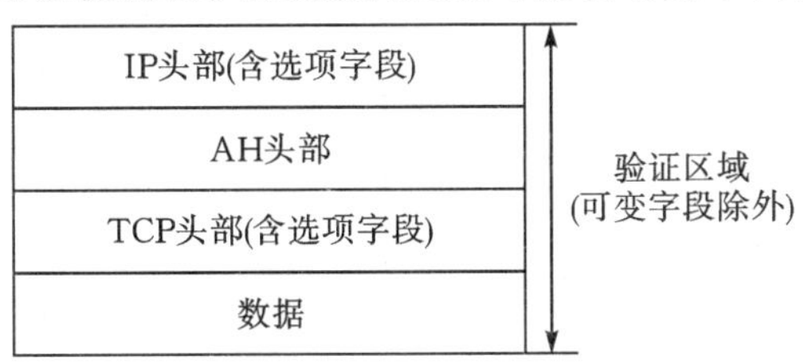

图 6-7　AH 协议传输模式

3. AH 协议隧道模式

AH 协议用于隧道模式时，整个原始 IP 包都被认证，AH 被插入原始 IP 头和新 IP 头之间，如图 6-8 所示。原始 IP 头包含了通信的原始地址，新 IP 头则包含了 IPSec 端点的地址。

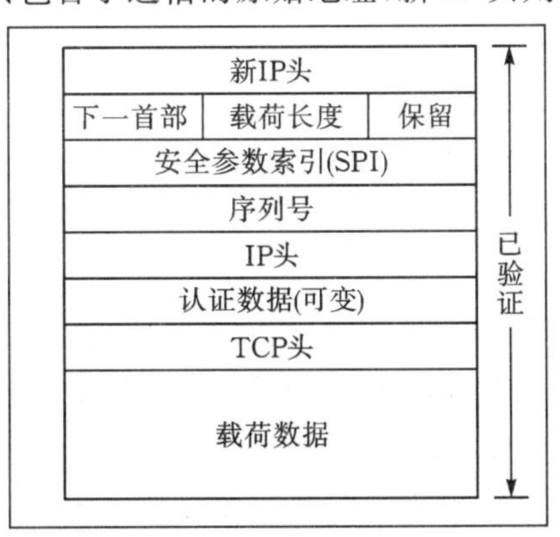

图 6-8　AH 协议隧道模式

AH 隧道模式中，整个内部 IP 包，包括整个内部 IP 头均被 AH 协议认证保护。AH 协议隧道模式为整个数据包提供了完整性检查和认证，认证功能优于 ESP 协议。但在隧道技术中，AH 协议很少单独实现，通常与 ESP 协议组合使用。

AH 协议隧道模式实施的优势在于：子网内部的各主机可以借助路由器的 IPSec 处理，子网内部可以使用私有地址，无须申请公有地址资源。缺点在于：IPSec 主要集中在路由器，增加了路由器的处理负荷，容易形成通信瓶颈，对于子网内部的许多安全问题不可控。

4. AH 的数据报处理

无论是 ESP 协议或者 AH 协议，数据报的处理都是向数据报中添加 IPSec 报头或者剥离 IPSec 报头。为了能正确地完成数据报的封装，需要从 SAD 中获得各个字段的数据；为了能够正确完成数据报的解封装，需要根据 SPD 的查询结果对各个字段进行校验。如图 6-9 所示是 AH 协议完成 IPSec 报头的封装和解封装的过程。

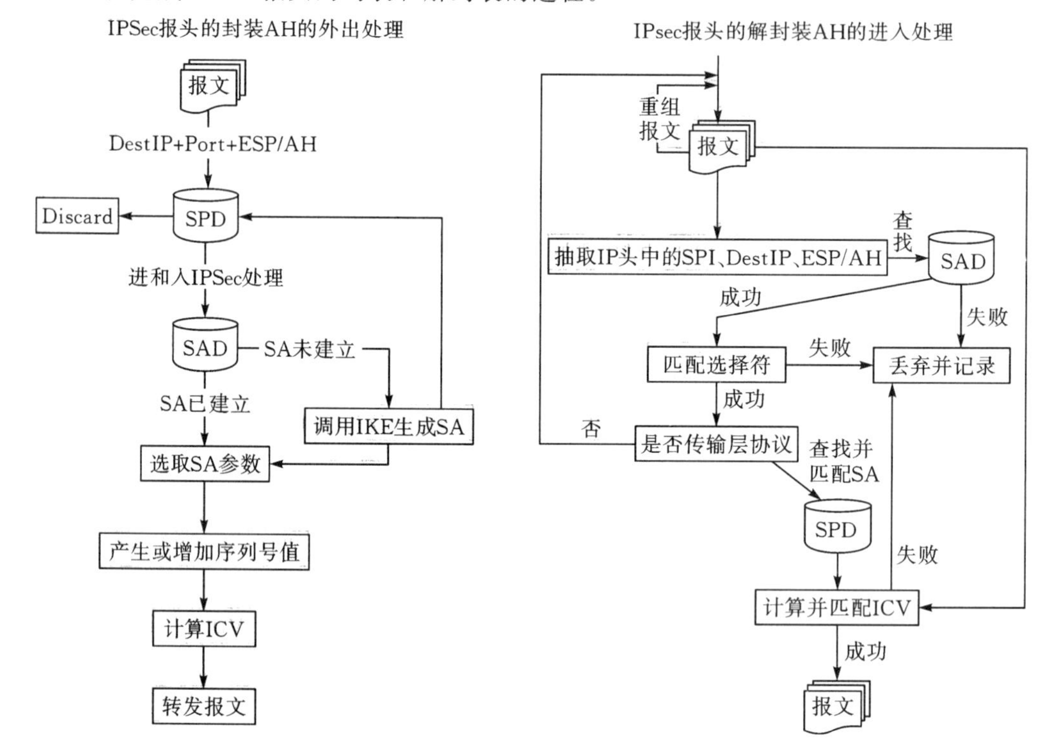

图 6-9 AH 协议完成 IPSec 报头的封装和解封装过程

对于外出的数据包，AH 协议处理的目标是向数据包合适的位置增加 AH 报头，具体的处理步骤如下。

(1)外出数据包与一个 SPD 条目匹配时，查看 SAD 是否有合适的 SA。如果有，就将 AH 应用到与之相符的数据包，该数据包在 SPD 条目指定的那个模式中。如果没有，可用 IKE 动态地建立一个，并把序列号计数器初始化为 0。在利用这个 SA 构建一个 AH 头之前，计算器就开始递增，这样保证了每个 AH 报头中的序列号都是一个独一无二的、非零的和单向递增的数。

(2)向 AH 协议的其余字段填满恰当的值。SPI 字段分配的值是取自 SA 的 SPI，下一个头字段分配的是跟在 AH 协议之后的数据类型值，而载荷长度分配的则是“32 位字减 2”，“验证数据”字段设成 0。需要注意的是，AH 协议将安全保护扩展到外部 IP 报头的原有的字段，因此将完整性检查值(ICV)之前的不定字段清零是必要的。这和 ESP 协议的处理是不一样的。

(3)根据验证算法的要求，或出于排列方面的原因，需要进行适当的填充。对有些 MAC

算法来说，比如 DES，MAC 要求应用 MAC 的数据必须是算法的块尺寸大小的倍数。在这种情况下就必须进行填充以便正确地使用 MAC(注意两种强制算法均无此要求)。填充的数据报必须为零，并且填充数据的长度不包括在载荷长度中。对 IPv4 来说 AH 报头必须是 32 位的倍数，IPv6 则是 64 位的倍数。如果 MAC 算法的输出不符合这项要求就必须添加 AH 报头。对填充项的值没有什么别的要求，但必须把它包括在 ICV 的计算中，而载荷长度中必须反映出填充项大小。

(4)计算 ICV。从外出 SA 中取出验证密钥，连同整个 IP 包(包括 AH 报头)传到特定的算法(也就是 SA 中的身份验证程序)计算 ICV。由于不定字段已清零，它们不会被包括在 ICV 的计算中。将计算得到的 ICV 复制到 AH 的验证数据字段中，IP 报头中的不定字段就可根据 IP 处理的不同得以填充。

(5)输出经过处理的报文。AH 处理结束后就形成了 AH 保护下的 IP 数据报，根据数据报的大小，在传输到网络前可将它分段处理，或在两个 IPSec 同级之间的传送过程中由路由器分段。

对于进入的数据报，AH 协议处理的目标就是从数据报中将 AH 报头剥离下来，还原出封装在 IPSec 内的高层数据包，具体过程如下。

(1)重组分段。如果一个受 AH 安全保护的包在接收时被证实是分段数据，那么在 AH 输入处理之前需要对这些分段数据进行重新组合。因为如果分段的数据报没有重组为原来的完整数据，ICV 检查就会失败。只有完整的 AH 保护的 IP 包才可传送到 AH 输入处理。

(2)查询 SADB，找出保护这个包的 SA。用基于 IP 报头的 SPI、目的 IP 地址和安全协议(AH)组成的三元组来对 SA 进行查询。如果没有找到合适的 SA，这个包会被丢弃。

(3)进行序列号检查。如果检查失败，这个包就会被丢弃。

(4)检查 ICV。首先把 AH 报头中的验证数据字段中的 ICV 值取出来，然后将这个字段清零，同时将 IP 中所有不定字段也清零。根据验证算法的要求以及载荷长度的要求可能还要进行零数据的填充，使验证数据的长度符合算法的要求。随后对整个数据包应用验证算法，并将获得的摘要同保存下来的 ICV 值进行比较。如相符，IP 包就通过了身份验证，如不符则将该数据报丢弃。

(5)接收窗口的序列号可以递增，结束 AH 协议处理过程。验证通过的整个数据报传递给下一步的 IP 来处理。

6.2.6　封装安全载荷(ESP)协议

1. ESP 协议

ESP 协议为 IP 报文以无连接的方式(以包为单位)提供完整性校验、认证和加密服务，同时还可能提供防重放攻击保护。在建立 SA 时可选择所期望得到的安全服务，建议遵守以下约定：

(1)完整性校验和身份认证建议同时使用。

(2)使用防重放攻击时建议同时使用完整性校验和身份认证。

(3)防重放攻击保护的使用建议由接收端选择。

(4)加密独立于其他安全服务,但建议使用加密时同时使用完整性校验和身份认证。

ESP 协议可以单独使用,也可以和 AH 协议联合使用,还可以通过隧道模式使用。ESP 可以提供主机到主机、防火墙到防火墙、主机到防火墙之间的安全服务。ESP 协议的格式如图 6-10 所示,具体包含以下内容。

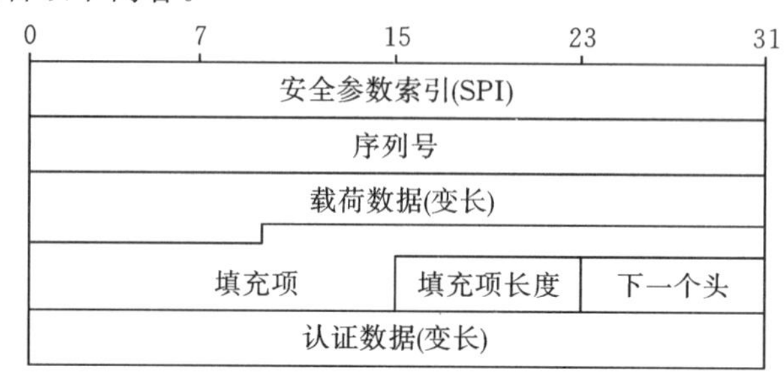

图 6-10　ESP 协议格式

- 安全参数索引 SPI(32 位):与目的 IP 地址和安全协议结合在一起,用来标识处理数据报的特定安全关联 SA。SPI 一般在 IKE 交换过程中由目标主机选定。SPI 值为 0 时,表示预留给本地的特定实现使用。
- 序列号(32 位):是一个单项递增的计数器。无论接收者是否选择使用特定 SA 的抗重放服务,都必须使用序列号,并由接收者选择是否需要处理序列号字段。当建立一个 SA 时,发送者和接收者的计数器初始化为 0,并在进行 IPSec 输出处理前令这个值递增。新的 SA 必须在序列号回归位零之前创建。由于序列号长度为 32 位,所以在传送 2^{32} 个包之前,必须重置发送者和接收者的计数器。
- 载荷数据(变长):是 ESP 保护的实际数据报。在这个域中,包含"下一个头"字段,也可包含一个加密算法可能需要使用到的初始量 *IV*,虽然载荷数据是加密的,但 *IV* 是没有加密的。
- 填充项(变长):填充项的使用是为了保证 ESP 的边界适合于加密算法的需要。因为有些加密算法要求输入数据是以一定数量的字节为单位的块的整数倍,即使 SA 没有机密性要求,仍然需要通过加入 Pad 数据把 ESP 报头的"填充长度"和"下一个头"这两个字段靠右排列。
- 填充项长度(8 位):指出上面的填充项填充了多少字节的数据。通过填充长度,接收端可以恢复出载荷数据的真实长度。
- 下一个头(8 位):表明包含在载荷数据字段的类型。字段的大小从 IP 协议数据中选择。在传输模式下使用 ESP 协议,这个值是 4,表示 IP-in-IP。
- 认证数据(变长):字段的长度由选择的认证功能指定。它包含数据完整性检验值 ICV。验证数据计算的是 ESP 协议数据包中除验证数据域以外的所有项。如果对 ESP 协议数据包进行处理的 SA 中没有指定身份验证器,就没有这一项。

ESP 协议的加密服务是可选的,载荷数据、填充项、填充项长度和下一个头在 ESP 协议中均被加密。如果启动加密,则同时也选择了完整性检查和认证。如果只使用加密,入侵者就可能伪造包以发起密码分析攻击。

ESP协议的认证算法由SA指定。ESP协议支持使用默认为96位MAC，且支持HMAC-MD5-96和HMAC-SHA-1-96。发送者针对去掉认证数据部分的ESP计算ICV。SPI、序列号、载荷数据、填充数据、填充长度和邻接头都包含在ICV的计算中。

ESP协议的工作模式与AH协议一样，也有两种模式：传输模式和隧道模式。

2. ESP协议传输模式

ESP协议的工作模式与AH协议不一样。ESP协议使用一个ESP头和一个ESP尾包围原始的数据报，封装它全部和部分内容。ESP协议传输模式用于加密和认证(选项)的格式如图6-11所示。这时，IP报头被调整到数据报的左边，并在数据报末端插入ESP头、ESP尾以及ESP认证数据(用于认证)。加密则对原始数据和新的ESP尾进行加密。认证从ESP报头到ESP尾。

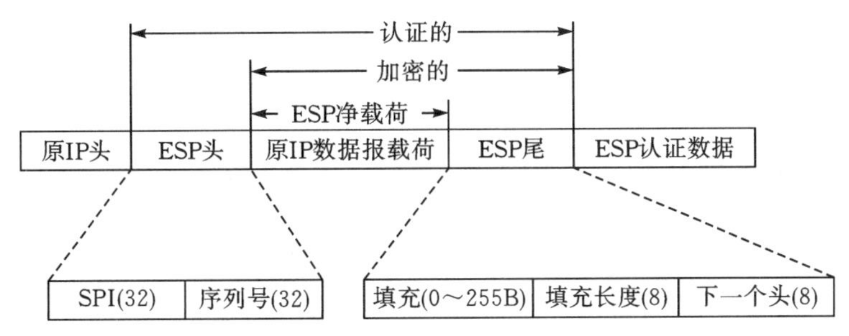

图6-11　ESP协议传输模式的数据报格式

ESP协议传输模式实现操作如下：

在源端，将ESP尾部和整个传输层分段的数据块加密，数据块中的明文被密文代替，形成要传输的IP包，如需要认证，则从ESP报头到ESP报尾进行认证，将认证数据放在ESP报尾末端。将数据包发往目的端，在传输的过程中路由器需要检查和处理IP头和附加的IP扩展头，但不检查密文。到达目的端，目的节点对IP报头和附加的IP扩展头进行处理后，利用ESP头中的SPI解密包的剩下部分，恢复传输层分段数据。

3. ESP协议隧道模式

ESP协议隧道模式用于加密整个IP包，如图6-12所示。原IP数据包(包括原IP头和数据)被封装在ESP头和ESP尾之间，在ESP报头前加上新的IP报头。

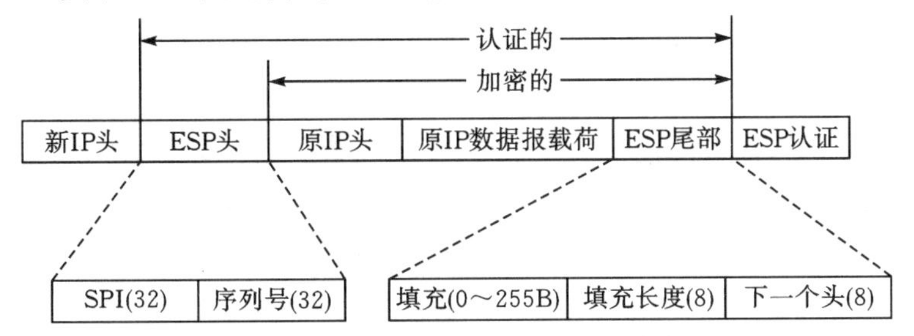

图6-12　ESP隧道模式的数据包格式

在这种模式下，加密部分为原IP数据包到ESP尾，这种方式可以对抗流量分析，完整性检查部分为ESP头、原IP数据包以及ESP尾。整个原始数据包可以用这种方式进行加密和认证。

4. ESP协议的数据报处理

无论采用哪种模式，对ESP协议来说，密文是得到验证的，验证的明文则是未加密的。即对于外出的包，首先进行的是加密处理；而对于进入的包来说，验证是首先进行的。使用这种处理顺序能够简化检测过程，抵抗重放攻击以及减少拒绝服务攻击的影响。ESP协议处理过程如图6-13所示。

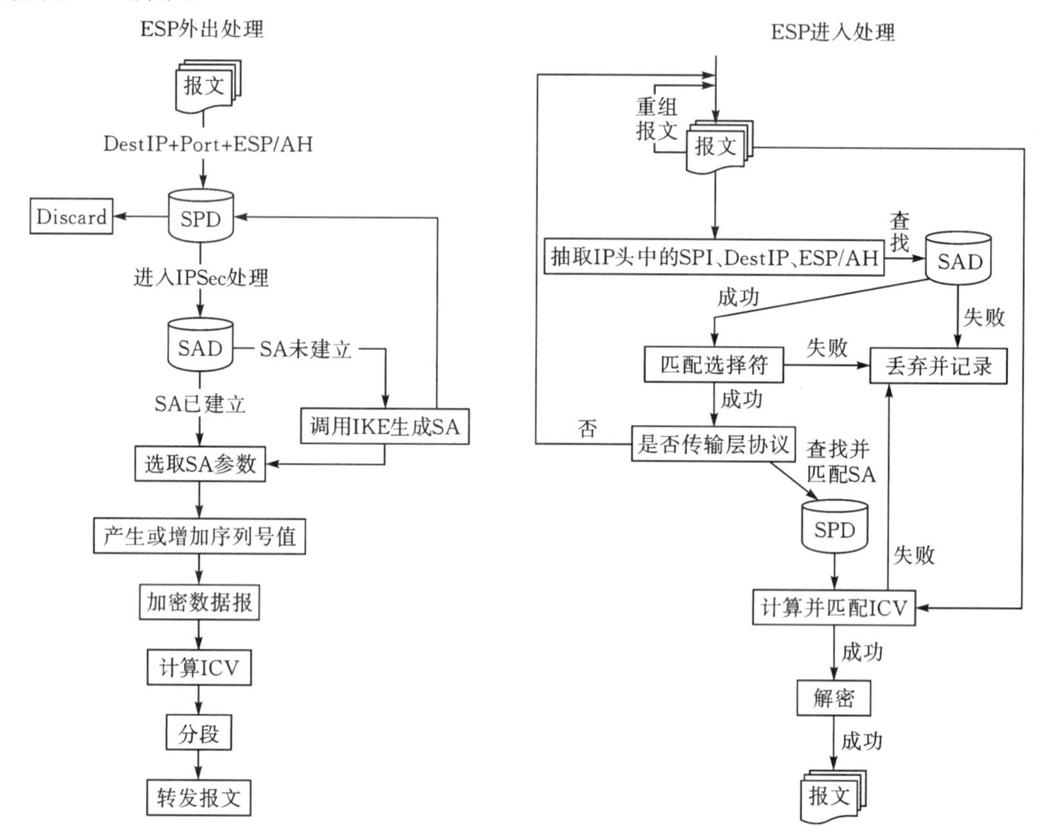

图6-13 ESP协议数据包外出和进入处理过程

外出包处理的过程如下（如图6-13左所示）：

（1）安全关联查询：得到处理包的策略和SA，其中包括SPI、密钥等。

（2）包加密：在增加了必要的填充项后，使用密钥、加密算法、由SA指定的算法模式以及密码同步对载荷数据、填充项、填充长度、下一个头进行加密。如果选择认证，则在认证前要进行加密，加密不包含认证数据字段。由于认证数据不被加密保护，因此要使用认证算法计算ICV。

（3）序列号产生：当创建一个SA时，发送者的计数器初始化为0。利用这个SA，发送的第一个包的序列号设置为1，计数器的值从此开始递增，并将新值插入序列号字段，这样就可以保证序列号的唯一性、非零性和单向递增性。

（4）完整性校验值（ICV）计算：计算ICV的参数包含SPI、序列号、载荷数据（包括初始化向量、原IP头、TCP头和原载荷数据)、填充项、填充长度和下个一头字段的密文数据。

(5)分段:在进行ESP处理后IPSec要进行IP分段。ESP传输模式只适用于整个IP数据报,由路由器对IP包进行分段,在ESP处理之前由接收端进行分段重组。在隧道模式中,应用ESP协议处理IP包,载荷是分段的IP包。

(6)重新计算位于ESP协议前面的IP头校验和,按IPSec格式重新封装数据报。

进入包处理的过程如下(如图6-13右所示):

(1)重组:在ESP协议处理之前执行分段包的重组。

(2)SA查询:接收到包含ESP头的包时,接收者根据目的地址、安全协议和SPI查询单向的SA。SA指示出是否检查序列号字段,认证数据字段是否出现,说明解密和ICV计算使用的算法和密钥等。

(3)序列号验证:验证每个接收的包是否包含不重复的序列号。通过使用滑动接收窗口可以拒绝重复序列号。序列号未重复,接收者就进行ICV验证。如果ICV验证失败,接收者丢弃无效的IP数据报。如果ICV验证成功,刷新接收窗口。

(4)ICV验证:接收者使用认证算法,根据包的字段计算ICV,验证包的认证数据字段内的ICV是否相同。

(5)包解密:接收者使用密钥、加密算法、算法模式和密码同步数据,对ESP载荷数据、填充项、填充长度和下一个头进行解密。在解密数据传送到上一层之前,接收者应检查填充项字段。原始数据报的重组取决于ESP的工作模式。

如果窜改了SPI、目的地址或IPSec协议类型字段,那么所选择的SA就是不正确的。如果将包映射到另一个这样的SA,造成的错误和坏包将很难区分。通过使用认证算法,可以检测出IPSec头是否已被窜改。如果窜改了IP目的地址或IPSec协议类型字段,就会出现SA不匹配。

6.2.7 IKE协议

IPSec的安全联盟可以通过手工配置的方式建立,但当网络中节点增多时,手工配置难以保证安全性。这时就可以使用互联网密钥交换协议(IKE)自动进行建立安全联盟与交换密钥的过程。

IKE是IPSec的信令协议,为IPSec提供了自动协商交换密钥、建立安全联盟的服务,能够简化IPSec的使用和管理,大大简化了IPSec的配置和维护工作。IKE不是在网络上直接传送密钥,而是通过一系列数据的交换,最终计算出双方共享的密钥,并且即使第三者截获了双方用于计算密钥的所有交换数据,也不足以计算出真正的密钥。IKE具有一套自保护机制,可以在不安全的网络上安全地分发密钥、验证身份、建立IPSec安全联盟。

IKE协议是IPSec目前唯一的、正式确定的密文交换协议,它为AH协议和ESP协议提供密钥交换支持,同时也支持其他机制加密协商。IKE是IPSec安全关联(SA)在协商它们的保护套件和交换签名或加密密钥时所遵循的机制,它定义了双方交流策略信息的方式和构建并交换身份验证消息的方式。

IETF设计了IKE的整个规范，主要由3个文档定义：RFC 2407、RFC 2408和RFC 2409。RFC 2407定义了互联网IP安全解释域（IPSec DOI），RFC 2408描述互联网安全关联和密钥管理协议ISAKMP，RFC2409则描述了IKE如何利用ISAKMP、Oakley和SKEME进行安全关联的协商。

IKE是由3种协议ISAKMP、Oakley和SKEME混合而成的一种协议，其中，ISAKMP协议定义了程序和信息包格式来建立、协商、修改和删除安全关联（SA）。SA包括了各种执行网络安全服务所需的所有信息，这些安全服务包括IP层服务、传输或应用层服务，以及协商流量的自我保护服务等。

ISAKMP定义包括交换密钥生成和认证数据的有效载荷。这些格式为传输密钥和认证数据提供了统一框架，ISAKMP与密钥产生技术、加密算法和认证机制相独立。ISAKMP区别于密钥交换协议是为了把安全连接管理的细节从密钥交换的细节中分离出来。不同的密钥交换协议中的安全属性也是不同的。然而，需要一个通用的框架用于支持SA属性格式，用于谈判、修改与删除SA，ISAKMP就可作为这种框架。

Oakley是一个基于Diffie-Hellman算法的密钥交换协议，描述了一系列称为“模式”的密钥交换，并且定义了每种模式提供的服务。Oakley允许通信双方根据本身的速度来选择不同的模式，以Oakley为基础，IKE借鉴了不同思想，每种模式提供不同的服务，但都产生一个相同的结果：通过验证的密钥交换。在Oakley中，并未定义模式进行一次安全密钥交换时需要交换的信息，而IKE对这些模式进行了规范，将其定义成正规的密钥交换方法。

SKEME是另一种密钥交换协议，定义了验证密钥交换的一种类型。其中，通信双方利用公钥加密实现相互间的验证，同时共享交换的组件。每一方都要用对方的公钥来加密一个随机数，两个随机数（解密后）都会对最终的会话密钥产生影响。通信的一方可选择进行一次Diffie-Hellman交换，或者仅仅使用另一次快速交换对现有的密钥进行更新。IKE在它的公钥加密验证中，直接借用了SKEME这种技术，同时也借用了快速密钥刷新的概念。

解释域（Domain Of Interpretation，DOI）是ISAKMP的一个概念，规定了ISAKMP的一种特定用法，即对于每个DOI值，都应该有一个与之相对应的规范，以定义与该DOI值有关的参数。IKE实际采用规范是在DOI中制定的，它定义了IKE具体如何协商IPSec SA。如果其他协议要用到IKE，每种协议都要定义各自的DOI。

RFC 2409文档描述的IKE属于一种混合型协议，创建在ISAKMP定义的框架上，沿用了Oakley的密钥交换模式以及SKEME的共享和密钥更新技术，还定义了它自己的两种密钥交换方式，从而定义出自己独一无二的验证加密技术以及协商共享策略。

IKE使用了两个阶段为IPSec进行密钥协商并建立安全联盟：第一阶段，通信各方彼此间建立了一个已通过身份验证和安全保护的通道，此阶段的交换建立了一个ISAKMP安全联盟，即ISAKMP SA，也可称IKE SA；第二阶段，用在第一阶段建立的安全通道为IPSec协商安全服务，即为IPSec协商具体的安全联盟，建立IPSec SA，IPSec SA用于最终的IP数据安全传送。

IKE和IPSec的关系如图6-14所示。IKE使用了两个阶段的ISAKMP。

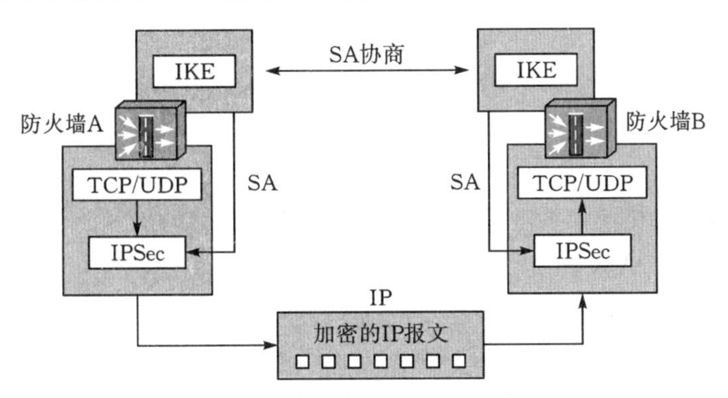

图 6-14　IKE 和 IPSec 的关系图

第一阶段，协商创建一个通信信道(IKE SA)，并对该信道进行验证，为双方进一步的 IKE 通信提供机密性、消息完整性以及消息源验证服务。协商模式包括主模式、野蛮模式。认证方式包括共享密钥、数字签名方式、公钥加密。第二阶段，使用已建立的 IKE SA 建立 IPSec SA，协商模式为快速模式。IKE 分两个阶段来完成这些服务，这样有助于提高密钥交换的速度。

第一阶段协商(也称为主模式协商)的步骤如图 6-15 所示，具体包含以下内容。

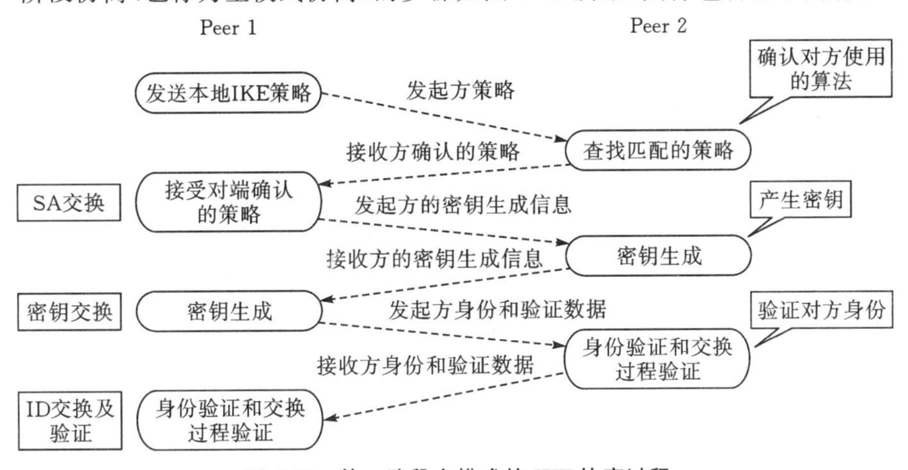

图 6-15　第一阶段主模式的 IKE 协商过程

(1)策略协商。SA 交换，协商确认有关策略的过程；通信双方针对 4 个强制性参数值进行协商。加密算法：选择 DES 或 3DES。Hash 算法：选择 MD5 或 SHA。认证方法：选择证书认证、预置共享密钥认证或 Kerberos 认证。

(2) Diffie-Hellman 交换。虽然名为密钥交换，但事实上在任何时候，两台通信主机之间都不会交换真正的密钥，它们之间交换的只是一些 DH 算法生成共享密钥所需要的材料信息。

(3)ID 交换及验证。DH 交换需要得到进一步认证，如果认证不成功，通信将无法继续下去。主密钥结合在第(1)步中确定的协商算法，对通信实体和通信信道进行认证。在这一步认证中，整个待认证的实体载荷，包括实体类型、端口号和协议，均由第(2)步生成的主密钥提供机密性和完整性保证。

第二阶段也叫快速模式SA,在为数据传输而建立的安全关联中协商建立IPSec SA,为数据交换提供IPSec服务。第二阶段协商消息受第一阶段SA保护,任何没有第一阶段SA保护的消息将被拒收。

第二阶段协商(快速模式协商)的步骤如下。

(1)策略协商,双方交换保护需求。

使用的IPSec协议:AH或ESP。

使用的Hash算法:MD5或SHA。

是否要求加密,若是,选择加密算法:3DES或DES。

在上述三方面达成一致后,将建立起两个SA,分别用于入站和出站通信。

(2)会话密钥"材料"刷新或交换。在这一步中,将生成加密IP数据包的会话密钥,生成会话密钥所使用的"材料",可以和生成第一阶段SA中主密钥的相同,也可以不同。如果不做特殊要求,只需要刷新"材料"后,生成新密钥即可。若要求使用不同的"材料",则在密钥生成之前,首先进行第二轮的DH交换。

(3)SA和密钥连同SPI,被递交给IPSec驱动程序。第二阶段协商过程与第一阶段协商过程类似,不同之处在于:在第二阶段中,如果响应超时,则自动尝试重新进行第一阶段SA协商。

第一阶段SA建立起安全通信信道后保存在高速缓存中,在此基础上可以建立多个第二阶段SA协商,从而提高整个建立SA过程的速度。只要第一阶段SA不超时,就不必重复第一阶段的协商和认证。允许建立的第二阶段SA的个数由IPSec策略属性决定。

由IKE建立的IPSec SA有时也会为密钥带来完美向前保密(FPFS)特性。所谓FPFS是指即使攻击者破解了一个密钥,也只能还原这个密钥加密的数据,而不能还原其他的加密数据。要达到理想的FPFS,一个密钥只能用于一种用途,生成一个密钥的素材也不能用来生成其他的密钥。我们把采用短暂的一次性密钥的系统称为FPFS。

如果通信对方的身份具有同样的特性,可以通过一次IKE密钥交换,创建多对IPSec SA。正是由于IKE密钥交换提供了多样性的选择,才使IKE既具有广泛的包容性,又具有高度的复杂性。

6.3 SSL协议

安全套接层(SSL)为Netscape公司研发,用以保障在Internet上数据传输的安全,利用数据加密技术,可确保数据在网络上的传输过程中不会被截取或窃听。它已被广泛地用于Web浏览器与服务器之间的身份认证和加密数据传输。

6.3.1 SSL协议概述

SSL的体系结构中包含两个协议子层,其中底层是SSL记录协议层,高层是SSL握手协议层。SSL协议的体系结构如图6-16所示。

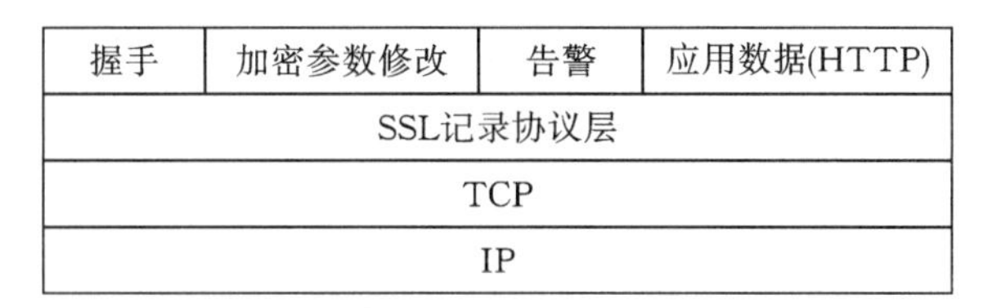

图 6-16　SSL 的体系结构

SSL 协议位于传输层与应用层协议之间，为数据通信提供安全支持。SSL 协议可分为两层。SSL 记录协议，它建立在可靠的传输协议（如 TCP）之上，为高层协议提供数据封装、压缩、加密等基本功能的支持。记录层上有三个高层协议：SSL 握手协议、SSL 密码修改协议和 SSL 告警协议，SSL 握手协议建立在 SSL 记录协议之上，用于在实际的数据传输开始前，通信双方进行身份认证、协商加密算法、交换加密密钥等。

SSL 协议中有两个重要的概念：SSL 连接和 SSL 会话。

SSL 连接提供了用户和服务之间的传输。SSL 连接是点对点的关系，每一个连接与一个会话相联系。

SSL 会话是客户机和服务器之间的关联，会话通过握手协议（在 SSL 协议的高层）来创建。会话定义了加密安全参数的一个集合，该集合可以被多个连接所共享。

6.3.2　SSL 记录协议

SSL 记录协议的作用是为高层协议提供基本的安全服务。SSL 记录协议针对 HTTP 协议进行了特别的设计，使得超文本的传输协议 HTTP 能够在 SSL 中安全运行。SSL 记录协议封装各种高层协议，具体实施压缩解压缩、加密解密、计算和校验 MAC 等与安全有关的操作。

SSL 记录协议的报文格式如图 6-17 所示。

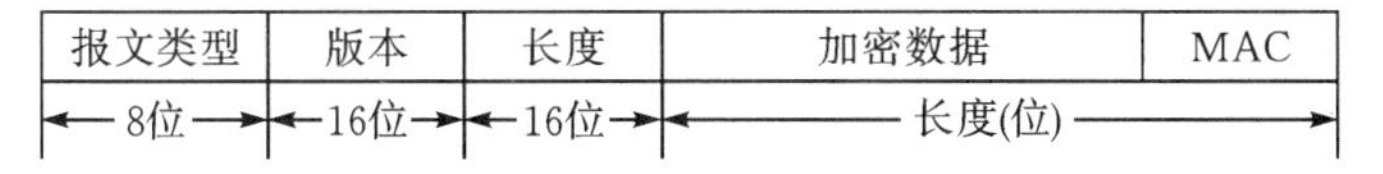

图 6-17　SSL 记录协议报文格式

报文类型（8 位）：用于指明处理封装分段的高层协议。包括 SSL 密码修改协议、SSL 告警协议、SSL 握手协议和应用数据。

版本（16 位）：前 8 位表示主版本号，如 SSL3.0，这个值为 3；后 8 位表示从版本号，如 SSL3.0，这个值为 0。

长度：记录层报文的长度，包括加密数据和 MAC 值的字节数。

MAC：整个记录报文的消息验证码，包括从报文类型开始的所有字段。

SSL 记录协议中规定发送者执行的操作步骤如图 6-18 所示。

（1）从上层接受传输的应用报文。

（2）分片：将数据分片成可管理的块，每个上层报文被分成 16KB 或更小的块。

（3）进行数据压缩（可选）：压缩是可选的，压缩的前提是不能丢失信息，并且增加的内容长度不能超过 1024B，默认的压缩算法为空。

(4)增加 MAC:加入消息认证码(MAC),这一步需要用到共享密钥。

(5)加密:利用 IDEA、DES、3DES 或其他加密算法对压缩报文和 MAC 码进行数据加密。

(6)增加 SSL 记录首部:增加由内容类型、主要版本、次要版本和压缩长度组成的首部。

(7)将结果传输到下层。

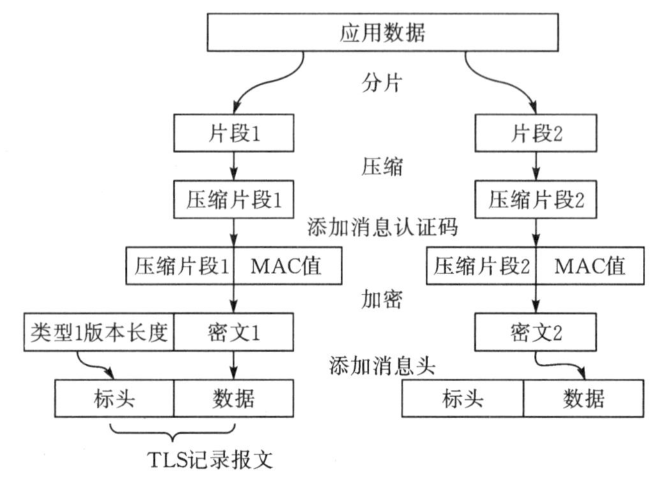

图 6-18 SSL 记录协议规定发送者执行的操作步骤

接收者接收数据的工作过程相反。步骤为:(1)从低层接受报文。(2)解密。(3)用事先商定的 MAC 码校验数据。(4)如果是压缩的数据,则解压。(5)重新装配数据。(6)将信息传输给上层。

6.3.3 SSL 修改密码规范协议

修改密码规范协议是 SSL 高层协议中的 3 个特定协议之一,也是最简单的一个。该协议由一条消息组成,该消息只包含一个值为 1 的单字节。客户端和服务器端都能发送改变密码说明消息,通知接收者将使用刚刚协商的密码算法和密钥来加密后续的记录。这条消息的接收引起未决状态被复制到当前状态,更新本连接中使用的密码组件,包括加密算法、散列算法以及密钥等。客户端在交换握手密钥和验证服务器端证书后发送修改密码规范消息,服务器则在成功处理它从客户端接收的密钥交换消息后发送该消息。

为了保障 SSL 传输过程的安全性,双方应该每隔一段时间就改变加密规范。

6.3.4 SSL 告警协议

告警协议用于向对等实体传递 SSL 协议相关的报警。如果在通信过程中某一方发现任何异常,就需要给对方发送一条警示消息通告。告警消息传送此消息的严重程度的编码和对此告警的描述。最严重的告警消息将立即终止连接。在这种情况下,本次对话的其他连接还可以继续进行,但对话标识符必须设置无效,以防止此失败的对话重新建立新的连接。像其他消息一样,告警消息是利用由当前连接状态所指出的算法加密和压缩的。

此协议的每个消息由两个字节组成。第一个字节表示级别,也就是消息出错的严重程度,值1表示警告,值2表示致命错误。如果级别为2,则SSL将立即终止连接,而会话中的其他连接将继续进行,但不会在此会话中建立新连接。第二个字节包含描述特定告警信息的代码。

6.3.5 SSL握手协议

握手协议是SSL协议的核心,在这个过程中,通信双方协商连接参数,并且完成身份验证。根据使用功能不同,整个过程通常需要交换6～10条消息。根据配置和支持的协议扩展的不同,交换过程可能有许多变种。在使用中经常可以观察到以下三种流程:(1)完整的握手,对服务器进行身份验证;(2)恢复之前的会话采用的简短握手;(3)对客户端和服务器都进行身份验证的握手。

握手协议由客户端和服务器间交换的一系列消息组成,这些消息的格式如图6-19所示。每个消息由3个域组成。

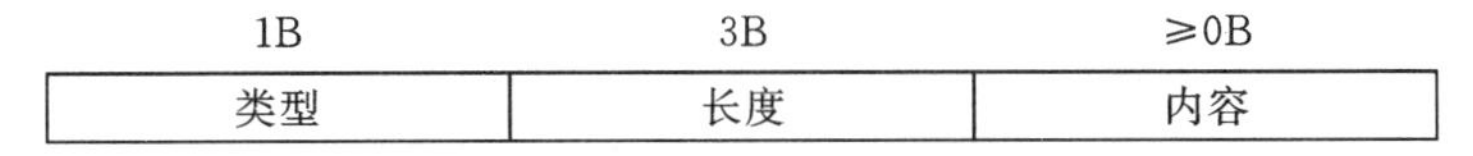

图6-19 握手协议消息格式

类型(1B):表明十种消息中的一种,表6-2列举了所有消息类型。

长度(3B):消息的字节长度。

内容(≥0B):与消息相关的参数。

表6-2 握手协议消息类型

消息类型	参数
hello_request	Null
client_hello	协议版本、随机数、会话ID、加密套件、压缩算法
server_hello	协议版本、随机数、会话ID、加密套件、压缩算法
certificate	X.509 V3证书链
server_key_exchange	参数、签名
certificate_request	类型、CA认证机构
server_done	Null
certificate_verify	签名
client_key_exchange	参数、签名
finished	Hash值

SSL高层协议包含以下四种子协议。

(1)握手协议:其职责是生成通信过程所需的共享密钥和进行身份认证。这部分使用无密码套件,为防止数据被窃听,通过公钥密码或Diffie-Hellman密钥交换技术通信。

(2)密码规格变更协议:用于密码切换的同步,是在握手之后的协议。握手过程中使用的协议是“不加密”这一加密套件,握手协议完成后则使用协商好的加密套件。

(3)告警协议:当发生错误时使用该协议通知通信对方,如握手过程中发生异常、消息认证码错误、数据无法解压缩等。

(4)应用数据协议:通信双方真正进行应用数据传输的协议。

如图 6-20 所示为客户端与服务器之间建立逻辑连接的初始交换,此交换过程包括四个阶段。

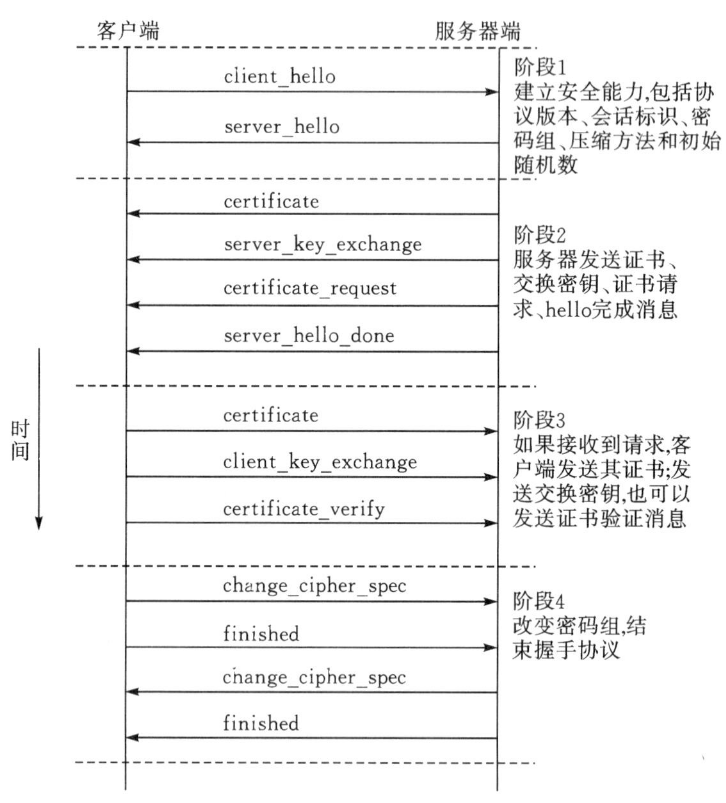

图 6-20 握手协议处理过程

1. 阶段 1:建立逻辑连接

握手第一步是客户端向服务器端发送 Client_Hello 消息,这个消息里包含了一个客户端生成的随机数 Random1,客户端支持的加密套件和 SSL Version 等信息。经过这一阶段,客户端与服务器端双方对以下参数达成共识:协议版本、随机数、会话 ID、加密套件及压缩算法等。

Client_Hello 中涉及的消息具体如下:

协议版本:按优先级列出客户端支持的协议版本,首选客户端希望支持的最新协议版本。

随机数:由客户端生成的随机数结构,用 4B 时间戳和一个 28B 的安全随机数生成器生成的 32B 随机数。这些值是临时的,用于在密钥交换时防止重放攻击。

会话 ID:如果客户端第一次连接到服务器,那么这个字段就会保持为空。该字段为空,说明这是第一次连接到服务器。如果该字段不为空,说明以前是与服务器有连接的,在此期间,服务器将使用会话 ID 映射对称密钥,并将会话 ID 存储在客户端浏览器中,为映射设置一个时限。如果浏览器将来连接到同一台服务器(在时间到期之前),它将发送会话 ID,服务器将对映射的会话 ID 进行验证,并使用以前用过的对称密钥来恢复会话,这种情况下不需要完全握手。

加密套件：客户端会给服务器发送自己已经知道的加密套件列表，这是由客户按优先级排列的，但完全由服务器来决定发送与否。SSL中使用的加密套件有一种标准格式。上面的报文中，客户端发送了74套加密套件，服务器端会从中选出一种来作为双方共同的加密套件。

压缩算法：为了减少带宽，可以进行压缩。但从成功攻击SSL的事例中来看，其中使用压缩时的攻击可以捕获到用HTTP头发送的参数，这个攻击可以劫持Cookie，这个漏洞称为CRIME。

扩展包：其他参数（如服务器名称、填充、支持的签名算法等）可以作为扩展名使用。

以上是客户端问候的一部分，如果已收到客户端问候，接下来就是服务器端的确认，服务器将发送服务器问候Server-Hello，涉及的具体参数如下：

版本：服务器会选择客户端支持的最新版本。

随机数：服务器和客户端都会生成32B的随机数，用来创建加密密钥。

加密套件：服务器会从客户端发送的加密套件列表中选出一个加密套件。

会话ID：服务器将约定的会话参数存储在SSL缓存中，并生成与其对应的会话ID。它与Server Hello一起发送到客户端。客户端可以写入约定的参数到此会话ID，并给定到期时间。客户端将在Client Hello中包含此会话ID。如果客户端在此到期时间之前再次连接到服务器，则服务器可以检查与会话ID对应的缓存参数，并重用它们而无需完全握手。这非常有用，因为服务器和客户端都可以节省大量的计算成本。

压缩算法：如果支持，服务器将同意客户端的首选压缩方法。

这个阶段之后，客户端、服务器端知道了下列内容：SSL版本，密钥交换、信息验证和加密算法，压缩方法，有关密钥生成的两个随机数。

2. 阶段2：服务器认证和密钥交换

服务器启动SSL握手第2阶段，是本阶段所有消息的唯一发送者，客户机是所有消息的唯一接收者。该阶段分为4步。

证书：服务器将数字证书和到根CA的整个链发给客户端，使客户端能用服务器证书中的服务器公钥认证服务器。一般情况下，除了会话恢复时不需要发送该消息，在SSL握手的全流程中，都需要包含该消息。消息包含一个X.509证书，证书中包含公钥，发给客户端用来验证签名或在密钥交换的时候给消息加密。这一步是服务端将自己的证书下发给客户端，让客户端验证自己的身份，客户端验证通过后取出证书中的公钥。

服务器密钥交换（可选）：这里视密钥交换算法而定，根据之前在Client_Hello消息中包含的Cipher_Suite信息，决定了密钥交换方式（例如RSA或者DH），因此在服务器密钥交换消息中便会包含完成密钥交换所需的一系列参数。

证书请求（可选）：服务端可能会要求客户自身进行验证。可以是单向的身份认证，也可以双向认证。这一步是可选的，在对安全性要求高的场景常用。服务器用来验证客户端。服务器端发出证书请求消息，要求客户端发它自己的证书过来进行验证。该消息中包含服务器端支持的证书类型（RSA、DSA、ECDSA等）和服务器端所信任的所有证书发行机构的CA列表，客户端会用这些信息来筛选证书。

服务器握手完成:第 2 阶段结束、第 3 阶段开始的信号。

3. 阶段 3:客户端认证和密钥交换

客户机启动 SSL 握手第 3 阶段,是本阶段所有消息的唯一发送者,服务器是所有消息的唯一接收者。该阶段分为 3 步。

证书(可选):为了向服务器证明自身,客户端要发送一个证书信息,这是可选的,在 IIS 中可以配置强制客户端证书认证。如果在第 2 阶段服务器端要求发送客户端证书,客户端便会在该阶段将自己的证书发送过去。服务器端在之前发送的证书请求消息中包含了服务器端所支持的证书类型和 CA 列表,因此客户端会在自己的证书中选择满足这两个条件的第一个证书发送过去。若客户端没有证书,则发送一个 no_certificate 警告。

客户端密钥交换:这里客户端将预备主密钥发送给服务端,注意这里会使用服务端的公钥进行加密。根据之前从服务器端收到的随机数,按照不同的密钥交换算法算出一个客户端密钥,发送给服务器,服务器端收到客户端密钥算出主密钥。而客户端当然也能自己通过客户端密钥算出主密钥。如此双方就算出了对称密钥。

如果是 RSA 算法,会生成一个 48B 的随机数,然后用服务器的公钥加密后再放入报文中。如果是 DH 算法,这时发送的就是客户端的 DH 参数,之后服务器和客户端根据 DH 算法,各自计算出相同的客户端密钥。

证书验证(可选),对预备秘密和随机数进行签名,证明拥有发送给服务器的证书的公钥。只有在客户端发送了自己证书到服务器端,这个消息才需要发送。其中包含一个签名,对从第一条消息以来的所有握手消息的 HMAC 值(用 master_secret)进行签名。

4. 阶段 4:完成

第 4 阶段建立起一个安全的连接,客户端发送一个 change_cipher_spec 消息,并且把协商得到的 CipherSuite 拷贝到当前连接的状态之中。

然后,客户端用新的算法、密钥参数发送一个 finished 消息,这条消息可以检查密钥交换和认证过程是否已经成功。其中包括一个校验值,对所有以来的消息进行校验。

服务器端同样发送 change_cipher_spec 消息和 finished 消息。

握手过程完成,客户端和服务器端可以交换应用层数据。

6.3.6 TLS 协议

传输层安全性协议(TLS)其前身是安全套接层 SSL 协议,实现 Internet 通信中提供通信安全及数据完整性保障。

Netscape 公司在 1994 年推出首版网页浏览器网景导航者时,推出了 HTTPS 协议,以 SSL 进行加密,这是 SSL 的起源。IETF 将 SSL 进行标准化,1999 年公布第一版 TLS 标准文件,随后又公布 RFC 5246 (2008 年 8 月)与 RFC 6176(2011 年 3 月)。在浏览器、邮箱、即时通信、VoIP、网络传真等应用程序中,广泛支持这个协议,当今主流的网站如 Google、Facebook 等也以这个协议来创建安全连线,发送数据,目前已成为互联网上保密通信的工业标准。TLS 1.0 协议本身基于 SSL 3.0,很多的算法相关的数据结构和规则十分相似,虽然 TLS 1.0 与 SSL 3.0 存在一些区别,但差别不大,故不详述。

6.3.7 HTTPS协议

Web应用是互联网上最重要、最广泛的应用之一，HTTP协议是作为最主要的Web数据传输通道，也是最重要、最常用的应用层协议之一。但HTTP协议存在两个安全缺陷，一是数据明文传送，二是不对数据进行完整性检测。

为了增强Web的安全性，HTTPS协议被提出，以解决HTTP协议中的安全性问题。

HTTPS是SSL和HTTP的结合，是基于HTTP协议的一种对传输数据加密的安全协议，旨在实现Web服务器与Web浏览器之间的安全通信。HTTPS将SSL作为HTTP应用层的子层，通过SSL协议来加强安全性，实现HTTP数据安全传输，有效地避免HTTP数据被窃听、篡改及信息的伪造。它建立在可靠的传输协议之上(如TCP协议等)。当数据经过TCP协议封装之后，SSL会对数据包进行进一步的加密和封装，然后让加密的数据包经过HTTP协议的进一步封装之后在不安全的Internet信道上传输，加密的数据包能保证即使数据包被第三方截取之后也看不到数据包里面的明文。

几乎所有流行的浏览器都内置对HTTPS的支持，但并不是所有的Web服务器都支持HTTPS。从用户角度，直观地判断Web服务器是否支持HTTPS的方法就是观察URL是否以https://开始，如图6-21所示。

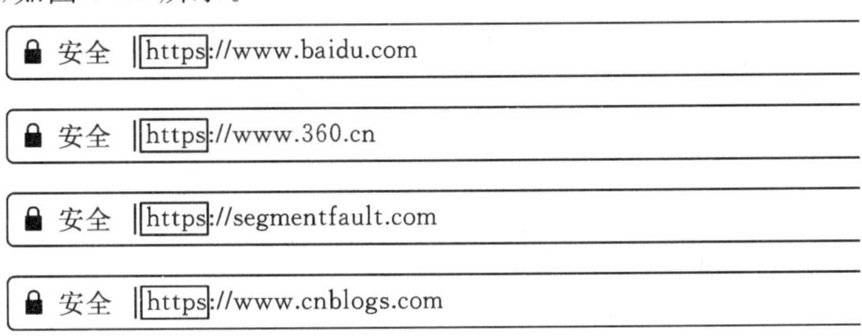

图6-21　Web支持的HTTPS

具体来说，HTTPS实现了以下安全特征。

(1)客户端与服务器端的双向身份认证。客户端与服务器端在传输HTTPS数据之前需要对双方的身份进行认证，认证过程通过交换各自的X.509数字证书的方式实现。

(2)传输数据的机密性。如果Web浏览器和Web服务器之间基于HTTPS协议进行通信，则通信的以下部分被加密保护：浏览器请求的服务器端文档的URL，浏览器请求的服务器端文档内容，用户在浏览器端填写的表单内容，在浏览器和服务器之间传递的Cookie，HTTP消息头。

(3)传输数据的完整性检验。HTTPS通过消息验证码的方式对传输数据进行数字签名，从而实现了数据的完整性检验。

HTTPS协议在通信的安全性方面对HTTP协议进行了一定程度的增强，基本保证了客户端与服务器端的通信安全，所以被广泛应用于互联网上敏感信息的通信，例如网上银行账户、电子邮箱账户以及电子交易支付等各个方面。

6.4 PGP

更好地保护隐私(PGP)是一个基于RSA公钥加密体系的邮件加密软件。可以用它对邮件保密以防止非授权者阅读,还能对邮件加上数字签名,使收信人可以确认邮件的发送者,并能确信邮件没有被窜改。PGP可以提供一种安全的通信方式,而事先并不需要任何保密的渠道用来传递密钥。并采用了一种RSA和传统加密的杂合算法,用于数字签名的邮件文摘算法、加密前压缩等,还有一个良好的人机工程设计。它的功能强大,有很快的速度,而且它的源代码是免费的。

6.4.1 PGP功能

PGP提供5个方面的功能:鉴别、机密性、压缩、E-mail兼容性和分段功能,具体如表6-3所示。

表6-3 PGP的功能

功能	使用算法	描述
鉴别	RSA或DSS,MD5或SHA	用MD5或SHA对消息散列,并用发送者的私钥加密消息摘要
机密性	IDEA、CAST或三重DES、Diffie-Hellman或RSA	发送者产生一次性会话密钥,会话密钥以IDEA、CAST或三重DES加密消息,并用接收者的公钥以Diffie-Hellman或RSA加密会话密钥
压缩	ZIP	使用ZIP压缩消息,以便于存储和传输
E-mail兼容性	Radix 64交换	对E-mail应用提供透明性,将加密消息用Radix 64交换成ASCII字符
分段	—	为适应最大消息长度限制,PGP实际分段并重组

1. 鉴别

PGP的鉴别服务用于说明由谁发来的报文且只能由它发出,PGP鉴别操作过程如图6-22所示。

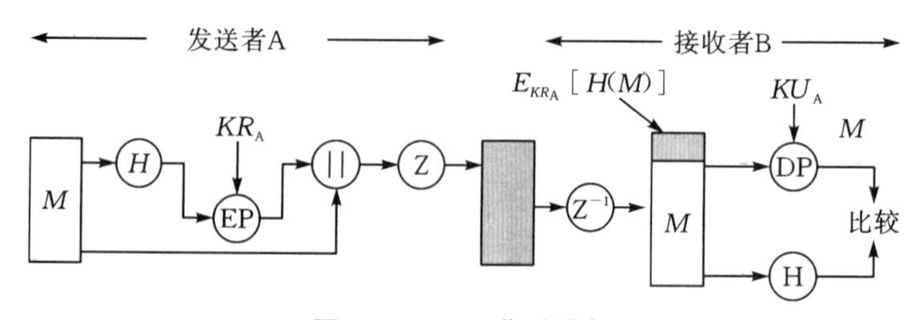

图6-22 PGP鉴别服务

KR_A:用户A的私钥。

KU_A:用户A的公钥。

EP:公钥加密。

DP:公钥解密。

H:散列函数。

Z:用ZIP算法进行数据压缩。

Z^{-1}:解压缩。

PGP的鉴别过程可以描述如下:

(1)发送者产生消息M。

(2)发送者使用SHA-1生成一个160位的散列值H(邮件摘要)。

(3)发送者使用自己的私有密钥,采用RSA算法对散列代码进行加密,串接在报文的前面。

(4)接收者使用发送者的公开密钥,采RSA解密和恢复散列代码。

(5)接收者为报文生成新的散列代码,并与被解密的散列代码相比较,如果两者匹配,则报文作为已鉴别的报文而接收。

另外,签名是可以分离的。如法律合同需要多方签名,每个人的签名是独立的,因而可以应用到文档上。否则,签名将只能递归使用,第二个签名对文档的第一签名进行签名,依此类推。

2. 机密性

在PGP中,每个常规密钥只使用一次,即每个报文生成新的128位的随机数。为了保护密钥,使用接收者的公开密钥对它进行加密。

如图6-23所示,PGP保密性服务过程描述如下:

(1)发送者生成报文,并生成一个128位随机数作为会话密钥。

(2)发送者对消息进行压缩,然后采用CAST-128加密算法,使用会话密钥对压缩后的报文进行加密,也可使用IDEA或3DES算法。

(3)发送者采用接收者的公钥按RSA算法加密会话密钥,并和消息密文串接在一起。

(4)接收者采用RSA算法,使用自己的私有密钥解密和恢复会话密钥。

(5)接收者使用会话密钥解密报文。如果消息被压缩,则执行解压缩。

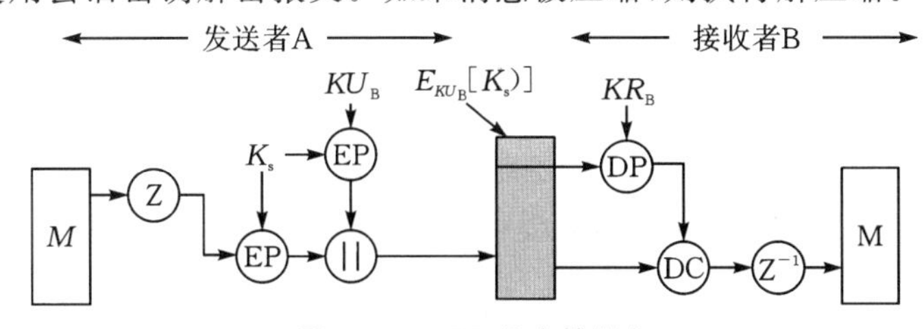

图6-23 PGP保密性服务

EC:对称加密; EP:公钥加密;

DC:对称解密; DP公钥解密;

K_s:一次性会话密钥,用于对称加密体制中。

除了使用RSA算法加密外,PGP还提供了Diffie-Hellman的变体EIGamal算法。

PGP结合了常规加密和公开密钥加密结合的好处。

(1)常规加密和公开密钥加密相结合使用比直接使用RSA或EIGamal要快得多。

(2)使用公开密钥算法解决了会话密钥分配问题。

(3)由于电子邮件的存储转发特性,使用握手协议来保证双方具有相同会话密钥的方法是不现实的,而使用一次性的常规密钥加强了已经是很强的常规加密方法。

PGP 可以同时提供机密性与鉴别。当加密和认证这两种服务都需要时,发送者先用自己的私钥签名,然后用会话密钥加密,再用接收者的公钥加密会话密钥,在这里要注意次序,如果先加密再签名的话,别人可以将签名去掉后签上自己的签名,从而窜改签名。

在 PGP 中,可以将保密和认证两种服务同时应用于一个消息,如图 6-24 所示。

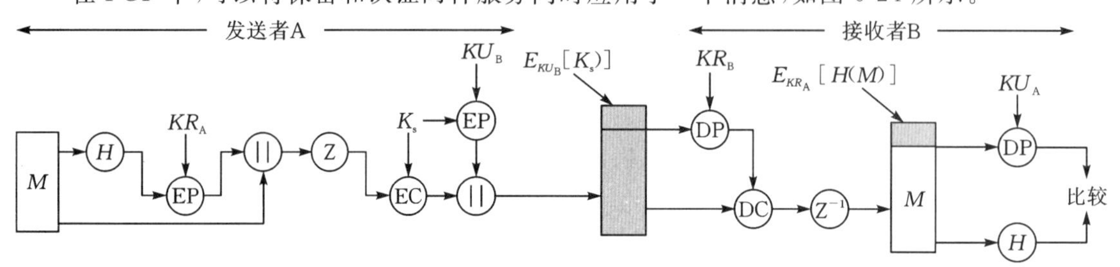

图 6-24 PGP 保密和认证

操作过程如下:

(1)发送者将消息生成散列值(H),并通过私钥进行签名,与原始消息串接起来。

(2)发送者用会话密钥,基于对称加密体制(如 IDEA、3DES)算法加密压缩后带签名的明文消息,并用 RSA(或 EIGamal)加密会话密钥。两次加密的结果串接在一起,发送给接收者。

(3)接收者收到消息后,使用自己的私钥,按 RSA(或 EIGamal)解密出会话密钥,并使用会话密钥解密,恢复压缩的带签名的明文消息。

(4)接收者进行解压缩,还原出带有签名的原始消息。

(5)接收者用发送者的公钥验证签名,并计算出消息的散列值,通过比较两个散列值,实现认证。

PGP 可以同时实现加密和认证。发送者先用自己的私钥签名,然后用会话密钥加密,再用接收者的公钥对会话密钥进行加密,从而提高消息在传输过程中的机密性、完整性和认证性。

3. 压缩

PGP 对报文进行压缩,这有利于在电子邮件传输和文件存储时节省空间。但压缩算法的放置位置比较重要,在默认的情况下,放在签名之后、加密之前。在压缩之前生成签名有如下两个理由。

(1)对没有经过压缩的报文进行签名更好,这样,将来的验证就只需要存储没压缩的报文和签名。如果对压缩文档签名,那么为了将来的验证就必须存储压缩过的报文,或者在需要验证时更新压缩报文。

(2)即使个人愿意在验证时动态生成重新压缩的报文,PGP 的压缩算法也存在问题。算法不是固定的,算法的不同实现在运行速度和压缩比上进行不同的折中,因此产生了不同的压缩形式。但是,这些不同的压缩算法是可以互操作的,因为任何版本的算法都可以正确解压其他版本的输出。如果在压缩之后应用散列函数和签名,将约束所有的 PGP 实现都使用同样的压缩算法。

另外，在压缩之后对报文加密可以加强加密的强度，因为压缩过的报文比原始明文冗余更少，密码分析更加困难。

4. E-mail 兼容性

当使用 PGP 时，至少传输报文的一部分需要被加密。如果只使用签名服务，那么报文摘要被加密（使用发送者的私有密码）。如果使用机密性服务，报文加上签名（如果存在）要被加密（使用一次性的对称密码）。因此，部分或全部的结果报文由任意的 8 位二进制流组成。但是，很多电子邮件系统只允许使用 ASCII 文本。为了满足这一约束，PGP 提供了将原 8 位二进制流转换成可打印的 ASCII 字符的服务。

为实现这一目的采用的方案是 Radix 64 转换，每 3 个字节的二进制数据为一组映射成 4 个 ASCII 字符。这种格式附加了 CRC 校验来检测传输错误，使得 Radix 64 将报文的长度单元扩充了 33%。由于报文的会话密钥和签名部分相对紧凑，并且明文报文已经进行了压缩，实际上压缩足以补偿 Radix 64 的扩展。因此，整体压缩比仍然可以达到三分之一。

Radix 64 算法的一个值得注意的方面是它将输入流转换成 Radix 64 的格式时，并不管输入流的内容，即使输入流正好是 ASCII 正文。因此，如果报文被签名但还没有被加密，并且对整个分组应用上述转换，输出的结果对于偶然的观察者将是不可读的，这提供了一定程度的机密性。作为选项，PGP 可以配置成只将签名的明文报文的签名部分转换成 Radix 64 的格式，这可以使得接收报文的一方不使用 PGP 就能阅读报文。当然，必须使用 PGP 才能验证签名。

5. 分段与重组

电子邮件设施经常受限于最大的报文长度，例如最大 50KB 的限制，任何长度超过这个数值的报文都必须划分成更小的报文段，每个段单独发送。

为了满足这个要求，PGP 自动将过长的报文划分成可以使用电子邮件发送的足够小的报文段。分段是在所有其他的处理（包括 Radix 64 转换）完成之后才进行的，因此会话密钥部分和签名部分只在第一个报文段的开始位置出现一次；在接收端，PGP 将各段自动重新装配成完整的原来的分组。

6.4.2 PGP 密钥管理

在 PGP 里面，最有特色的就是它的密钥管理。PGP 包含 4 种密钥：一次性会话密钥、公开密钥、私有密钥和基于密码短语的常规密钥。

在用户使用 PGP 时，应该首先生成一个公开密钥/私有密钥对。其中，公开密钥可以公开，而私有密钥绝对不能公开。PGP 将公开密钥和私有密钥用两个文件存储，一个用来存储该用户的私有密钥/公开密钥，称为私有密钥环；另一个用来存储其他用户的公开密钥，称为公开密钥环。

为了确保只有该用户可以访问私有密钥环，PGP 采用了比较简洁和有效的算法。当用户使用 RSA 生成一个新的公开密钥/私有密钥对时，输入一个密码短语，然后使用散列算法（例如 SHA-1）生成该密码的散列码，将其作为密钥，采用 CAST-128 等常规加密算法对私有密钥加密，存储在私有密钥环中。当用户访问私有密钥时，必须提供相应的密码短语，然后 PGP 根据密码短语获得散列码，将其作为密钥，对加密的私有密钥解密。通过这种方式，就保证了系统的安全性依赖于密码的安全性。

双方使用一次性会话密钥对每次会话内容进行加解密。这个密钥本身是基于用户鼠标和键盘敲击时间而产生的随机数。应注意每次会话的密钥均不同。这个密钥经过 RSA 或 Diffie-Hellman 加密后和报文一起传送到对方。

在实际应用中，所有 PGP 用户可以签发各自的 PGP 证书，通常是由许多公认的个人来签发证书，形成一个非正式的信任网，要与一个用户建立信任关系，就必须信任为此用户签发证书的人，所以只适合于小规模的用户群体。

习题 6

1. IPSec 提供哪些安全服务？
2. AH 协议和 ESP 协议分别提供哪些安全服务？
3. AH 的传输模式和隧道模式分别提供哪些安全服务？
4. ESP 的传输模式和隧道模式分别提供哪些安全服务？
5. SSL 协议由哪些协议组成，各完成什么功能？
6. 简述 SSL 协议握手协议的流程。
7. PGP 提供了哪些主要服务？

微信扫码
获取本章 PPT

第 7 章　防火墙技术

随着互联网的日益普及，越来越多的企事业单位开始通过互联网发展业务和提供服务。然而，在互联网为企事业单位提供方便的同时，由于其自身的开放性，也带来了潜在的安全威胁。目前，黑客对网络的攻击方法已经有几千种，而且大多数具有严重性。全世界现有 20 多万个黑客网站。每当一种新的网络攻击手段出现，一周之内便可通过互联网传遍全世界。在不断扩大的计算机网络空间中，几乎到处都有黑客的身影，无处不遭受黑客的攻击。

这些安全威胁极大地损害了人们对互联网的信心，从而影响了互联网发挥更大作用。因为没有有效的安全保护，很多企事业单位放缓了将部分业务或服务转移到网上的步伐，极大地降低了工作效率。因此，如何能够为本组织的网络提供尽可能强大的安全防护就成为各企事业单位关注的焦点。在这种情况下，防火墙进入了人们的视野。

7.1　防火墙概述

7.1.1　防火墙的概念

如果一个网络连接到互联网，其内部用户就可以访问外部世界并与之通信，同时，外部世界也可以访问该网络并与之交互。为保证系统安全，就需要在该网络和互联网之间设置一个中介系统，竖起一道安全屏障，以阻挡来自外部网络对本网络的威胁和入侵，这种中介系统称为防火墙或防火墙系统。

防火墙是指设置在不同网络（如企业内部网和外部网）或网络安全域之间的一系列部件的组合，它是不同网络或网络安全域之间信息的唯一出入口，能根据企业有关的安全策略控制（允许、拒绝、监视、记录）出入网络的访问行为，且其本身具有较强的抗攻击能力，是提供信息安全服务，实现网络和信息安全的基础设施。

从实现方式来看，防火墙可以分为硬件防火墙和软件防火墙两类。硬件防火墙是通过硬件和软件的结合来达到隔离内部网和外部网的目的；软件防火墙则通过纯软件的方式来实现。从逻辑上来看，防火墙是一个分离器，一个限制器，也是一个分析器，它能控制内部网和互联网之间的任何活动，保障内部网络的安全。防火墙示意图如图 7-1 所示。

防火墙可以由计算机系统构成，也可以由路由器构成，所用的软件按照网络安全的级别和应用系统的安全要求，解决内部网和外部网之间的某些服务或信息流的隔离与连通问题。它可以是软件，也可以是硬件，也可以是两者的结合，提供过滤、监视、检查和控制流动信息的合法性。

防火墙可以在内部网（Intranet）和互联网（Internet）间建立，可以在要害部门、敏感部门与公共网间建立，也可以在各个子网间设立，其关键区别在于隔离与连通的程度。但必须注意，当分离型子网过多并采用不同防火墙技术时，所构成的网络系统很可能使原有网络互联的完整性受到损害。因此，隔离与连通是防火墙要解决的矛盾，突破与反突破的斗争会长期持续，在这种突破与修复中，防火墙技术得以不断发展，逐步完善。因此，防火墙的设计要求具有判断、折中和接受某些风险的功能。

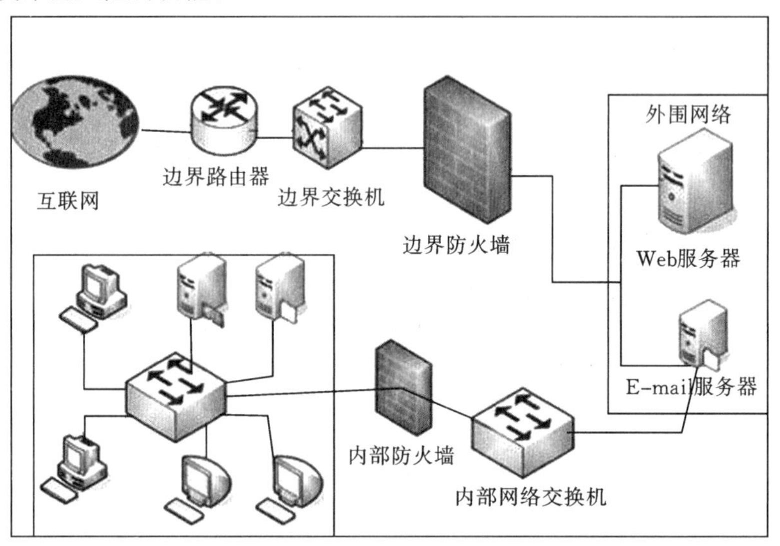

图 7-1 防火墙示意图

7.1.2 防火墙的特性

目前防火墙一般具有以下三个显著的特性。

(1)内部网和外部网之间的所有数据流都必须经过防火墙。这是防火墙所处网络位置的特性，同时也是一个前提。因为只有当防火墙是内部网和外部网之间通信的唯一通道才可以全面、有效地保护企业网内部网不受侵害。

美国国家安全局制定的信息保障技术框架提出防火墙适用于用户网络系统的边界，属于用户网络边界的安全保护设备。所谓网络边界即采用不同安全策略的两个网络连接处，比如用户网络和互联网之间连接，用户网络和其他业务往来单位的网络连接，用户内部网不同部门之间的连接等。防火墙的目的就是在网络连接之间建立一个安全控制点，通过允许、拒绝或重新定向经过防火墙的数据流，实现对进、出内部网的服务和访问的审计和控制。从图 7-1 中可以看出，防火墙的一端连接内部的局域网，而另一端则连接着外部网络(如互联网)。所有的内部网和外部网之间的通信都要经过防火墙。

(2)只有符合安全策略的数据流才能通过防火墙。防火墙最基本的功能是确保网络流的合法性，并在此前提下将网络的流量快速地从一条链路转发到另外的链路上去。例如最早期的防火墙采用“双穴主机”模型，即防火墙系统具备两个网络接口，同时拥有两个网络层地址。防火墙将网络上的流量通过相应的网络接口接收上来，按照 OSI 协议的七层结构顺序上传，在适当的协议层进行访问规则实施和安全审查，然后将符合通过条件的报文从相应的网络接口送出，而对于那些不符合通过条件的报文则予以阻断。因此，从这个角度上来说，防火墙是一个类似于桥接或路由器的、多端口的（网络接口大于2个以上）转发设备，它跨接于多个分离的物理网段之间，并在报文转发过程之中完成对报文的审查工作。

（3）防火墙自身应具有非常强的抗攻击免疫力。这是防火墙之所以能担当企业内部网安全防护重任的先决条件，防火墙处于网络边缘，它就像一个边界卫士一样，每时每刻都要面对黑客的入侵，这就要求防火墙自身要具有非常强的入侵防御能力。要提高防火墙的抗攻击能力，首先防火墙使用的操作系统本身是关键，只有自身具有完整信任关系的操作系统才可以讨论防火墙系统的安全性。其次就是防火墙自身具有非常低的服务功能，除了专门的防火墙嵌入系统外，不允许其他应用程序在防火墙上运行。需要注意的是现有的这些安全性也只能说是相对的，因此对于提高防火墙自身安全性的探索工作将一直持续下去。

7.1.3 防火墙的功能

防火墙最基本的功能就是控制在计算机网络中不同信任程度区域间传送的数据流。具体体现在以下四个方面。

（1）防火墙是网络安全的屏障。防火墙（作为阻塞点、控制点）能极大地提高一个内部网的安全性，并通过过滤不安全的服务而降低风险。由于只有经过精心选择的应用协议才能通过防火墙，所以网络环境变得更安全。如防火墙可以禁止诸如众所周知的不安全的NFS（网络文件系统）协议进出受保护网络，这样外部的攻击者就不可能利用这些脆弱的协议来攻击内部网。防火墙同时可以保护网络免受基于路由的攻击，如IP进项中的源路由攻击和ICMP重定向中的重定向路径。防火墙应该可以拒绝所有以上类型攻击的报文并通知防火墙管理员。

（2）防火墙可以强化网络安全策略。通过以防火墙为中心的安全方案配置，能将所有安全软件（如口令、加密、身份认证、审计等）配置在防火墙上，与将网络安全问题分散到各个主机上相比，防火墙的集中安全管理更经济。例如在网络访问时，一次一密口令系统和其他的身份认证系统可以不必分散在各个主机上，而集中在防火墙上。

（3）防火墙可以对网络存取和访问进行监控审计。如果所有的访问都经过防火墙，那么防火墙就能记录下这些访问并做出日志记录，同时也能提供网络使用情况的统计数据，当发生可疑动作时，防火墙能进行适当的报警，并提供网络是否受到监测和攻击的详细信息。另外，收集一个网络的使用和误用情况也是非常重要的，这样可以清楚防火墙是否能够抵挡攻击者的探测和攻击，并且清楚防火墙的控制是否充足。而网络使用统计功能对网络需求分析和威胁分析等而言也是非常重要的。

（4）防火墙可以防范内部信息的外泄。通过利用防火墙对内部网的划分，可实现内部网重点网段的隔离，从而限制了局部重点或敏感网络安全问题对全局网络造成的影响。再者，隐私是内部网非常关心的问题，一个内部网中不引人注意的细节可能包含了有关安全的线索而引起外部攻击者的兴趣，甚至因此而暴露了内部网的某些安全漏洞。使用防火墙就可以隐蔽那些透露内部细节的服务，如Finger、DNS等。Finger显示了主机的所有用户的注册名、真名、最后登录时间和使用Shell类型等，Finger显示的信息非常容易被攻击者所获悉。攻击者可以知道一个系统使用的频繁程度，这个系统是否有用户正在连线上网，这个系统是否在被攻击时会引起注意等。防火墙可以同样阻塞有关内部网中的 DNS 信息，这样一台主机的域名和 IP 地址就不会被外界所了解。

除了上述的安全防护功能之外，防火墙还可以提供网络地址转换（NAT）、虚拟专用网（VPN）等其他功能。总而言之，防火墙技术已经成为网络安全中不可或缺的重要安全措施。

7.1.4 防火墙的性能指标

防火墙的性能可以从传输层性能、网络层性能、应用层性能三个方面衡量。

1. 传输层性能指标

传输层性能主要包括 TCP 并发连接数和最大 TCP 连接建立速率两个指标。

（1）TCP 并发连接数。并发连接数是衡量防火墙性能的一个重要指标。在 IETF RFC 2647 中给出了并发连接数的定义，它是指穿越防火墙的主机之间或主机与防火墙之间能同时建立的最大连接数。它表示防火墙对其业务信息流的处理能力，反映出防火墙对多个连接的访问控制能力和连接状态跟踪能力，这个参数直接影响到防火墙所能支持的最大信息点数。

（2）最大 TCP 连接建立速率。该项指标是防火墙维持的最大 TCP 连接建立速度，用以体现防火墙更新连接状态表的最大速率，考察 CPU 的资源调度状况。这个指标主要体现了防火墙对于连接请求的实时反应能力。对于中小用户来讲，这个指标就显得更为重要，可以设想一下，当防火墙每秒可以更快地处理连接请求，而且可以更快地传输数据时，网络中的并发连接数就会倾向于偏小，防火墙的压力也会减小，用户看到的防火墙性能也就越好，所以 TCP 连接建立速率是极其重要的指标。

2. 网络层性能指标

网络层性能指的是防火墙转发引擎对数据包的转发性能，RFC 1242/2544 是进行这种性能测试的主要参考标准，吞吐量、时延、丢包率和背对背缓冲四项指标是其基本指标。这个指标实际上侧重在相同的测试条件下对不同的网络设备之间作性能比较，而不针对仿真实际流量，也可称其为“基准测试”。

（1）吞吐量指标。网络中的数据是由一个个数据帧组成，防火墙对每个数据帧的处理要耗费资源。吞吐量就是指在没有数据帧丢失的情况下，防火墙能够接受并转发的最大速率。IETF RFC1242 对吞吐量标准的定义明确提出了吞吐量是指在没有丢包时的最大数据转发速率。吞吐量的大小主要由防火墙内网卡及程序算法的效率决定，尤其是程序算法，会使防火墙系统进行大量运算，通信量大打折扣。

（2）时延指标。网络的应用种类非常复杂，许多应用（例如音频、视频等）对时延非常敏感，而网络中加入防火墙必然会增加传输时延，所以较低的时延对防火墙来说是不可或缺的。测试时延是指测试仪表发送端口发出数据包，经过防火墙后到接收端口收到该数据包的时间间隔，时延有存储转发时延和直通转发时延两种。

（3）丢包率指标。在 IETF RFC 1242 中对丢包率作出了定义，是指在正常稳定的网络状态下，应该被转发，但由于缺少资源而没有被转发的数据包占全部数据包的百分比。较低的丢包率，意味着防火墙在强大的负载压力下，能够稳定地工作，以适应各种网络的复杂应用和较大数据流量对处理性能的高要求。

(4)背靠背缓冲指标。背靠背缓冲是测试防火墙设备在接收到以最小帧间隔传输的网络流量时，在不丢包条件下所能处理的最大包数。该项指标是考察防火墙为保证连续不丢包所具备的缓冲能力，因为当网络流量突增而防火墙一时无法处理时，它可以把数据包先缓存起来再发送。从防火墙的转发能力上来说，如果防火墙具备线速能力，则该项测试没有意义。因为当数据包来得太快而防火墙处理不过来时，才需要缓存一下。如果防火墙处理能力很强，那么缓存能力就没有什么用，因此当防火墙的吞吐量和新建连接速率指标都很高时，无论防火墙缓存能力如何，背靠背指标都可以测到很高，因此在这种情况下这个指标就不太重要了。但是，由于以太网最小传输单元的存在，导致许多分片数据包的转发。由于只有当所有的分片包都被接收到后才会进行分片包的重组，防火墙如果缓存能力不够，将导致处理这种分片包时发生错误，丢失一个分片都会导致重组错误。

3.应用层性能指标

参照 IETF RFC 2647/3511，应用层指的是获得处理 HTTP 应用层流量的防火墙基准性能，主要包括 HTTP 传输速率和最大 HTTP 事务处理速率。

(1)HTTP 传输速率。该指标主要是测试防火墙在应用层的平均传输速率，是被请求的目标数据通过防火墙的平均传输速率。

该算法是从所传输目标数据首个数据包的第一个比特开始到最末数据包的最后一个比特结束来进行计算，平均传输速率的计算公式为：

传输速率(bps)＝目标数据包数×目标数据包大小× 8b/测试时长。

其中，目标数据包数是指在所有连接中成功传输的数据包总数，目标数据包大小是指以字节为单位的数据包大小。统计时只能计算协议的有效负载，不包括任何协议头部分。同样也必须将与连接建立、释放以及安全相关或维持连接所相关的比特排除在统计之外。

由于面向连接的协议要求对数据进行确认，传输负载会因此有所波动，因此应该取测试中转发的平均速率。

(2)最大 HTTP 事务处理速率。该项指标是防火墙所能维持的最大事务处理速率，即用户在访问目标时，所能达到的最大速率。

以上各项指标是目前常用的防火墙性能测试衡量参数。除以上三部分的测试外，由于在不同测试过程中可采用不同大小的数据包，而且越来越多的防火墙集成了 IPSec VPN 的功能，数据包经过 VPN 隧道进行传输需要经过加密、解密，对性能所造成的影响很显著。因此，对 IPSec VPN 性能的研究也很重要，它主要包括协议一致性、隧道容量、隧道建立速率以及隧道内网络性能等。同时，防火墙的安全性测试也是不容忽视的内容，因为对于防火墙来说，最能体现其安全性和保护功能的便是它的防攻击能力。性能优良的防火墙能够阻拦外部的恶意攻击，同时还能够使内网正常地与外界通信，对外提供服务。因此，还应该考察防火墙在建立正常连接的情况下防攻击的能力。这些攻击包括 IP 地址欺骗攻击、ICMP 攻击、IP 碎片攻击、拒绝服务攻击、特洛伊木马攻击、网络安全性分析攻击、口令字探询攻击、邮件诈骗攻击等。

根据上述性能指标，防火墙常用的功能性指标主要如下：

(1)服务平台支持。服务平台支持指防火墙所运行的操作系统平台，常见的系统平台包括

Linux、UNIX、Windows NT 以及专用的安全操作系统。通常使用专用操作系统的防火墙具有更好的安全性能。

(2)LAN 口支持。LAN 口支持主要包括三个方面，首先是防火墙支持 LAN 接口类型，决定着防火墙能适用的网络类型，如以太网、令牌环网、ATM、FDDI 等；其次是 LAN 口支持的带宽，如百兆以太网、千兆以太网；最后是防火墙提供的 LAN 口数，决定着防火墙最多能同时保护的局域网数量

(3)协议支持。协议支持主要指对非 TCP/IP 协议族的支持，如是否支持 IPX、NETBEUI 等协议。

(4)VPN 支持。VPN 支持主要指是否提供虚拟专网(VPN)功能，提供建立 VPN 隧道所需的 IPSec、PPTP、专用协议，以及在 VPN 中可以使用的 TCP/IP 等。

(5)加密支持。加密支持主要指是否提供支持 VPN 加密需要使用的加密算法，如 DES、3DES、RC4 和一些特殊的加密算法，以及是否提供硬件加密支持等功能。

(6)认证支持。认证支持主要指防火墙提供的认证方式，如 RADIUS、Kerberos、PKI、口令方式等，通过该功能防火墙为远程或本地用户访问网络资源提供鉴权认证服务。

(7)访问控制。访问控制主要指防火墙通过包过滤、应用代理或传输层代理方式，实现对网络资源的访问控制。

(8)NAT 支持。NAT 支持指防火墙是否提供网络地址转换(NAT)功能，即将一个 IP 地址域映射到另一个 IP 地址域。NAT 通常用于实现内网地址与公网地址的转换，这可以有效地解决 IPv4 公网地址紧张的问题，同时可以隐藏内部网的拓扑结构，从而提高内部网的安全性。

(9)管理支持。管理支持主要指提供给防火墙管理员的管理方式和功能，管理方式一般分为本地管理、远程管理和集中式管理。具体的管理功能包括是否提供基于时间的访问控制，是否支持带宽管理，是否具备负载均衡特性，对容错技术的支持等。

(10)日志支持。日志支持主要指防火墙是否提供完善的日志记录、存储和管理的方法。主要包括是否提供自动日志扫描，是否提供自动报表和日志报告输出，是否提供完备的告警机制(如 E-mail、短信)，是否提供实时统计功能等。

(11)其他支持。目前防火墙的功能不断地得到丰富，其他可能提供的功能还包括：是否支持病毒扫描，是否提供内容过滤，是否能抵御 DoS/DDoS 拒绝服务攻击，是否能基于 HTTP 内容过滤 ActiveX、Javascript 等脚本攻击，以及是否能提供实时入侵防御和防范 IP 欺骗等功能。

7.1.5 防火墙的规则

防火墙执行的是组织或机构的整体安全策略中的网络安全策略。具体地说。防火墙是通过设置规则来实现网络安全策略的。防火墙规则可以告诉防火墙哪些类型的通信流量可以进出防火墙。所有的防火墙都有一个规则文件，是其最重要的配置文件。

1. 规则的内容分类

防火墙规则实际上就是系统的网络访问政策。一般来说可以分成两大类：一类称为高级政策，用来定义受限制的网络许可和明确拒绝的服务内容、使用这些服务的方法及例外条件；

另一类称为低级政策，描述防火墙限制访问的具体实现及如何过滤高级政策定义服务。

2. 规则的特点

(1)防火墙的规则是保护内部信息资源的策略的实现和延伸。

(2)防火墙的规则必须与网络访问活动紧密相关，理论上应该集中关于网络访问的防火墙规则。

(3)防火墙的规则必须既稳妥可靠，又切合实际，是一种在严格安全管理与充分利用网络资源之间取得较好平衡的政策。

(4)防火墙可以实施各种不同的服务访问政策。

3. 防火墙的设计原则

防火墙的设计原则是防火墙用来实施服务访问政策的规则，是一个组织或机构对待安全问题的基本观点和看法。防火墙的设计原则主要有以下两个。

(1)拒绝访问一切未予特许的服务。在该规则下，防火墙阻断所有的数据流，只允许符合开放规则的数据流进出。这种规则创造了比较安全的内部网络环境，但用户使用的便利性较差，用户需要的新服务必须由防火墙管理员逐步添加。这个原则也被称为限制性原则。基于限制性原则建立的防火墙被称为限制性防火墙，其主要的目的是防止未经授权的访问。这种思想被称为"Deny ALL"，防火墙只允许一些特定的服务通过，而阻断其他的任何通信。

(2)允许访问一切未被特别拒绝的服务。在该规则下，防火墙只禁止符合屏蔽规则的数据流，而允许转发所有其他数据流。这种规则实现简单且创造了较为灵活的网络环境，但很难提供可靠的安全防护，这个原则也被称为连通性原则。基于连通性原则建立的防火墙被称为连通性防火墙，其主要的目的是保证网络访问的灵活性和方便性。这种思想被称为" Allow All"，防火墙会默认地让所有的连接通过，只会阻断屏蔽规则定义的通信。如果侧重安全性，则规则(1)更加可取；如果侧重灵活性和方便性，规则(2)更加合适，具体选择哪种规则，需根据实际情况决定。

需要特别指出的是，如果采用限制性原则，那么用户也可以采用"最少特权"的概念，即分配给系统中的每一个程序和每一个用户的特权应该是它们完成工作所必须享有的特权的最小集合。最少特权降低了各种操作的授权等级，减少了拥有较高特权的进程或用户执行未经授权的操作的机会，具有较好的安全性。

4. 规则的顺序问题

规则的顺序问题是指防火墙按照什么样的顺序执行规则过滤操作。一般来说，规则是一条接着一条顺序排列的，较特殊的规则排在前面，而较普通的规则排在后面。但是目前已经出现可以自动调整规则执行顺序的防火墙。这个问题必须慎重对待，不恰当的顺序将会导致规则的冲突，以致造成系统漏洞。

7.1.6　防火墙的发展趋势

当前防火墙技术已经经历了包过滤、应用网关、状态检测、自适应代理等阶段，其发展历程如表7-1所示。

表 7-1 防火墙技术发展历程

防火墙技术	出现时间	采用技术
第一代防火墙	1984 年	包过滤技术
第二代防火墙	1989 年	应用网关技术
第三代防火墙	1992 年	状态检测技术
第四代防火墙	1998 年	自适应代理技术

防火墙是信息安全领域最成熟的技术之一，但是成熟并不意味着发展的停滞，恰恰相反，日益提高的安全需求对信息安全技术提出了越来越高的要求，防火墙也不例外。下面介绍一下防火墙技术的主要发展趋势。

1. 模式转变

传统的防火墙通常都设置在网络的边界位置，不论是内网与外网的边界，还是内网中的不同子网的边界，以数据流进行分隔，形成安全管理区域。但这种设计的最大问题是，恶意攻击的发起不仅仅来自外网，内网环境同样存在着很多安全隐患，而对于这种问题，边界式防火墙处理起来是比较困难的，所以现在越来越多的防火墙也开始体现出一种分布式结构，以分布式为体系进行设计的防火墙以网络节点为保护对象，可以最大限度地覆盖需要保护的对象，大大提升安全防护强度，这不仅仅是单纯的防火墙形式的变化，而是防火墙防御理念的升华。

防火墙的几种基本类型可以说各有优点，所以很多厂商将这些方式结合起来，以弥补单纯一种方式带来的漏洞和不足，例如比较简单的方式就是既针对传输层面的数据包特性进行过滤，同时也针对应用层的规则进行过滤，这种综合性的过滤设计可以充分挖掘防火墙核心功能的能力，可以说是在自身基础之上进行再发展的最有效途径之一，目前较为先进的一种过滤方式是带有状态检测功能的数据包过滤，其实这已经成为现有防火墙的一种主流检测模式。可以预见，未来的防火墙检测模式将继续整合更多的技术范畴，而这些技术范畴的配合也同时获得大幅的提高。

就现状来看，防火墙的信息记录功能日益完善，通过防火墙的日志系统，可以方便地追踪过去网络中发生的事件，还可以完成与审计系统的联动，具备足够的验证能力，以保证在调查取证过程中采集的证据符合法律要求。相信这一方面的功能在未来会有很大幅度的增强，同时这也是众多安全系统中一个需要共同面对的问题。

2. 功能扩展

现在的防火墙已经呈现出一种集成多种功能的设计趋势，包括 VPN、AAA、PKI、IPSec 等附加功能，甚至防病毒、入侵检测这样的主流功能都被集成到防火墙中了，很多时候已经很难分辨这样的系统到底是以防火墙为主，还是以某个功能为主了，即其已经逐渐向 IPS(入侵防御系统)转化。有些防火墙集成了防病毒功能，这样的设计会对管理性能带来不少提升，但同时也对防火墙的另外两个重要因素产生了影响，即性能和自身的安全问题，所以应该根据具体的应用环境来做综合的权衡。

防火墙的管理功能一直在迅猛发展，并且不断地提供一些方便好用的功能给管理员，这种趋势仍将继续，更多新颖、实效的管理功能会不断地涌现出来，例如短信功能，至少在大型环境里会成为标准配置，当防火墙的规则变更或被预先定义的管理事件发生之后，报警行为会以多种途径被发送至管理员处，包括即时的短信或移动电话拨叫功能，以确保安全响应行为在第一时间被启动，而且在将来，通过类似手机、PDA这类移动处理设备也可以方便地对防火墙进行管理，当然，这些管理方式的扩展需要首先面对的问题还是如何保证防火墙系统自身的安全性不被破坏。

3.性能提高

未来的防火墙由于在功能性上的扩展，以及应用日益丰富、流量日益复杂所提出的更多性能要求，会呈现出更强的处理性能要求，所以诸如并行处理技术等经济实用并且经过足够验证的性能提升手段将越来越多地应用在防火墙平台上。相对来说，单纯的流量过滤性能是比较容易处理的问题，但与应用层涉及越紧密，性能提高所需要面对的情况就会越复杂。在大型应用环境中，防火墙的规则库至少有上万条记录，而随着过滤的应用种类的提高，规则数往往会以几何级数的程度上升，这对防火墙的负荷是很大的考验，使用不同的处理器完成不同的功能可能是解决办法，例如利用集成专有算法的协处理器来专门处理规则判断，在防火墙的某方面性能出现较大瓶颈时，通常可以单纯地升级某个部分的硬件来解决，这种设计有些已经应用到现有的防火墙中了，也许在未来的防火墙中会呈现出非常复杂的结构。

除了硬件因素之外，规则处理的方式及算法也会对防火墙性能造成很明显的影响，所以在防火墙的软件部分也应该融入更多先进的设计技术，并会出现更多的专用平台技术，以期满足防火墙的性能要求。

综上所述，不论从功能还是从性能来讲，防火墙的未来发展速度会不断地加快，这也反映了安全需求不断上升的一种趋势。

7.2　防火墙技术

防火墙技术主要包括包过滤技术、应用网关技术和状态检测技术等。

7.2.1　包过滤技术

包过滤技术也称为分组过滤技术。包是网络中数据传输的基本单位，当信息通过网络进行传输时，在发送端被分割为一系列数据包，经由网络上的中间节点转发，抵达传输的目的端时被重新组合形成完整的信息。一个数据包由两部分构成：包头部分和数据部分。

只使用包过滤技术的防火墙是最简单的一种防火墙，它在网络层截获网络数据包，根据防火墙的规则表，来检测攻击行为，在网络层提供较低级别的安全防护和控制。过滤规则以用于IP顺行处理的包头信息为基础，不理会包内的正文信息内容。包头信息包括IP源地址、IP目的地址、封装协议(TCP、UDP或IP Tunnel)、TCP/UDP源端口、ICMP包类型、包输入接口和包输出接口。如果找到一个匹配，且规则允许，则数据包根据路由表中的信息前行。如果找到一个匹配，且规则拒绝此包，那么此数据包则被丢弃。如果无匹配规则，则由用户配置的默认参数决定此包是前行还是被舍弃，其工作原理如图7-2所示。

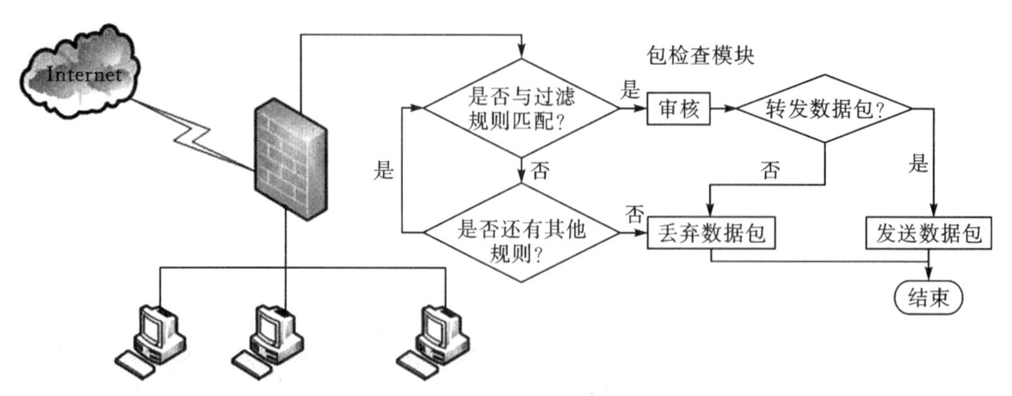

图 7-2 包过滤防火墙

数据包过滤的功能通常被整合到路由器或网桥之中来限制信息的流通。数据包过滤器使得管理员能够对特定协议的数据包进行控制,使得它们只能传送到网络的局部;能够对电子邮件的域进行隔离;能够进行其他数据包传输上的管控功能。

数据包过滤器是防火墙中应用的一项重要功能,它对 IP 数据包的报头进行检查以确定数据包的源地址、目的地址和数据包利用的网络传输服务。传统的数据包过滤器是静态的,仅依照数据包报头的内容和规则组合来允许或拒绝数据包的通过。包过滤在本地端接收数据包时,一般不保留上下文,只根据目前数据包的内容作决定。根据不同的防火墙的类型,包过滤可能在进入、输出时或这两个时刻都进行。可以拟定一个要接受的设备和服务的清单,一个不接受的设备和服务的清单,组成访问控制表。

1. 设置步骤

配置包过滤有三步:

(1)必须知道哪些数据包是应该和不应该被允许的,即必须制定一个安全策略。

(2)必须正式规定允许的包类型、包字段的逻辑表达。

(3)必须用防火墙支持的语法重写表达式。

2. 按地址过滤

下面是一个最简单的数据包过滤方式,它按照源地址进行过滤。比如说,认为网络 202.110.8.0 是一个危险的网络,那么就可以用源地址过滤禁止内部主机和该网络进行通信。表 7-2 是根据上面的政策所制定的规则。

表 7-2 过滤规则示例

规则	方向	源地址	目的地址	动作
A	出站	内部网	202.110.8.0	deny
B	入站	202.110.8.0	内部网	deny

很容易看出这种方式没有匹配数据包的全部信息,所以是不科学的,下面将要介绍一种更为先进的过滤方式——按服务过滤。

3. 按服务过滤

假设某公司网络结构如图 7-3 所示,根据网络结构将公司对外发布的服务器放置在 DMZ

区域，公司内网的其他部门设置为信任区域(Trust)，外部区域设置为不信任区域(Untrust)，要求如下：

Trust 区域的市场部门员工在上班时间可以访问 Internet。

Untrust 区域在任何时候都不允许访问 DMZ 区域的邮件服务器。

Trust 区域的研发部门员工在任何时候都可以访问 DMZ 区域的 Web 服务器。

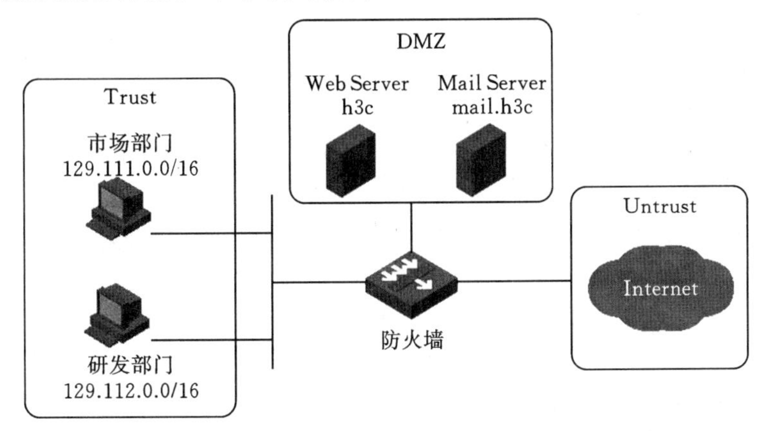

图 7-3 按服务类型的包过滤

根据要求，可以根据通过防火墙的数据包制定不同服务要求的包过滤规则(如表 7-3 所示)，规则可以是时间、服务或者端口。

表 7-3 按服务类型的数据包过滤规则

规则	源区域	目的区域	源 IP 地址/子网掩码	目的 IP 地址/子网掩码	服务	时间	动作
A	Trust	Untrust	129.111.0.0/16	any	any	每周一到周五的 8:30 到 18:00	permit
B	Trust	Untrust	any	any	any	any	deny
C	Untrust	DMZ	any	mail.h3c	MAIL	any	deny
D	Trust	DMZ	129.112.0.0/16	h3c	HTTP/HTTPS	any	permit

包过滤防火墙读取包头信息，与信息过滤规则比较，顺序检查规则表中每一条规则，至发现包中的信息与某条规则相符。如果有一条规则不允许发送某个包，路由器就将它丢弃；如果有一条规则允许发送某个包，路由器就将进行转发；如果不符合任何一条规则，路由器就会使用默认规则，一般情况下，默认规则就是禁止该包通过。

屏蔽路由器是一种价格较高的硬件设备。如果网络不很大，可以由一台 PC 机装上相应的软件(如 Karlbridge)来实现包过滤功能。

2. 包过滤防火墙的优点

包过滤防火墙具有明显的优点。

(1)一个屏蔽路由器能保护整个网络。一个恰当配置的屏蔽路由器连接内部网与外部网，进行数据包过滤，就可以取得较好的网络安全效果。

(2)包过滤对用户透明。包过滤不要求任何客户机配置，当屏蔽路由器决定让数据包通过时，它与普通路由器没什么区别，用户感觉不到它的存在。较强的透明度是包过滤的大优势。

(3)屏蔽路由器速度快、效率高。屏蔽路由器只检查包头信息，一般不查看数据部分，而且某些核心部分是由专用硬件实现的，故其转发速度快、效率较高，通常作为网络安全的第一道防线。

3.包过滤防火墙的缺点

(1)屏蔽路由器的缺点也是很明显的，通常它不保存用户的使用记录，这样就不能从访问记录中发现黑客的攻击记录。

(2)配置烦琐也是包过滤防火墙的一个缺点。没有一定的经验，是不可能将过滤规则配置得完美的。有些时候，因为配置错误，防火墙根本就不起作用。

(3)包过滤的另一个弱点就是不能在用户级别上进行过滤，只能认为内部用户是可信任的，而外部用户是可疑的。

(4)单纯由屏蔽路由器构成的防火墙并不十分安全，一旦屏蔽路由器被攻陷就会对整个网络产生威胁。

4.包过滤防火墙的发展阶段

(1)第一代：静态包过滤防火墙。第一代包过滤防火墙与路由器同时出现，实现了根据数据包头信息的静态包过滤，这是防火墙的初级产品。静态包过滤防火墙对所接收的每个数据包审查包头信息，以便确定其是否与某一条包过滤规则匹配，然后作出允许或者拒绝通过的决定。

(2)第二代：动态包过滤防火墙。此类防火墙采用动态设置包过滤规则的方法，避免了静态包过滤所存在的问题。动态包过滤只有在用户的请求下才打开端口，并且在服务完毕之后关闭端口，从而降低受到与开放端口相关的攻击的可能性。防火墙可以动态地决定哪些数据包可以通过内部网的链路和应用程序层服务，用户可以配置相应的访问策略，只有在允许范围之内才自动打开端口，当通信结束时关闭端口。这种方法在两个方向上都将暴露端口的可能性减少到最小，给网络提供更高的安全性。

对于许多应用程序协议而言，如媒体流，动态 IP 包过滤提供了处理动态分配端口的最安全方法。

(3)第三代：全状态检测防火墙。第三代包过滤类防火墙采用状态检测技术，在包过滤的同时检查数据包之间的关联性，检查数据包中动态变化的状态码。它有一个监测引擎，能够抽取有关数据，从而对网络通信的各层实施监测，并动态保存状态信息作为以后执行安全策略的参考。当用户访问请求到达网关的操作系统前，状态监视器要抽取有关数据进行分析，结合网络配置和安全规定作出接纳、拒绝、身份认证、报警或给该通信加密等操作。

状态检测防火墙保留状态连接表，并将进出网络的数据当成一个个会话，利用状态表跟踪每一个会话状态。状态监测对每一个包的检查不仅根据规则表，更考虑了数据包是否符合会话所处的状态，因此提供了完整的对传输层的控制能力。

状态检测技术在大大提高安全防范能力的同时也改进了流量处理速度，使防火墙性能大幅度提升，因而能应用在各类网络环境中，尤其是在一些规则复杂的大型网络上。

(4)第四代:深度包检测防火墙。状态检测防火墙的安全性得到一定程度的提高,但是在对付DDoS(分布式拒绝服务)攻击、实现应用层内容过滤、病毒过滤等方面的表现还不能尽如人意。

面对新形势下的蠕虫病毒、DDoS攻击、垃圾邮件泛滥等严重威胁,最新一代包过滤防火墙采用了深度包检测技术。深度包检测技术融合入侵检测和攻击防范两方面功能,不仅能深入检查信息包,查出恶意行为,还可以根据特征检测和内容过滤,来寻找已知攻击,同时能阻止异常访问。深度包检测基于指纹匹配、启发式技术、异常检测以及统计学分析等技术来决定如何处理数据包。深度包检测防火墙能阻止DDoS攻击,解决病毒传播问题和高级应用入侵问题。

7.2.2　应用代理技术

1.代理服务器简介

代理服务器是指代表内网用户向外网服务器进行连接请求的服务程序。代理服务器运行在两个网络之间,它对于客户机来说像是一台真的服务器,而对于外网的服务器来说它又是一台客户机。

代理服务器的基本工作过程:当客户机需要使用外网服务器上的数据时,首先将请求发给代理服务器,代理服务器再根据这一请求向服务器索取数据,然后再由代理服务器将数据传输给客户机。

同理,代理服务器在外部网向内部网申请服务时也发挥了中间转接的作用,代理防火墙工作原理如图7-4所示。

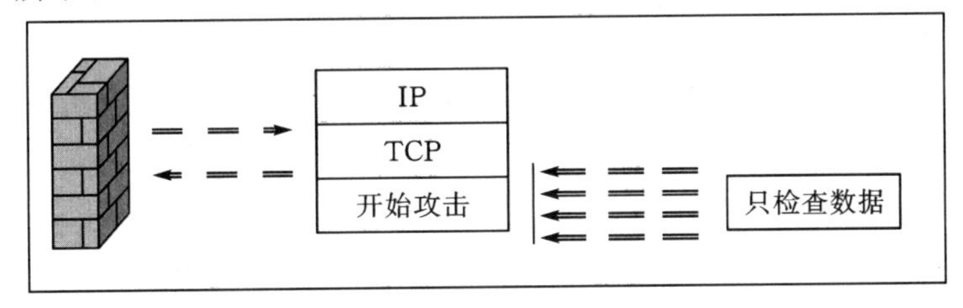

图7-4　代理防火墙工作原理框图

内网只接受代理服务器提出的服务请求,拒绝外网的直接请求。当外网向内网的某个节点申请某种服务(如FTP、Telnet、WWW等)时,先由代理服务器接受,然后代理服务器根据其服务类型、服务内容、被服务对象等决定是否接受此项服务。如果接受,就由代理服务器向内网转发这项请求,并把结果反馈给申请者。

可以看出,由于外部网与内部网之间没有直接的数据通道,外部的恶意入侵也就很难伤害到内网。

代理服务器通常拥有高速缓存,缓存中存有用户经常访问站点的内容,在下一个用户要访问同样的站点时,服务器就不必重复读取同样的内容,既节约了时间也节约了网络资源。

2.应用代理的优点

(1)应用代理易于配置。代理因为是一个软件,所以比过滤路由器容易配置。如果代理实现得好,可以对配置协议要求较低,从而避免了配置错误。

(2)应用代理能生成各项记录。因代理在应用层检查各项数据,所以可以按一定准则,让代理生成各项日志、记录。这些日志、记录对于流量分析、安全检验是十分重要的。

(3)应用代理能灵活、完全地控制进出信息。通过采取一定的措施,按照一定的规则,可以借助代理实现一整套的安全策略,控制进出信息。

(4)应用代理能过滤数据内容。可以把一些过滤规则应用于代理,让它在应用层实现过滤功能。

3.应用代理的缺点

(1)应用代理速度比路由器慢。路由器只是简单查看包头信息,不作详细分析、记录。而代理工作于应用层,要检查数据包的内容,按特定的应用协议对数据包内容进行检查、扫描,并转发请求或响应,故其速度比路由器慢。

(2)应用代理对用户不透明。许多代理要求客户端作相应改动或定制,因而增加了不透明度。为内部网的每一台主机安装和配置特定的客户端软件既耗费时间又容易出错。

(3)对于每项服务,应用代理可能要求不同的服务器。因此可能需要为每项协议设置一个不同的代理服务器,挑选、安装和配置所有这些不同的服务器是一项繁重的工作。

(4)应用代理服务通常要求对客户或过程进行限制。除了一些为代理而设的服务外,代理服务器要求对客户或过程进行限制,每一种限制都有不足之处,人们无法按他们自己的步骤工作。由于这些限制,代理应用就不能像非代理应用那样灵活运用。

(5)应用代理服务受协议的限制。每个应用层协议,都或多或少存在一些安全问题。对于一个代理服务器来说,要彻底避免这些安全隐患几乎是不可能的,除非关掉这些服务。

(6)应用代理不能改进底层协议的安全性。

4.应用代理防火墙的发展阶段

(1)应用层代理。应用层代理也称为应用层网关,这种防火墙的工作方式同包过滤防火墙的工作方式具有本质区别。代理服务是运行在防火墙主机上的、专门的应用程序或者服务器程序。应用层代理为某个特定应用服务提供代理,它对应用协议进行解析并解释应用协议的命令。根据其处理协议的功能可分为FTP网关型防火墙、Telnet网关型防火墙、WWW网关型防火墙等。

(2)电路层代理。另一种类型的代理技术称为电路层网关,也称为电路级代理服务器。在电路层网关中,包被提交到用户应用层处理。电路层网关用来在两个通信的终点之间转换包。

在电路层网关中,可能要安装特殊的客户机软件,用户需要一个可变接口来相互作用或改变他们的工作习惯。

电路层代理适用于多个协议,但无法解释应用协议,需要通过其他方式来获得信息。所以,电路级代理服务器通常要求修改用户程序。其中,套接字服务器就是电路级代理服务器。套接字是一种网络应用层的国际标准。当内网客户机需要与外网交互信息时,在防火墙上的套接字服务器检查客户的UserID、IP源地址和IP目的地址,经过确认后,套接字服务器才与外部的服务器建立连接。对用户来说,内网与外网的信息交换是透明的,感觉不到防火墙的存在,那是因为互联网用户不需要登录到防火墙上。但是客户端的应用软件必须支持Socketsifide API,内部网用户访问外部网所使用的IP地址也都是防火墙的IP地址。

(3)自适应代理。应用层代理的主要问题是速度慢,支持的并发连接数有限。因此,NAI公司在 1998 年又推出了具有自适应代理特性的防火墙。

自适应代理不仅能维护系统安全,还能够动态适应传送中的分组流量。它能够根据具体需求,定义防火墙策略,而不会牺牲速度或安全性。如果对安全要求较高,则最初的安全检查仍在应用层进行,保证实现传统代理防火墙的最大安全性。而一旦代理明确了会话的所有细节,其后的数据包就可以直接经过速度更快的网络层。

自适应代理可以和安全脆弱性扫描器、病毒安全扫描器和入侵检测系统实现更加灵活的集成。作为自适应安全计划的一部分,自适应代理将允许经过正确验证的设备在安全传感器和扫描器发现重要的网络威胁时,根据防火墙管理员事先确定的安全策略,自动适应防火墙级别。

7.2.3　状态监视技术

1. 状态监视技术简介

状态检测是由 Checkpoint 公司最先提出的,它是防火墙技术的一项突破性变革,把包过滤的快速性和代理的安全性很好地结合在一起,目前已经是防火墙最流行的检测方式。状态检测技术克服了以上两种技术的缺点,引入了 OSI 全 7 层监测能力,同时又能保持客户端/服务器的体系结构,对用户访问是透明的。

与包过滤防火墙相比,状态检测防火墙判断的依据也是源 IP 地址、目的 IP 地址、源端口、目的端口和通信协议等。与包过滤防火墙不同的是,状态检测防火墙是基于会话信息作出决策的,而不是包的信息。状态检测防火墙验证进来的数据包时,判断当前数据包是否符合先前允许的会话,并在状态表中保存这些信息。状态检测防火墙还能阻止基于异常 TCP 的网络层的攻击行为。网络设备,比如路由器,会将数据包分解成更小的数据帧,因此,状态检测设备,通常需要将 IP 数据帧按其原来顺序组装成完整的数据包。状态检测防火墙工作原理如图 7-5 所示。

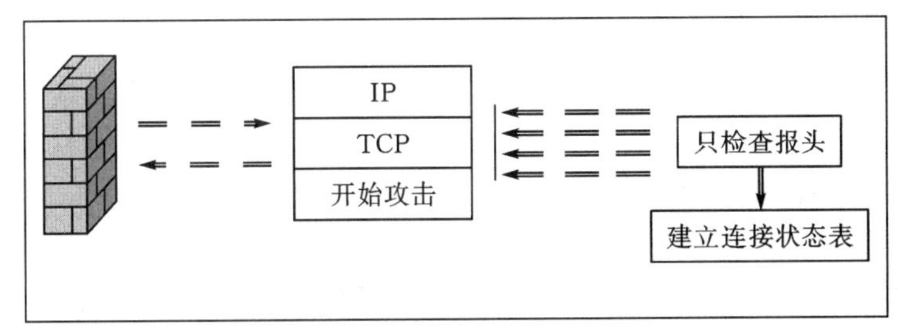

图 7-5　状态检测防火墙工作原理示意图

状态检测的基本思想是对所有网络数据建立“连接”的概念,既然是连接,必然有一定的顺序,通信两边的连接状态也是按一定顺序进行变化的,就像打电话,一定要先拨号,对方电话才能响铃。防火墙的状态检测就是事先确定好连接的合法过程模式,如果数据过程符合这个模式,则说明数据是合法正确的;否则就是非法数据,应该被丢弃。

以下以面向连接的 TCP 协议为例来作具体说明。

TCP 协议是一个标准的面向连接的协议,在真正通信前必须按一定协议先建立连接,连接建立好后才能通信，通信结束后释放连接。连接建立过程称为3次握手，发起方先发送带有SYN标志的数据包到目的方，如果目的方端口是允许连接的，就会回应一个带SYN和ACK的标志，发起方收到后再发送一个只带ACK标志的数据包到目的方，目的方收到后就可认为连接已经正确建立；在正常断开时，一方会发送带FIN标志的数据包到对方，表示已经不会再发送数据了，但还可以接收数据，对方接收后还可以发数据，发完后也会发送带FIN标志的数据包，双方进入断开状态，经过一段时间后连接彻底删除。如有异常情况则会发送RST标志的包来执行异常断开。

由此可见，TCP的连接过程是一个有序过程，新连接一定是通过SYN包来开始的，如果防火墙里没有相关连接信息，就收到非SYN包，那该包一定是非法的，可以将其丢弃；数据通信过程是有方向性的，一定是发起方发送SYN，接收者发送SYN ACK，不是此方向的数据就是非法的，由此状态检测可以实现发送者A可以访问接收者B而接收者B却不能访问发送方A的效果。一个连接可以用协议、源地址、目的地址、源端口、目的端口这五元组来唯一确定。

2.状态检测防火墙的优点

(1)具有检查IP包每个字段的能力，并遵从基于包中信息的过滤规则。

(2)能识别带有欺骗性源IP地址的数据包。

(3)状态检测防火墙是两个网络之间访问的唯一来源，因为所有的通信必须通过防火墙，绕过是困难的。

(4)能基于应用程序信息验证一个包的状态。例如，基于一个已经建立的FTP连接，允许返回的FTP包通过。

(5)能基于连接验证一个包的状态。例如，允许一个先前认证过的连接继续与被授予的服务通信。

(6)记录通过的每个包的详细信息。防火墙用来确定包状态的所有信息都可以被记录，包括应用程序对包的请求、连接的持续时间、内部和外部系统所做的连接请求等。

3.状态检测防火墙的缺点

状态检测防火墙唯一的缺点就是所有这些记录、测试和分析工作可能会造成网络连接的某种迟滞，特别是在同时有许多连接激活的时候，或者是有大量的过滤网络通信的规则存在时更是如此。

4.状态检测防火墙的发展阶段

(1)状态检测防火墙。

状态检测防火墙又称为动态包过滤防火墙，它在网络层由一个检查引擎截获数据包并抽取出与应用层状态有关的信息，并以此作为依据决定是接受还是拒绝该数据包。检查自动生成动态的状态信息表，并对后续的数据包进行检查，一旦发现任何连接的参数有意外变化，该连接就被中止。

状态检测防火墙克服了包过滤防火墙和应用代理服务器的局限性，能够根据协议、端口及源地址、目的地址的具体情况决定是否允许数据包通过。对于每个安全策略允许的请求，状态检测防火墙启动相应的进程，可以快速地确认符合授权流通标准的数据包，这使得本身的运行非常快速。

(2)深度检测防火墙。

深度检测防火墙将状态检测和应用防火墙技术结合在一起，以处理应用程序的流量，防范目标系统免受各种复杂的攻击。由于结合了状态检测的所有功能，因此深度检测防火墙能够对数据流量迅速完成网络层级别的分析，并作出访问控制决策，对于允许的数据流，根据应用层级别的信息，对负载作出进一步的决策。

状态检测技术在大力提高安全防范能力的同时也改进了流量处理速度。状态监测技术用一系列优化技术，使防火墙性能大幅度提升，能应用在各类网络环境中，尤其是在一些规则复杂的大型网络上。深度检测技术对数据包头或有效载荷所封装的内容进行分析，从而引导、过滤和记录基于IP的应用程序和Web服务通信流量，其工作并不受协议种类和应用程序类型的限制。采用深度检测技术，企业网络可以获得性能上的大幅度提升而无需购买昂贵的服务器或是其他安全产品。

现在使用的防火墙多是几种技术的集成，即复合型防火墙。复合型防火墙是指综合了状态检测与透明代理的新一代防火墙，它基于ASIC架构，把防病毒、内容过滤整合到防火墙里，其中还包括VPN、IDS功能，多单元融为一体，是一种新的突破，体现了网络与信息安全的新思路。它在网络边界实施OSI第7层的内容扫描，实现了实时在网络边缘部署病毒防护、内容过滤等应用层服务措施。复合型防火墙工作原理如图7-6所示。

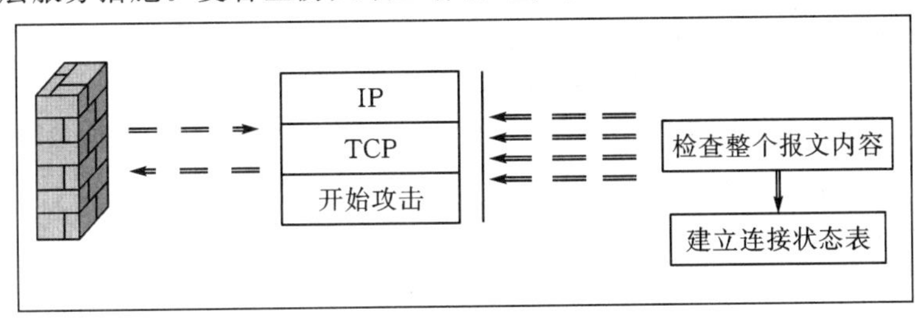

图7-6　复合型防火墙工作原理示意图

7.2.4　防火墙技术的发展

随着防火墙技术的发展，未来的防火墙将向分布式防火墙、嵌入式防火墙、深度防御、主动防御方向发展，与其他安全技术联动产生互操作协议，防火墙技术更加专用化、小型化、硬件化。为达成上述防火墙发展目标，人们对新的防火墙技术有以下展望。

1. 深度防御技术

深度防御技术是指防火墙在整个协议上建立多个安全检查点，利用各种安全手段对经过防火墙的数据包进行多次检查，从而提高防火墙的安全性。例如在网络层，过滤掉所有的源路由分组和假冒IP源地址的分组；在传输层，遵循过滤规则过滤掉所有禁止出入的协议报文和有害数据包；在应用层，利用FTP、SMTP等各种网关，控制和监测Internet提供的可用服务。

深度防御技术科学地混合了现有防火墙中已经广泛使用的各种安全技术(包过滤、应用网关等)，因而具有很大的灵活性和安全性。

2. 区域联防技术

以前的防火墙仅仅在内外网交界处进行安全控制，一旦黑客攻破该点，整个网络就暴露在黑客面前。随着黑客技术的不断提升，防火墙设备也受到越来越大的安全威胁，所以传统的防火墙结构已渐渐不能适应今天的企业架构。

新型的防火墙必须是分布式的，它结合主机型防火墙与个人计算机型防火墙，再配合传统型防火墙的功能，让其各司其职，从而形成全方位的最佳效能比的防卫架构，即区域联防技术。其目的是利用各区域加强防卫动作来化解攻击行为。凡是能连入 Internet 的各终端，不管是网络主机、服务器还是个人计算机等，都应该有一定的防护功能，以避免受到黑客的入侵。

3. 网络安全产品的系统化

随着防火墙的广泛使用，人们也不断地发现防火墙的局限性。与此同时，各种各样的网络安全产品被不断地推出。因此如何能使网络安全产品组成一个以防火墙为核心的网络安全体系也是业界比较关心的技术问题。

在以防火墙为核心的网络安全体系中，防火墙和其他网络安全产品对被保护网络中出现的安全问题发出联动的反应，从而最大限度地发挥各个网络安全产品的优势，提高被保护网络的安全性。

除了入侵检测系统 IDS 之外，防火墙还可以和 VPN、病毒检测设备等进行联动，充分发挥各自的长处，协同配合，共同建立一个有效的安全防范体系。

4. 管理的通用化

管理通用化是建立一个有效的安全防范体系的必要条件。要使各个不同的网络安全产品能够联动做出反应，就必须让它们都使用同一种通用的语言，也就是发展一种它们都能够理解的协议。如此一来，不管是对防火墙还是对 IDS、VPN、病毒检测设备等网络安全设备进行操作，都可以使用通用的网络设备管理方法。

5. 专用化和硬件化

在网络应用越来越多的情况下，一些专用防火墙的概念也被提了出来，单向防火墙（又称网络二极管）就是其中的一种。单向防火墙的目的是让信息的单向流动成为可能，也就是网络上的信息只能从外网流入内网，而不能从内网流到外网，从而起到安全防范作用。同时，将防火墙中部分功能固化到硬件中，也是当前防火墙技术发展的方向。通过这种方式，可以提高防火墙中瓶颈部分的执行速度，降低防火墙导致的网络延时。

7.3 防火墙的体系结构

最简单的防火墙是一台屏蔽路由器，此类防火墙一旦被攻陷，就会对整个网络安全产生威胁，所以一般不会使用这种结构。实际上防火墙的体系结构多种多样，目前使用的防火墙大都采用双重宿主主机结构、屏蔽主机结构、屏蔽子网结构三种体系结构。

7.3.1 双重宿主主机结构

双重宿主主机又称堡垒主机，是一台至少配有两个网络接口的主机，它可以充当与这些接口相连的网络之间的路由器，在网络之间发送数据包。一般情况下，双宿主机的路由功能是被禁止的，因而能够隔离内部网与外部网之间的直接通信，从而起到保护内部网的作用。

双重宿主主机结构如图7-7所示，一般是用一台装有两块网卡的堡垒主机做防火墙。两块网卡各自与内部网和外部网相连。堡垒主机上运行着防火墙软件，可以转发应用程序、提供服务等。

双重宿主主机结构防火墙的最大特点是IP层的通信是被阻止的，两个网络之间的通信可通过应用层数据共享或应用层代理服务来完成。代理服务能够为用户提供更为方便的访问手段，也可以通过共享应用层数据来访问外网。

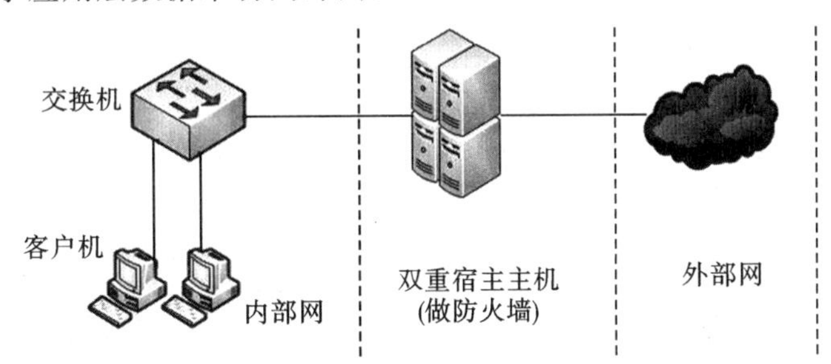

图7-7　双重宿主主机结构示意图

双重宿主主机用两种方式来提供服务，一种是用户直接登录到双重宿主主机来提供服务，另一种是在双重宿主主机上运行代理服务器。

第一种方式需要在双重宿主主机上开立许多账号，这是很危险的，原因如下：

(1)用户账号的存在会给入侵者提供相对容易的入侵通道，每一个账号通常有一个可使用的口令(即通常用的口令和一次性口令相对)，这样很容易被入侵者破解。

(2)如果双重宿主主机上有很多账号，管理员维护起来很麻烦。

(3)支持用户账号会降低机器本身的稳定性和可靠性。

(4)因为用户的行为是不可预知的，如双重宿主主机上有很多用户账户，这会给入侵检测带来很大的麻烦。

如果在双重宿主主机上运行代理服务器，产生的问题相对要少得多，而且一些服务本身的特点就是“存储转发”型的。当内网的用户要访问外部站点时，必须先经过代理服务器认证，然后才可以通过代理服务器访问互联网。

双重宿主主机是唯一的隔开内部网和互联网之间的屏障，如果入侵者得到了双重宿主主机的访问权，内部网就会被入侵，所以为了保证内部网的安全，双重宿主主机应具有强大的身份认证系统，才可以阻挡非法登录。

双重宿主主机防火墙优于屏蔽路由器之处在于，其系统软件可用于维护系统日志，这对于日后的安全检查很有用。

双重宿主主机防火墙的一个致命弱点是一旦入侵者侵入堡垒主机并使其具有的路由功能，则任何外网用户均可以随便访问内网。

堡垒主机是用户在网络上最容易受侵袭的机器，要采取各种措施来保护它。设计时有两条基本原则：一是堡垒主机要尽可能简单，保留最少的服务，关闭路由功能；二是随时做好准备，修复受损害的堡垒主机。

7.3.2 屏蔽主机结构

屏蔽主机结构又称为主机过滤结构。屏蔽主机结构需要配备一台堡垒主机和一个有过滤功能的屏蔽路由器,如图 7-8 所示。屏蔽路由器连接外部网,堡垒主机安装在内部网上。通常在路由器上设立过滤规则,并使堡垒主机成为从外部网唯一可直接到达的主机。入侵者要想入侵内部网,必须越过屏蔽路由器和堡垒主机两道屏障,所以屏蔽主机结构比双重宿主主机结构具有更好的安全性和可用性。

堡垒主机是外网主机连接到内部网的桥梁,并且仅有某些确定类型的连接被允许(如传送进来的电子邮件)。任何外部网如果要试图访问内部网,必须连接到这台堡垒主机上。因此,堡垒主机需要有较高的安全等级。

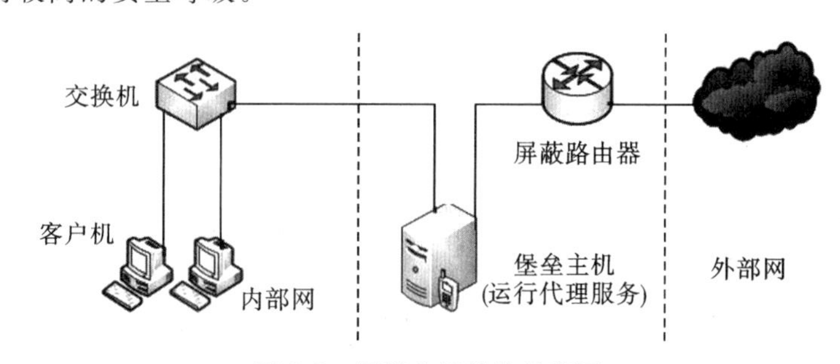

图 7-8 屏蔽主机结构示意图

在屏蔽路由器中数据包过滤可以按下列之一配置。

(1)允许其他的内部主机为了某些服务(如 Telnet)与外网主机连接。

(2)不允许来自内部主机的所有连接(强迫主机必须经过堡垒主机使用代理服务)。

用户可以针对不同的服务混合使用这些手段,某些服务可以被允许直接经由数据包过滤,而其他服务可以被允许仅仅间接地经过代理,这完全取决于用户实行的安全策略。

在采用屏蔽主机防火墙的情况下,屏蔽路由器是否正确配置是安全与否的关键。屏蔽路由器的路由表应当受到严格的保护,如果路由表遭到破坏,数据包就不会被路由到堡垒主机上,从而使外部访问越过堡垒主机进入内网。

屏蔽主机结构的缺点:如果入侵者有办法侵入堡垒主机,而且在堡垒主机和其他内部主机之间没有任何安全保护措施的情况下,整个网络对入侵者是开放的。为了改进这一缺点,可以使用屏蔽子网结构。

7.3.3 屏蔽子网结构

堡垒主机是内部网上最容易受到攻击的,在屏蔽主机结构中,如果能够侵入堡垒主机就可以毫无阻挡地进入内部网。因为该结构中屏蔽主机与其他内部机器之间没有特殊的防御手段,内部网对堡垒主机不做任何防备。

屏蔽子网结构可以改进这种状况,它是在屏蔽主机结构的基础上添加额外的安全层,即通过添加周边网络(即屏蔽子网)进一步把内部网与外部网隔离开。

一般情况下，屏蔽子网结构包含外部和内部两个路由器。两个屏蔽路由器放在子网的两端，在子网内构成一个“非军事区”(DMZ)。有的屏蔽子网中还设有一台堡垒主机作为唯一可访问点，支持终端交互或作为应用网关代理。这种配置的危险地带仅包括堡垒主机、子网主机及所有连接内网、外网和屏蔽子网的路由器。

屏蔽子网结构最常见的形式如图7-9所示，通过在周边网络上用两个屏蔽路由器隔离堡垒主机，能减少堡垒主机被侵入的危害程度。外部路由器保护周边网络和内部网免受来自Internet的侵犯，内部路由器保护内部网免受来自Internet和周边网的侵犯。要侵入使用这种防火墙的内部网，入侵者必须要通过两个屏蔽路由器。即使入侵者能够侵入堡垒主机，内部路由器也将会阻止他继续入侵内部网。

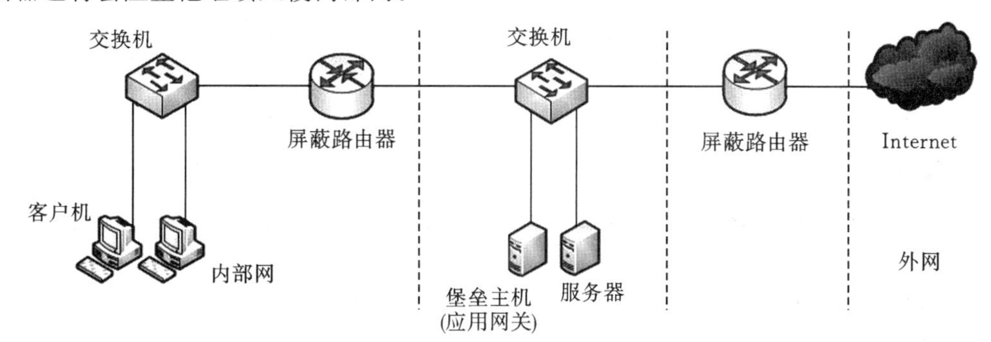

图7-9 屏蔽子网结构示意图

7.3.4 防火墙的组合结构

构建防火墙时一般很少采用单一结构，通常采用多种结构的组合。这种组合主要取决于网管中心向用户提供什么样的服务，以及网管中心能接受什么等级的风险。采用哪种技术还取决于经费、投资额或技术人员的技术水平、时间等因素。

防火墙的组合结构一般有使用多堡垒主机、合并内部路由器与外部路由器、合并堡垒主机与外部路由器、合并堡垒主机与内部路由器、使用多台内部路由器、使用多台外部路由器、使用多个周边网络、使用双重宿主主机与屏蔽子网等形式。

7.4 ASPF

7.4.1 ASPF概述

ASPF是指基于应用层的包过滤技术，与ALG(应用层网关)配合，可以实现动态通道检测和应用状态检测两大功能，是比传统包过滤技术更高级的一种防火墙技术。ASPF负责检查应用层协议信息并且监控连接的应用层协议状态。对于特定应用协议的所有连接，每一个连接状态信息都被ASPF监控并动态地决定数据包是否被允许通过防火墙或丢弃。

ASPF在Session表的数据结构中维护着连接的状态信息，并利用这些信息来维护会话的访问规则。ASPF保存着不能由访问控制列表规则保存的重要的状态信息。防火墙检验数据流中的每一个报文，确保报文的状态与报文本身符合用户所定义的安全规则。连接状态信息用于智能允许或禁止报文。当一个会话终止时，Session表项也将被删除，防火墙中的会话也将被关闭。

ASPF是针对应用层的报文过滤，即基于状态的报文过滤，它具有以下优点：

(1)支持传输层协议检测(通用TCP/UDP检测)和ICMP、RAWIP协议检测。

(2)支持对应用层协议的解析和连接状态的检测，这样每一个应用连接的状态信息都将被ASPF维护，并用于动态地决定数据包是否被允许通过防火墙或丢弃。

(3)支持应用协议端口映射(PAM)，允许用户自定义应用层协议使用非通用端口。

(4)可以支持Java阻断和ActiveX阻断功能，分别用于实现对来自不信任站点的Java Applet和ActiveX的过滤。

(5)支持ICMP差错报文检测，可以根据ICMP差错报文中携带的连接信息，决定是否丢弃该ICMP报文。

(6)支持TCP连接首包检测，通过检测TCP连接的首报文是否SYN报文，决定是否丢弃该报文。

(7)提供了增强的会话日志和调试跟踪功能，可以对所有的连接进行记录，可以针对不同的应用协议实现对连接状态的跟踪与调试。

可见，ASPF技术不仅弥补了包过滤防火墙应用中的缺陷，提供针对应用层的报文过滤，而且还具有多种增强的安全特性，是一种智能的高级过滤技术。

7.4.2 ASPF实现协议检测

(1)TCP检测

TCP检测是指，ASPF检测TCP连接发起和结束的状态转换过程，包括连接发起的3次握手状态和连接关闭的4次挥手状态，然后根据这些状态来创建、更新和删除设备上的连接状态表。TCP检测是其他基于TCP的应用协议检测的基础。

TCP检测的具体过程为，当ASPF检测到TCP连接发起方的第一个SYN报文时，开始建立该连接的一个连接状态表，用于记录并维护此连接的状态，以允许后续该连接的相关报文能够通过防火墙，而其他的非相关报文则被阻断或丢弃。

ASPF实现TCP协议检测如图7-10所示，ASPF对Host A向Host B发起的TCP连接进行状态检测，对于建立连接的TCP的3次握手报文，允许其正常通过，并建立TCP连接。在该过程中，对于来自其他主机的TCP报文，或者来自Host B的不符合正确状态的报文，则被防火墙丢弃。

ASPF可以智能地检测“TCP的3次握手的信息”和“拆除连接的握手信息”，通过检测握手、拆除连接的状态，保证一个正常的TCP访问可以正常进行，而对于非完整的TCP握手连接的报文会直接拒绝。

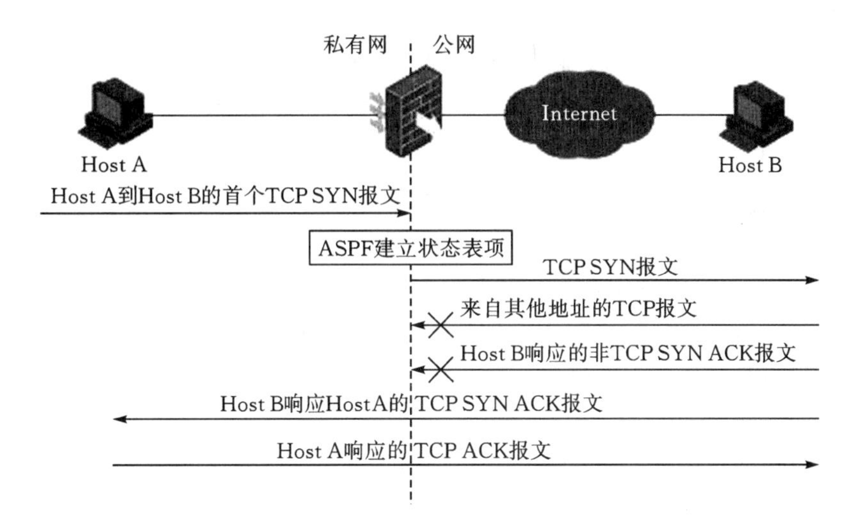

图 7-10 ASPF 实现 TCP 协议检测

(2)UDP 检测

UDP 协议没有状态的概念,ASPF 的 UDP 检测是指针对 UDP 连接的地址和端口进行的检测。UDP 检测是其他基于 UDP 的应用协议检测的基础。

UDP 检测的具体过程为,当 ASPF 检测到 UDP 连接发起方的第一个数据报时,ASPF 开始维护此连接的信息。当 ASPF 收到接收者回送的 UDP 数据报时,此连接才能建立,其他与此连接无关的报文则被阻断或丢弃。

ASPF 实现 UDP 协议检测如图 7-11 所示,ASPF 对 UDP 报文的地址和端口进行检测,在 UDP 连接建立过程中,来自其他地址或端口的 UDP 报文将被防火墙丢弃。

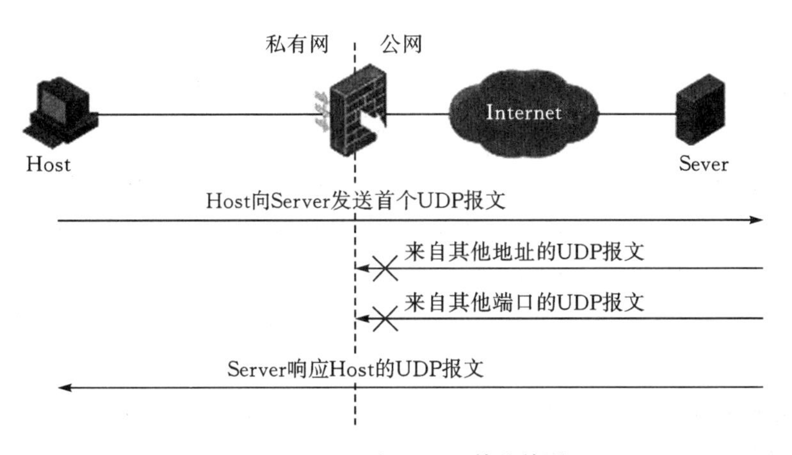

图 7-11 ASPF 实现 UDP 协议检测

由于 UDP 是无连接的报文,但 ASPF 是基于连接的,检测过程是通过对 UDP 报文的源 IP 地址、目的 IP 地址、端口进行检查,通过判断该报文是否与所设定的时间段内的其他 UDP 报文相类似,而近似判断是否存在一个连接。

ASPF使防火墙能够支持一个控制连接上存在多个数据连接的协议，同时还可以非常方便地制定各种安全的策略。ASPF监听每一个应用的每一个使用的端口，打开合适的通道让会话中的数据能够出入防火墙，在会话结束时关闭该通道，从而能够对使用动态端口的应用实施有效的访问控制。

7.4.3 多通道协议

在数据通信中，通道协议分为以下两种：

(1)单通道协议：通信过程中只需占用一个端口的协议。如WWW只需占用80端口。

(2)多通道协议：通信过程中需占两个或两个以上端口的协议。如FTP被动模式下需占用21端口和一个随机端口。

大多数多媒体应用协议(如H.323.SIP、FTP、Net meeting等)使用约定的固定端口来初始化一个控制连接，再动态地选择端口用于数据传输。端口的选择是不可预测的，其中某些应用甚至可能要同时用到多个端口。传统的包过滤防火墙可以通过配置访问控制列表(ACL)过滤规则匹配单通道协议的应用传输，保障内部网不受攻击，但只能阻止使用固定端口的应用，无法匹配使用协商出随机端口传输数据的多通道协议应用，留下了许多安全隐患。

7.4.4 应用层状态检测和多通道检测

基于应用的状态检测技术是一种基于应用连接的报文状态检测机制。ASPF通过创建连接状态表来维护一个连接某一时刻所处的状态信息，并依据该连接的当前状态来匹配后续的报文。目前，ASPF支持进行状态检测的应用协议包括FTP、H.323.ILS、NBT、PPTP、RTSP、SIP和SQLNET。

除了可以对应用协议的状态进行检测外，ASPF还支持对应用连接协商的数据通道进行解析和记录，用于匹配后续数据通道的报文。比如，部分多媒体应用协议(如H.323)和FTP协议会先使用约定的端口来初始化一个控制连接，然后再动态选择用于数据传输的端口。包过滤防火墙无法检测到动态端口上进行的连接，而ASPF则能够解析并记录每一个应用的每一个连接所使用的端口，并建立动态防火墙过滤规则让应用连接的数据通过，在数据连接结束时则删除该动态过滤规则，从而对使用动态端口的应用连接实现有效的访问控制。

下面以FTP协议为例，说明ASFP如何进行应用层的状态检测以及多通道的报文解析和检测。

ASPF实现多通道协议检测如图7-12所示，ASPF在Host登录FTP Server的过程中记录并维护该应用的连接信息。当Host向FTP Server发送PORT报文协商数据通道后，ASPF记录PORT报文中数据通道的信息，建立动态过滤规则，允许双方进行数据通道的建立和数据传输，同时拒绝其他不属于该数据通道的报文通过，并在数据通道传输结束后，删除该动态过滤规则。

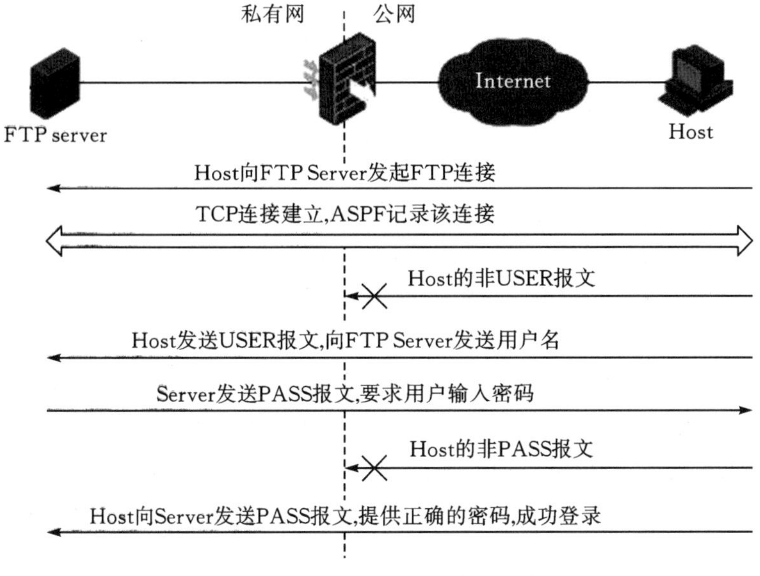

图 7-12　ASPF 实现多通道协议检测

习题 7

1. 什么是防火墙？防火墙的基本体系结构是什么？

2. 简述防火墙的主要功能。

3. 简述防火墙的分类。

4. 简述状态防火墙的优点。

5. 简述包过滤原理。

6. 为了控制访问和加强站点安全策略,防火墙采用了哪些技术？

7. 假设公司希望实现一个高安全性能的防火墙来隔离公司内部和外部服务请求,你将推荐哪种体系结构的防火墙？

第 8 章　入侵检测技术

随着黑客攻击技术的日渐高明,系统暴露出来的漏洞也越来越多,传统的操作系统加固技术和防火墙技术等都是静态的安全防御技术,对网络环境下日新月异的攻击手段缺乏主动的反应,越来越不能满足现有系统对安全性的要求,网络安全需要纵深的、多层次的安全措施。

入侵检测技术是继防火墙等传统安全保护措施后新一代的安全保障技术。对计算机和网络资源上的恶意使用行为进行识别和响应,不仅检测来自外部的入侵行为,同时也监督内部用户的未授权活动。入侵检测技术是一种主动保护自己的网络和系统免受非法攻击的网络安全技术,它从计算机系统或者网络中收集、分析信息,检测任何企图破坏计算机资源的完整性、机密性和可用性的行为,即查看是否有违反安全策略的行为和遭到攻击的迹象,并作出相应的反应。

入侵检测系统(IDS)是一套运用入侵检测技术对计算机或网络资源进行实时检测的系统工具。IDS 一方面检测未经授权的对象对系统的入侵,另一方面还监视授权对象对系统资源的非法操作。

8.1　入侵检测系统

8.1.1　入侵检测系统概述

随着网络安全技术的发展,入侵检测系统会在整个网络安全体系中占有越来越重要的地位。作为一种积极主动的安全防护技术,入侵检测提供了对内部攻击、外部攻击和误操作的实时保护,在网络系统受到危害之前拦截和响应入侵。从网络安全立体纵深、多层次防护的角度出发,入侵检测受到了人们的高度重视。

1. 防火墙的局限性

防火墙是阻止黑客攻击的一种有效手段,但随着攻击技术的发展,这种单一的防护手段已不能确保网络的安全,它存在以下的弱点和不足。

(1)防火墙无法阻止内部人员所做的攻击。防火墙保护的是网络边界安全,对在网络内部所发生的攻击行为无能为力,据调查,网络攻击事件有 60%以上是由内部人员所为。

(2)防火墙对信息流的控制缺乏灵活性。防火墙是依据管理员定义的过滤规则对进出网络的信息流进行过滤和控制的。如果规则定义过于严格,则限制了网络的互联互通;如果规则定义过于宽松,则又带来了安全隐患。防火墙自身无法根据情况的变化进行自我调整。

(3) 在攻击发生后,利用防火墙保存的信息难以调查和取证。能够在攻击发生后进行调查和取证。将罪犯绳之以法,是威慑网络罪犯,确保网络秩序的重要手段。防火墙由于自身的功能所限，难以识别复杂的网络攻击并保存相关的信息。

为了确保计算机网络安全，必须建立一整套的安全防护体系，进行多层次、多手段的检测和防护。入侵检测系统就是安全防护体系中重要的一环，它能够及时识别网络中发生的入侵行为并实时报警。需要说明的是，虽然目前很多防火墙都集成有入侵检测模块，但由于技术和性能上的限制，它们通常只能检测少数几种简单的攻击，无法与专业的入侵检测系统相比。专业入侵检测系统所具有的实时性、动态检测和主动防御等特点，弥补了防火墙等静态防御工具的不足。

2.入侵检测

入侵检测是指通过对行为、安全日志或审计数据以及其他网络上可以获得的信息进行操作，检测对系统的闯入或闯入的企图。入侵检测技术是一种动态的网络检测技术，主要用于识别对计算机和网络资源的恶意使用行为，包括来自外部用户的入侵行为和内部用户的未经授权的活动。一旦发现网络入侵现象，则能作出适当的反应。对于正在进行的网络攻击，则采取适当的方法来阻断攻击(与防火墙联动)，以减少系统损失。对于已经发生的网络攻击，则通过分析日志记录找到发生攻击的原因和入侵者的踪迹，作为增强网络系统安全性和追究入侵者法律责任的依据。入侵检测从计算机网络系统中的若干关键点收集信息，并分析这些信息，查看网络中是否有违反安全策略的行为和遭到袭击的迹象。入侵检测系统由入侵检测的软件与硬件组合而成，是防火墙之后的第二道安全门，在不影响网络性能的情况下能对网络进行监测，提供对内部攻击、外部攻击和误操作的实时保护，它的主要任务如下。

(1)监视、分析用户及系统活动。

(2)对系统构造和弱点进行审计。

(3)识别反映已知进攻的活动模式，管理人员对异常行为模式报警和统计分析。

(4)评估重要系统和数据文件的完整性。

(5)对操作系统进行审计跟踪管理，识别用户违反安全策略的行为。

3.入侵检测系统的作用

入侵检测系统 IDS 作为一种积极主动的安全防护工具，提供了对内部攻击、外部攻击和误操作的实时防护，在计算机网络和系统受到危害之前进行报警、拦截和响应。它具有以下主要作用。

(1)通过检测和记录网络中的安全违规行为，惩罚网络犯罪，防止网络入侵事件的发生。

(2)检测其他安全措施未能阻止的攻击或安全违规行为。

(3)检测黑客在攻击前的探测行为，预先给管理员发出警报。

(4)报告计算机系统或网络中存在的安全威胁。

(5)提供有关攻击的信息，帮助管理员诊断网络中存在的安全弱点，利于其进行修补。

(6)在大型、复杂的计算机网络中布置入侵检测系统，可以显著提高网络安全管理的质量。

对一个成功的入侵检测系统来讲，它不但可以使系统管理员时刻了解网络系统(包括程序、文件、硬件设备等)的任何变更，还能给网络安全策略的制定提供指南。入侵检测的规模还应根据网络威胁、系统构造和安全需求的改变而改变，即必须能够适用于多种不同的环境。入侵检测系统在发现攻击后,应及时作出响应,包括切断网络连接、记录事件、报警等。更为重要的一点是,它应该易于管理和配置,从而使非专业人员非常容易地获得网络安全。

8.1.2 入侵检测系统模型

美国国防部高级研究计划局赞助研究了公共入侵检测框架(CIDF)。CIDF 阐述了一个入侵检测系统(IDS)的通用模型,如图 8-1 所示。

一个入侵检测系统分为以下组件:事件产生器、事件分析器、响应单元、事件数据库。

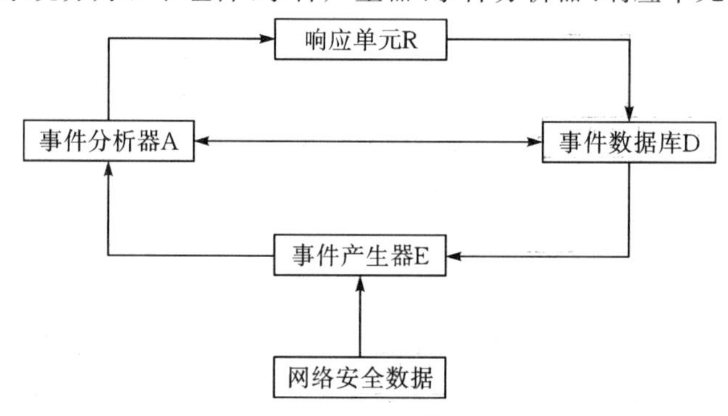

图 8-1 CIDF 通用模型

事件产生器的作用是从整个计算环境中获得事件,并向系统的其他部分提供此事件。事件分析器经过分析得到数据,并产生分析结果。响应单元是对分析结果作出反应的功能单元,它可以作出切断连接、改变文件属性等强烈反应,也可以只是简单的报警。事件数据库是存放各种中间和最终数据的地方的统称,它可以是复杂的数据库,也可以是简单的文本文件。

CIDF 概括了 IDS 的功能,并进行了合理的划分。利用这个模型可以描述现有的各种 IDS 的系统结构,对 IDS 的设计及实现提供了有价值的指导。

通过 CIDF 模型,可以知道入侵检测过程分为三步:信息收集、信息分析和结果处理。入侵检测工作过程如图 8-2 所示。

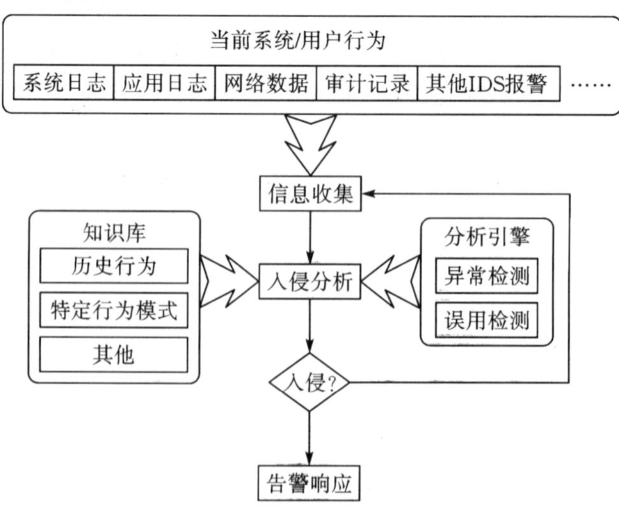

图 8-2 入侵检测工作过程

(1)信息收集。即从入侵检测系统的信息源中收集信息,收集内容包括系统、网络、数据及用户活动的状态和行为等。例如系统日志文件、网络流量及非正常的程序执行等。入侵检测在很大程度上依赖于所收集信息的可靠性和正确性。

(2)信息入侵分析。经过第一步的信息收集,会发现其中大部分信息都是正常状态的信息,而只有少部分信息可能是入侵行为的发生。因此,要从大量的信息中找到异常的入侵行为,就需要对这些信息进行处理。信息分析是入侵检测的核心环节。信息分析的方法很多,如模式匹配、统计分析等。

(3)结果处理。当一个攻击企图或事件被检测到后,入侵检测系统按照预先定义的响应方式采取相应的措施。常见的响应方式有切断用户连接、终止攻击、记录事件日志或向安全管理员发出提示性的电子邮件等。

8.1.3 入侵检测系统的分类

通过对现有的入侵检测系统和入侵检测技术的研究,可以从以下几个方面对入侵检测系统进行分类。

1. 根据数据源分类

(1) 基于主机的入侵检测系统(HIDS)。

主要用于保护运行关键应用的服务器,通过监视与分析主机的审计记录和日志文件来检测入侵,日志中包含发生在系统上的不寻常活动的证据,这些证据可以指出有人正在入侵或者已经成功入侵了系统,通过查看日志文件,能够发现成功的入侵或入侵企图,并启动相应的应急措施。

(2)基于网络的入侵检测系统(NIDS)。

主要用于实时监控网络关键路径的信息,它能够监听网络上的所有分组,并采集数据以分析现象。基于网络的入侵检测系统使用原始的网络包作为数据源,通常利用一个运行在混杂模式下的网络适配器来进行实时监控,并分析通过网络的所有通信业务。

(3)分布式入侵检测系统(DIDS)。

分布式入侵检测系统综合了基于主机的入侵检测系统和基于网络的入侵检测系统的功能。DIDS的分布性表现在两个方面:首先,数据包过滤的工作由分布在各网络设备(包括联网主机)上的探测代理完成。其次,探测代理认为可疑的数据包将根据类型交给专用的分析层设备处理。探测代理不仅实现信息过滤,同时对所在系统进行监视,而分析层和管理层则可对全局的信息进行关联分析。不仅对网络信息进行分流,同时也提高检测速度,解决检测效率低的问题,增加了分布式入侵检测系统本身抗拒绝服务攻击的能力。

2. 根据检测原理分类

(1)异常入侵检测。

异常入侵检测是指能够根据异常行为和使用计算机资源的情况检测入侵。基于异常检测的入侵检测,首先要构建用户正常行为的统计模型,然后将当前行为与正常行为特征相比较来检测入侵。常用的异常检测技术有概率统计法和神经网络方法两种。

(2) 误用入侵检测。

误用入侵检测技术是通过将收集到的数据与预先确定的特征知识库里的各种攻击模式进行比较,如果发现有攻击特征,则判断有攻击。此方法完全依靠特征库来作出判断,所以不能判断未知攻击。常用的误用检测技术有专家系统、模型推理和状态转换分析。

3. 根据体系结构分类

(1)集中式。

集中式入侵检测系统包含多个分布于不同主机上的审计程序,但只有一个中央入侵检测服务器,审计程序把收集到的数据发送给中央服务器进行分析处理。这种结构的入侵检测系统在可伸缩性、可配置性方面存在致命缺陷。随着网络规模的增大,主机审计程序和服务器之间传送的数据量激增,会导致网络性能大大降低。并且一旦中央服务器出现故障,整个系统就会陷入瘫痪。此外,根据各个主机不同需求配置服务器也非常复杂。

(2)等级式。

在等级式(部分分布式)入侵检测系统中,定义了若干个分等级的监控区域,每个入侵检测系统负责一个区域,每一级入侵检测系统只负责分析所监控区域,然后将当地的分析结果传送给上一级入侵检测系统。这种结构存在以下问题。首先,当网络拓扑结构改变时,区域分析结果的汇总机制也需要做相应的调整;其次,这种结构的入侵检测系统最终还是要把收集到的结果传送到最高级的检测服务器进行全局分析,所以系统的安全性并没有实质性改进。

(3)协作式。

协作式入侵检测系统将中央检测服务器的任务分配给多个基于主机的入侵检测系统,这些入侵检测系统不分等级,各司其职,负责监控当地主机的某些活动,因此可伸缩性、安全性都得到了显著的提高,但维护成本也相应增大,并且增加了所监控主机的工作负荷,如通信机制、审计开销、踪迹分析等。

4. 根据工作方式分类

(1) 离线检测。

离线检测系统是一种非实时工作的系统,在事件发生后分析审计事件,从中检查入侵事件。这类系统的成本低,可以分析大量事件,调查长期情况,但由于是事后进行的,不能对系统提供及时的保护,而且很多入侵在完成后会删除相应的日志,因而无法进行审计。

(2)在线检测。

在线检测是对网络数据包或主机的审计事件进行实时分析,可以快速响应,保护系统安全,但在系统规模较大时难以保证实时性。

8.1.4 入侵检测系统的功能

入侵检测系统能在入侵攻击对系统发生危害前检测到入侵攻击,并利用报警与防护系统驱逐入侵攻击。在入侵攻击过程中,尽可能减少入侵攻击所造成的损失,在被攻击后,能收集入侵攻击的相关信息,作为防范系统的知识添加到知识库中,从而增强系统的防范能力。入侵检测系统 IDS 的功能如下。

(1) 监控、分析用户和系统的活动。这是完成入侵检测任务的前提条件。通过获取进出某台主机及整个网络的数据，来监控用户和系统的活动。最直接的方法就是抓包，将数据流中的所有包都抓下来进行分析。如果入侵检测系统不能实时地截获数据包并进行分析，那么就会出现漏包或网络阻塞的现象。前者会出现很多漏报，后者会影响网络中数据流速从而影响性能。所以，入侵检测系统不仅要能够监控、分析用户和系统的活动，同时它自己的分析处理速度要快。

(2) 发现入侵企图或异常现象。这是入侵检测的核心功能。包括两个方面：一是对进出网络的数据流进行监控，查看是否存在入侵行为；二是评估系统关键资源和数据文件的完整性，查看是否已经遭受了入侵行为。前者是作为预防，后者是用来吸取经验以免下次再遭攻击。

(3)记录、报警和响应。识别并反映已知攻击的活动模式，向管理员报警，并且能够实时对检测到的入侵行为作出有效反应。

(4)对异常行为模式进行统计分析，总结入侵行为的规律。

(5)评估重要系统和数据文件的完整性。

(6)对操作系统进行审计跟踪管理，识别用户违反安全策略的行为。

8.1.5　入侵检测系统的性能指标

衡量入侵检测系统的两个最基本指标为检测率和误报率，两者分别从正、反两方面表明检测系统的检测准确性。实用的入侵检测系统应尽可能地提高系统的检测率而降低误报率，但在实际的检测系统中这两个指标存在一定的冲突，应根据具体的应用环境折中考虑。除检测率和误报率外，在实际设计和实现具体的入侵检测系统时还应考虑以下几个方面。

(1)操作方便性：训练阶段的数据量需求少(支持系统行为的自学习等)、自动化训练(支持参数的自动调整等)，在响应阶段提供多种自动化的响应措施。

(2)抗攻击能力：能够抵抗攻击者修改或关闭入侵检测系统。当攻击者知道系统中存在入侵检测时，很可能会首先对入侵检测系统进行攻击，为攻击系统扫平障碍。

(3)系统开销小，对宿主系统的影响尽可能小。

(4)可扩展性：入侵检测系统在规模上具有可扩展性，可适用于大型网络环境。

(5)自适应、自学习能力：应能根据使用环境的变化自动调整有关阈值和参数，以提高检测的准确性；应具有自学习能力，能够自动学习新的攻击特征，并更新攻击签名库。

(6)实时性：指检测系统能及早发现和识别入侵，以尽快隔离或阻止攻击，减少造成的破坏。

8.2　入侵检测技术

入侵检测系统根据入侵检测的行为分为两种模式：异常入侵检测和误用入侵检测。异常入侵检测先要建立一个系统访问正常行为的模型，凡是访问者不符合这个模型的行为将被认定为入侵。误用入侵检测则相反，先要将所有可能发生的不利的不可接受的行为归纳建立一个模型，凡是访问者符合这个模型的行为将被断定为入侵。

8.2.1 异常入侵检测

异常入侵检测是目前入侵检测系统研究的重点，其特点是通过对系统异常行为进行检测，可以发现未知的攻击模式。基于异常的入侵检测方法主要来源于这样的思想，任何人的正常行为都是有一定的规律的，并且可以通过分析这些行为的日志信息总结出这些规律，而入侵和滥用行为规则通常和正常的行为存在严重的差异，通过检查这些差异就可以判断是否为入侵，如 CPU 利用率、缓存剩余空间、用户使用计算机的习惯等。如图 8-3 所示为异常入侵检测模型。

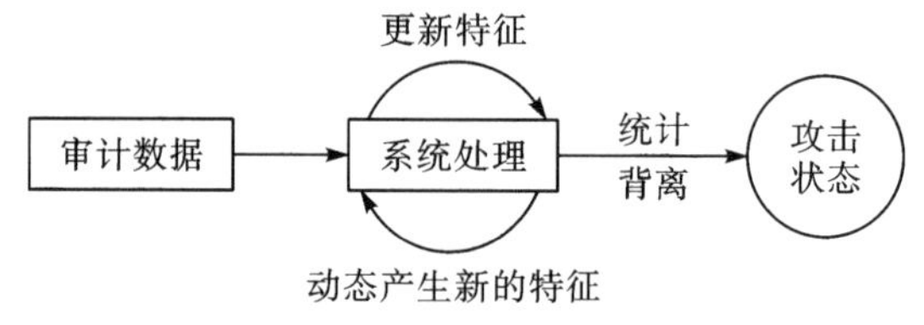

图 8-3 异常入侵检测模型

异常监测系统首先经过一个学习阶段，总结正常的行为的轮廓成为自己的先验知识，系统运行时将信息采集子系统获得并预处理后的数据与正常行为模式比较，如果差异不超出预设阈值，则认为是正常的；出现较大差异即超过阈值则判定为入侵。

常用的异常入侵检测技术有基于统计分析技术的入侵检测、基于模式预测的异常检测、基于神经网络技术的入侵检测、基于机器学习的异常检测、基于数据挖掘的异常检测等。

1. 基于统计分析技术的入侵检测

统计异常入侵检测的方法是根据检测器观察主体的活动，利用统计分析技术，基于历史数据建立一个对应正常活动的特征模式，这些用在模式中的数据包括与正常活动相关的数据，同时，模式被周期性更新。模式反映了系统的长期的统计特征。

然后把与所建立的特征原型中差别很大的所有行为都标志为异常。显而易见，当入侵集合与异常活动集合不完全相等时，一定会存在漏报或者误报的问题，为了使漏报和误报的概率较为符合实际需要，必须选择一个区分异常事件的阀值，而调整和更新某些系统特征度量值的方法非常复杂，开销巨大，在实际情况下，试图用逻辑方法明确划分正常行为和异常行为两个集合非常困难，统计手段的主要优点是可以自适应学习用户的行为。

2. 基于模式预测异常检测

基于模式预测异常检测方法的假设条件是：事件序列不是随机的，而是遵循可辨别的模式，这种检测方法的特点是考虑了事件的序列和相互关系。而基于时间的推理方法则利用时间规则识别用户行为正常模式的特征，通过归纳学习产生这些规则集，能动态修改系统中的规则，使之具有较高的预测性、准确性和可信度。如果规则大部分时间是正确的，并能够成功运用预测所观察到的数据，那么规则就具有高的可信度，根据观察到用户的行为，归纳产生出一套规则集来构建用户的轮廓框架。如果观测到的事件序列匹配规则，而后续事件显著的背离根据规则预测到的事件，那么系统就可以检测出这种偏离，这就表明用户操作是异常。这种方法的主要优点如下：

(1)能较好地处理变化多样的用户行为，具有很强的时序模式。

(2)能够集中考察少数几个相关的安全事件，而不是关注可疑的整个登录会话过程。

(3)对发现检测系统遭受攻击具有良好的灵敏度，因为根据规则的蕴含语义，在系统学习阶段，能够更容易辨别出欺骗者训练系统的企图。

预测模式生成技术的问题在于未被这些规则描述的入侵会被漏检。

3.基于神经网络技术的入侵检测

神经网络方法是利用一个包含很多计算单元的网络来完成复杂的映射函数，这些单元通过使用加权的连接互相作用。一个神经网络根据单元和它们的权值连接编码成网格结构，实际的学习过程是通过改变权值和加入或移去连接进行的。神经网络处理分成两个阶段：首先，通过正常系统行为对该网络进行训练，调整其结构和权值；然后，通过正常系统行为对该网络进行训练，由此判别这些事件流是正常还是异常的。同时，系统也可以利用这些观测到的数据进行训练，从而使网络可以学习系统行为的一些变化。

基于神经网络的异常检测的优点是能够很好地处理噪音数据，对训练数据的统计分布不做任何假定，且不用考虑如何选择特征参量的问题，很容易适应新的用户。

4.基于数据挖掘异常检测

数据挖掘，也称知识发现。通常记录系统运行日志的数据库都非常大，如何从大量数据中"浓缩"出一个值或者一组值来表示对象的概貌，并以此进行行为的异常分析和检测，这就是数据挖掘技术在入侵检测系统的应用，数据挖掘中一般会用到数据分类技术。

基于数据挖掘的异常检测以数据为中心，入侵检测被看成一个数据分析过程。利用数据挖掘的方法从审计数据或数据流中提取出感兴趣的知识，这些知识是隐含的、事先未知的信息，提取的知识表示为概念、规则、规律、模式等形式，并用这些知识去检测异常入侵和已知的入侵。

数据挖掘从存储的大量数据中识别出有效的、具有潜在用途及最终可以理解的知识。数据挖掘算法多种多样，目前主要下面几种：

(1)分类算法。分类算法是将一个数据集合映射成预先定义好的若干类别。这类算法的输出结果是分类器，它可以用规则集或决策树的形式表示。利用该算法进行入侵检测的过程是先收集有关用户或应用程序的正常和非正常的审计数据，然后应用分类算法得到规则集，并使用这些规则集来预测新的审计数据是属于正常行为还是异常行为。

(2)关联分析算法。关联分析算法决定数据库记录中各数据项之间的关系，利用审计数据中各数据项之间的关系作为构造用户正常使用模式的基础。

(3)序列分析算法。序列分析算法是通过获取数据库记录的事件窗口中的关系，试图发现审计数据中的一些经常以某种规律出现的事件序列模式，这些频繁发生的事件序列模式有助于在构造入侵检测模型时选择有效的统计特征。

其他的异常检测方法还包括基于贝叶斯网络的异常检测、基于机器学习的异常检测等。

8.2.2 误用检测

误用检测是对已知系统和应用软件的弱点进行入侵建模，从而对观测到的用户行为和资源使用情况进行模式匹配而达到检测的目的。误用检测的主要假设是入侵活动能够被精确地按照某种方式进行编码，并可以识别基于同一弱点进行攻击的入侵方法的变种。

1.基于状态转移分析的误用检测

状态转移分析系统利用有限状态自动机来模拟入侵，入侵由从初始系统状态到入侵状态的一系列动作组成，初始状态代表着入侵执行前的状态，入侵状态代表着入侵完成时的状态。系统状态根据系统属性和用户权利进行描述，转换则由一个用户动作驱动。每个事件都运用于有限状态自动机的实例中，如果某个自动机到达了它的最终状态，即接受了事件，则表明该事件为攻击。这种方法的优点是能检测出合作攻击以及时间跨度很大的缓慢攻击。

2.基于专家系统的误用检测

将安全专家的知识表示成规则知识库，然后用推理算法检测入侵。用专家系统对入侵进行检测，经常是针对有特征的入侵行为。这种方法能把系统的控制推理从问题解决的描述中分离出去。它的不足之处是不能处理不确定性，没有提供对连续有序数据的处理方法，另外建立一个完备的知识库对于一个大型网络系统往往是不可能的，且如何根据审计记录中的事件提取状态行为与语言环境也是比较困难的。

3.基于遗传算法的误用检测

遗传算法就是寻找最佳匹配所观测到的事件流的已知攻击的组合，该组合表示为一个向量，向量中每一个元素表示某一种攻击的出现。向量值是按照与各个攻击有关的程度和二次函数而逐步演化得到的，同时在每一轮演化中，当前向量会进行变异和重新测试，这样就将误肯定和误否定性错误的概率降到零。

当前研究中还有一些其他的检测技术，比如基于生物免疫的入侵检测、基于着色 Petri 网的误用检测、基于代理的入侵检测等。

异常检测技术和误用检测技术两种模式的安全策略是完全不同的，而且它们各有优势和劣势：异常检测的漏报率很低，但是不符合正常行为模式的行为并不见得就是恶意攻击，因此这种策略误报率较高。误用入侵检测由于直接匹配比对异常的不可接受的行为模式，因此误报率较低，但恶意行为千变万化，可能没有被收集在行为模式库中，因此漏报率就很高。这就要求用户必须根据本系统的特点和安全要求来制定策略，选择行为检测模式。现在用户都采取两种模式相结合的策略。

8.3 入侵检测系统及发展方向

目前应用在入侵检测上的技术有很多，入侵检测系统的分类也是各种各样。按入侵检测所监测的数据源可以分为基于主机的入侵检测系统(HIDS)、基于网络的入侵检测系统(NIDS)和分布式入侵检测系统(HDIDS)三类。如图 8-4 所示为入侵检测在网络中的应用示意图。

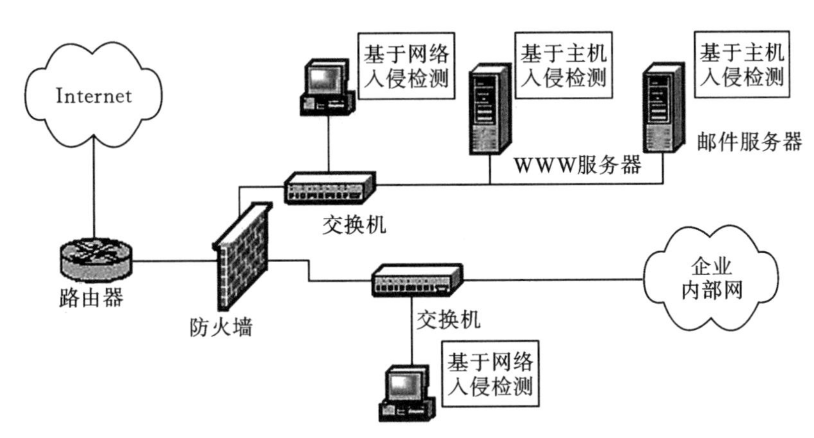

图 8-4　入侵检测系统在网络中的应用

8.3.1　基于主机的入侵检测系统

基于主机的入侵检测系统(HIDS)出现在 20 世纪 80 年代初期,那时网络规模还比较小,而且网络之间也没有完全互联。在这样的环境里,检查可疑行为的审计记录相对比较容易,况且在当时入侵行为非常少,通过对攻击的事后分析就可以防止随后的攻击。主机入侵检测系统检测目标主要是主机系统和本地用户。检测原理是在每个需要保护的端系统(主机)上运行代理程序,以主机的审计数据、系统日志、应用程序日志等为数据源,主要对主机的网络实时连接以及主机文件进行分析和判断,发现可疑事件并作出响应,如图 8-5 所示。

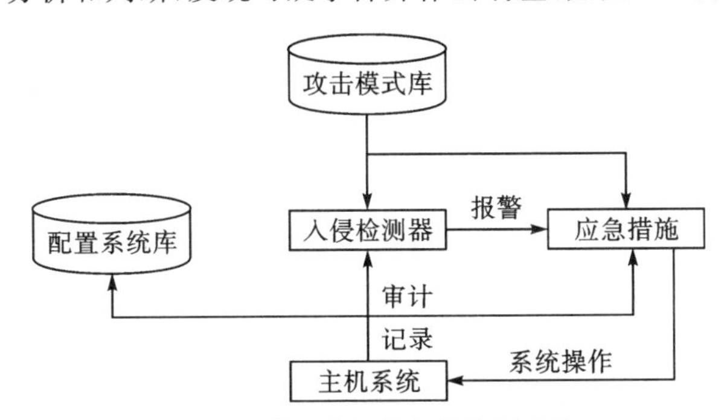

图 8-5　基于主机的入侵检测系统

目前 HIDS 仍使用审计记录,但主机能自动进行检测,而且能准确及时响应。通常,HIDS 监视分析系统、事件和安全记录。例如,当有文件发生变化时,HIDS 将新的记录条目与攻击标记相比较,看其是否匹配,如果不匹配系统就会向管理员报警。在 HIDS 中,对关键的系统文件和可执行文件的入侵检测是主要内容之一,通常进行定期检查和校验,以便发现异常变化。此外,大多数 HIDS 产品都监听端口的活动,在特定端口被访问时向管理员报警。

1. HIDS 的结构

基于主机的入侵检测系统通常有两种结构:集中式结构和分布式结构。集中式结构是指主机入侵检测系统将收集到的所有数据发送到一个中心位置(如控制台),然后再进行集中分析。而分布式结构是指数据分析是由每台主机单独进行的，每台主机对自身收集到的数据进行分析，并向控制台发送报警信息。

采用集中式结构时，入侵检测系统所在的主机的性能将不会受到很大的影响。但是，要注意的是，由于入侵检测系统收集的数据首先要送到控制台，然后再进行分析，这样将不能保证报警信息的实时性。

2. HIDS 分类

按照检测对象的不同，基于主机的入侵检测系统可以分为网络连接检测和主机文件检测两类。

(1)网络连接检测。网络连接检测是对试图进入该主机的数据流进行检测，分析确定是否有入侵行为，避免或减少这些数据流进入主机系统后造成损害。

网络连接检测可以有效地检测出是否存在攻击探测行为，攻击探测几乎是所有攻击行为的前奏。系统管理员可以设置好访问控制表，其中包括容易受到攻击探测的网络服务，并且为它们设置好访问权限。如果入侵检测系统发现有用户对未开放的服务端口进行网络连接，说明有人在寻找系统漏洞，这些探测行为就会被入侵检测系统记录下来，同时这种未经授权的连接也被拒绝。

(2)主机文件检测。通常入侵行为会在主机的各种相关文件中留下痕迹，主机文件检测能够帮助系统管理员发现入侵行为或入侵企图，及时采取补救措施。

主机文件检测的检测对象主要包括以下几种：

(1)系统日志。系统日志文件中记录了各种类型的信息，包括各用户的行为记录。如果日志文件中存在异常的记录，就可以认为已经或正在发生网络入侵行为。这些异常包括不正常的反复登录失败记录、未授权用户越权访问重要文件、非正常登录行为等。

(2)文件系统。恶意的网络攻击者会修改网络主机上包含重要信息的各种数据文件，他们可能会删除或者替换某些文件，或者尽量修改各种日志记录来销毁他们的攻击行为可能留下的痕迹。如果入侵检测系统发现文件系统发生了异常的改变，例如一些受限访问的目录或文件被非正常地创建、修改或删除，就可以怀疑发生了网络入侵行为。

(3)进程记录。主机系统中运行着各种不同的应用程序，包括各种服务程序。每个执行中的程序都包含了一个或多个进程。每个进程都存在于特定的系统环境中，能够访问有限的系统资源、数据文件等，或者与特定的进程进行通信。黑客可能将程序的进程分解，致使程序终止，或者令程序执行违背系统用户意图的操作。如果入侵检测系统发现某个进程存在着异常的行为，就可以怀疑有网络入侵。

3. HIDS 的优点和缺点

尽管基于主机的入侵检查系统不如基于网络的入侵检查系统快捷，但它确实具有基于网络的系统无法比拟的优点。这些优点包括：更好的辨识分析、对特殊主机事件的紧密关注及低廉的成本。基于主机的入侵检测系统的优点有以下几方面：

(1)确定攻击是否成功。由于基于主机的 IDS 使用含有已发生事件信息，它们可以比基于网络的 IDS 更加准确地判断攻击是否成功。在这方面，基于主机的 IDS 是基于网络的 IDS 的完美补充，网络部分可以尽早提供警告，主机部分可以确定攻击成功与否。

(2)监视特定的系统活动。基于主机的IDS监视用户和访问文件的活动,包括文件访问、改变文件权限、试图建立新的可执行文件或者试图访问特殊的设备。例如,基于主机的IDS可以监督所有用户的登录及下网情况,以及每位用户在连联到网络以后的行为。对于基于网络的检测系统要做到这个程度是非常困难的。基于主机技术还可监视只有管理员才能实施的非正常行为。操作系统记录了任何有关用户账号的增加、删除、更改的情况,只要改动一旦发生,基于主机的IDS就能检测到这种不适当的改动。基于主机的IDS还可审计能影响系统记录的校验措施的改变。基于主机的系统可以监视主要系统文件和可执行文件的改变。系统能够查出那些欲改写重要系统文件或者安装特洛伊木马或后门的尝试并将它们中断。而基于网络的系统有时会查不到这些行为。

(3)能够检查到基于网络的系统检查不出的攻击。基于主机的系统可以检测到那些基于网络的系统察觉不到的攻击。例如,来自主要服务器键盘的攻击不经过网络,所以可以躲开基于网络的入侵检测系统。

(4)适用被加密的和交换的环境。交换设备可将大型网络分成许多的小型网络部件加以管理,所以从覆盖足够大的网络范围的角度出发,很难确定配置基于网络的IDS的最佳位置。业务映射和交换机上的管理端口有助于此,但这些技术有时并不适用。基于主机的入侵检测系统可安装在所需的重要主机上,在交换的环境中具有更高的能见度。某些加密方式也向基于网络的入侵检测发出了挑战。由于加密方式位于协议堆栈内,所以基于网络的系统可能对某些攻击没有反应。基于主机的IDS没有这方面的限制,当操作系统及基于主机的系统看到即将到来的业务时,数据流已经被解密了。

(5)接近实时的检测和响应。尽管基于主机的入侵检测系统不能提供真正实时的反应,但如果应用正确,反应速度可以非常接近实时。传统系统利用一个进程在预先定义的间隔内检查登记文件的状态和内容,与老式系统不同,当前基于主机的系统的中断指令,新的记录可被立即处理,显著减少了从攻击验证到作出响应的时间,在从操作系统作出记录到基于主机的系统得到辨识结果之间的这段时间是一段延迟,但大多数情况下,在破坏发生之前,系统就能发现入侵者,并终止其攻击。

(6)不要求额外的硬件设备。基于主机的入侵检测系统存在于现行网络结构之中,包括文件服务器、Web服务器及其他共享资源,这些使得基于主机的系统效率很高。

(7)记录花费更加低廉。基于网络的入侵检测系统比基于主机的入侵检测系统要昂贵得多。

基于主机的入侵检测系统有如下缺点:

(1)主机入侵检测系统安装在需要保护的设备上,如当一个数据库服务器要保护时,就要在服务器上安装入侵检测系统,这会降低应用系统的效率。此外,它也会带来一些额外的安全问题,安装了主机入侵检测系统后,将本不允许安全管理员访问的服务器变成可以有权限访问。

(2)主机入侵检测系统依赖于服务器固有的日志与监视能力。如果服务器没有配置日志功能,则必须重新配置,这将会给运行中的业务系统带来不可预见的性能影响。

(3)全面部署主机入侵检测系统代价较大,企业很难将所有主机用主机入侵检测系统保护，只能选择部分主机保护。那些未安装主机入侵检测系统的主机将成为保护的盲点，入侵者可利用这些主机达到攻击的目的。

(4)主机入侵检测系统除了监测自身的主机以外，根本不监测网络上的情况。对入侵行为的分析的工作量将随着主机数目增加而增加。

8.3.2 基于网络的入侵检测系统

网络入侵检测系统(NIDS)通常利用一个运行在随机模式下的网络适配器来实时检测，并通过分析引擎分析通过网络的所有通信业务，如图 8-6 所示。根据网络接口的攻击辨识模块，通常使用四种常用技术来标识攻击标志：模式、表达式或自己匹配，频率或穿越阈值，低级时间的相关性，统计学意义上的非常规现象检测。一旦检测到了攻击行为，IDS 响应模块就提供多种选项以通知、报警并对攻击采取响应的反应。

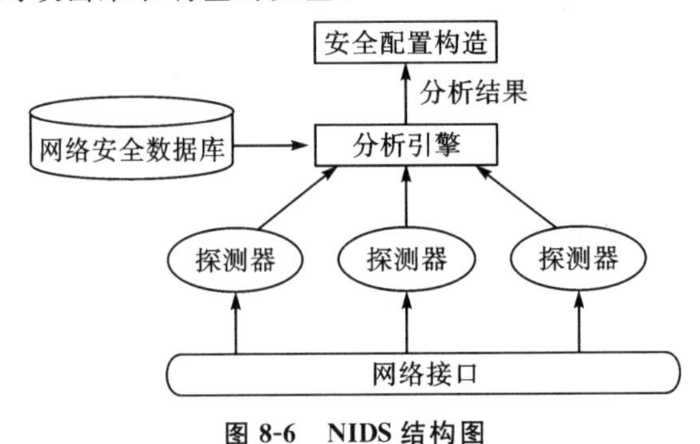

图 8-6 NIDS 结构图

基于网络的入侵检测系统有如下优点：

(1)能检测基于主机的系统漏掉的攻击。NIDS 检查所有数据包的头部从而能发现恶意的和可疑的信息。HIDS 无法查看数据包的头部，所以 HIDS 无法检测到此类攻击，如来自 IP 地址的拒绝服务攻击(DoS)只有在经过网络时检查数据包的头部才能被发现。

(2)攻击者不易转移证据。由于 NIDS 能实时地检测网络通信，所以攻击者无法转移证据。被捕获的数据不仅包括攻击的方法，而且还包括可识别黑客身份和对其进行起诉的信息。

(3)实时检测和响应。NIDS 可以在恶意及可疑攻击发生的同时将其检测出来，并作出更快的通知和响应。NIDS 不需要改变服务器等主机的配置，也不会影响主机性能。由于这种检测技术不会在业务系统的主机中安装额外的软件，从而不会影响这些机器的 CPU、I/O 与磁盘等资源的使用，不会影响业务系统的性能。

(4)风险低。由于网络入侵检测系统不像路由器、防火墙等关键设备那样会成为系统中的一个关键路径，所以网络入侵检测系统发生故障时不会影响正常业务的运行。

(5)配置简单。网络入侵检测系统近年来有向专用设备发展的趋势，安装这样的一个网络入侵检测系统非常方便，只需将定制的设备接上电源，做很少的配置，将其连到网络即可。

8.3.3 分布式入侵检测系统

分布式入侵检测系统(DIDS)综合了基于主机和基于网络的 IDS 的功能。DIDS 的分布性表现在两个方面：首先，数据包过滤的工作由分布在各网络设备（包括联网主机）上的探测代理完成。其次，探测代理认为可疑的数据包将根据其类型交给专用的分析层设备处理。各探测代理不仅实现信息过滤，同时对所在系统进行监视，而分析层和管理层则可对全局信息进行关联性分析。这样对网络信息进行分流，既可以提高检测速度，解决检测效率低的问题，又增强了 DIDS 本身的抗 DoS 的攻击。

8.3.4　入侵检测系统的发展方向

入侵检测系统经过多年的研究和发展，已经取得了显著的成果，但还存在一些问题，因此未来的发展空间较大。

IDS 面临的主要问题有以下方面：

（1）误报漏报问题。误报是指被入侵检测系统检测出其实是正常和合法的信息，而使 IDS 产生警报，这种假警报会干扰用户的正常使用并且降低 IDS 的效率。现有的入侵检测系统检测速度远小于网络传输速度，也会导致误报和漏报。往往攻击者会利用数据包的结构伪造大量的假警报，以迫使管理员把 IDS 关掉。

（2）检测效率问题。高速网络的发展，尤其是交换技术以及加密信息技术的发展，使得通过共享网段侦听的网络数据采集方法不够完善，而海量的通信量对数据分析也提出了新要求。

（3）入侵检测系统体系结构问题。由于网络入侵检测系统对加密的数据流及交换网络下的数据流不能进行检测，也会导致 IDS 自身易受到攻击。

（4）产品适应能力低。传统的 IDS 产品在开发时没有考虑特定网络环境的需求。网络技术在发展，网络设备变得复杂化、多样化，这就需要入侵检测产品能动态调整，以适应不同环境的需求。

入侵检测作为一种积极主动的安全防护技术，提供了对内部攻击、外部攻击和误操作的实时保护，使网络系统在受到危害之前进行拦截和响应，为网络安全增加一道屏障。随着入侵检测的研究与开发，在实际应用中与其他网络管理软件相结合，使网络安全可以从立体纵深、多层次防御出发，形成入侵检测、网络管理、网络监控三位一体化，从而更加有效地保护网络的安全。近年来入侵检测技术有以下几个主要发展方向：

（1）分布式入侵检测技术与通用入侵检测技术架构。

传统的入侵检测技术一般局限于单一的主机或网络架构，对异构系统及大规模网络的监测明显不足。同时不同的入侵检测系统之间不能协同工作。为解决这一问题，需要分布式入侵检测技术使用通用入侵检测技术架构。CIDF 以构建通用的 IDS 体系结构与通信系统为目标，利用基于图形的入侵检测技术（GrIDS）跟踪与分析分布系统入侵，跟踪和电网配电系统（EMER-ALD）实现在大规模的网络与复杂环境中的入侵检测技术。

（2）分布式合作引擎、协同式抵抗入侵。

随着入侵手段的提高，尤其是分布式、协同式、复杂模式攻击的出现和发展，传统的单一、缺乏协作的入侵检测技术已经不能满足需要，这就要求要有充分的协作机制。分布式的信息的合作与协同处理成为 IDS 发展的必然趋势。

（3）智能化入侵检测。

所谓的智能化方法，即使用智能化的方法与手段来进行入侵检测。现阶段常用的有神经网络、遗传算法、模糊技术、免疫原理等方法，这些方法常用于入侵特征的辨识。较为一致的解决方案，应为常规意义下的入侵检测系统与具有智能检测功能的检测软件或模块的结合使用，并且需要对智能化的入侵检测技术加以进一步研究以提高其自学习与自适应能力。

(4)全面的安全防御方案。

使用安全工程风险管理的思想与各种方法处理网络安全问题，将网络安全作为一个整体工程来处理。从管理制度、网络架构、数据加密、防火墙、病毒防护、入侵检测等多方位对网络作全面的评估，然后设计和实施可行的解决方案。

(5)建立入侵检测技术的评价体系。

用户需对众多的入侵检测系统(IDS)进行评价，评价指标包括 IDS 检测技术范围、系统资源占用、IDS 自身的可靠性与鲁棒性，从而设计通用的入侵检测技术测试与评估方法和平台，实现对多种 IDS 的检测技术已成为当前 IDS 的另一重要研究与发展领域。

(6)宽带高速网络的实时入侵检测技术。

大量高速网络技术近年来不断出现，在此背景下的各种宽带接入手段层出不穷，如何实现高速网络环境的入侵检测已成为一个现实问题。这需要考虑两个方面。首先，IDS 的软件结构和算法需要重新设计，以适应高速网络的新环境，重点是提高运行速度和效率。其次，随着高速网络技术的不断进步和成熟，新的高速网络协议的设计也成为未来的一个发展趋势。

8.4 几种典型的入侵检测系统

对入侵检测系统(IDS)的研究从 20 世纪 80 年代就已开始，第一个商业 IDS 也在 1991 年诞生。目前各种入侵检测系统(IDS)研究项目和商业产品的数量极为庞大，下面介绍具有代表性的入侵检测系统、开源的 IDS、商业 IDS。

1. 开放源码的 IDS 项目 Snort

Snort 是一种运行于单机的基于滥用检测的网络入侵检测系统。Snort 通过 Libpcap 获取网络包，并进行协议分析。它定义了一种简单灵活的网络入侵描述语言，对网络入侵进行描述(入侵特征或入侵信号)。Snort 根据入侵描述对网络数据进行匹配和搜索，能够检测到多种网络攻击与侦察，包括缓冲区溢出攻击、端口扫描、CGI 攻击、SMB 侦察等，并提供了多种攻击响应方式。对于最新的攻击方法，使用 Snort 的入侵描述语言能够快速方便地写出对新攻击的描述，从而使 Snort 能够检测到这种攻击。在 Internet 上已建立了发布 Snort 入侵模式数据库的站点。Snort 是极具活力的自由软件，在世界各地的志愿者开发下，技术和功能在不断提高。

2. 商业产品

国际市场上的主流商业 IDS 产品大部分为基于网络的，主要有以下两种：

(1)RealSecure。

RealSecure 由互联网安全系统公司(ISS)开发，包括三种系统部件：网络入侵检测 Agent，主机入侵检测 Agent 和管理控制台。RealSecure 属于分布式结构，每个网络监视器运行于专用的工作站上，监视不同的网段。RealSecure 的入侵检测方法属于滥用检测，能够检测几乎所有的主流攻击方式，并实现了基于主机检测和基于网络检测的无缝集成。对于不同的应用程序如 Exchange、SQL、LDAP、Oracle 和 Sybase 等，RealSecure 提供了专门的系统代理进行入侵检测。整个系统由一个管理程序进行配置以及与用户交互，可提供安全报告等信息。RealSecure 的缺点是无法进行包重组，这使得它容易受到欺骗。RealSecure 在七种 IDS 的评测中得到了最高的评价。

(2)NFR。

NFR 是一种基于滥用检测的网络入侵检测系统。它提供两种版本：商业版和研究版(提供源码)。目前已停止了研究版的发行。NFR 使用经过修改的 Libpcap 进行网络抓包，并拥有一种完善的包分析脚本语言 N-code，通过它编写对各种攻击的检测及处理程序。NFR 是世界上第一种具有 TCP 包重组功能的 IDS 产品，这使得 NFR 能够抵抗 Ptacek 和 Newsham 提出的躲避 IDS 的方法。

8.5　入侵防御系统

网络信息系统的安全问题是一个十分复杂的问题，涉及技术、管理、使用等许多方面。传统的网络安全防范工具是防火墙，它是一种用来加强网络之间访问控制的特殊网络互联设备，通过对两个或多个网络之间传输的数据包和连接方式按照一定的安全策略进行检查，来决定网络之间的通信是否被允许。入侵检测系统就是依照一定的安全策略，对网络、系统的运行状况进行监视，尽可能发现各种攻击企图、攻击行为或者攻击结果，以保证网络系统资源的机密性、完整性和可用性。与防火墙不同的是，IDS 入侵检测系统是一个旁路监听设备，没有也不需要跨接在任何链路上，无须网络流量流经它便可以工作，但 IDS 只能是检测到攻击。在这种情况下，入侵防御系统(IPS)应运而生。入侵防御系统(IPS)是一种能够检测已知和未知攻击并能成功阻止攻击的软硬件系统，是网络安全领域为弥补防火墙及入侵检测系统(IDS)的不足而发展起来的一种计算机信息安全技术。

8.5.1　入侵防御系统的概念

入侵防御系统(IPS)是一种安全机制，通过分析网络流量检测入侵(包括缓冲区溢出攻击、木马、蠕虫等)，并通过一定的响应方式，实时地终止入侵行为，保护企业信息系统和网络架构免受侵害。

入侵防御是既能发现又能阻止入侵行为的新安全防御技术。通过检测发现网络入侵后，能自动丢弃入侵报文或者阻断攻击源，从而从根本上避免攻击行为。入侵防御的主要优势有如下几点：

(1)实时阻断攻击：设备采用直路方式部署在网络中，能够在检测到入侵时，实时对入侵活动和攻击性网络流量进行拦截，把其对网络的入侵程度降到最低。

(2)深层防护:由于新型的攻击都隐藏在TCP/IP协议的应用层里,入侵防御能检测报文应用层的内容,还可以对网络数据流重组进行协议分析和检测,并根据攻击类型、策略等来确定哪些流量应该被拦截。

(3)全方位防护:入侵防御可以提供针对蠕虫、病毒、木马、僵尸网络、间谍软件、广告软件、CGI(CGI)攻击、跨站脚本攻击、注入攻击、目录遍历、信息泄露、远程文件包含攻击、溢出攻击、代码执行、拒绝服务、扫描工具、后门等攻击的防护措施,全方位防御各种攻击,保护网络安全。

(4)内外兼防:入侵防御不但可以防止来自企业外部的攻击,还可以防止发自企业内部的攻击。系统对经过的流量都可以进行检测,既可以对服务器进行防护,也可以对客户端进行防护。

(5)不断升级,精准防护:入侵防御特征库会持续更新,以保持最高水平的安全性。

入侵防御系统(IPS)与入侵检测系统(IDS)的区别如下。

IDS对那些异常的、可能是入侵行为的数据进行检测和报警,告知使用者网络中的实时状况,并提供相应的解决、处理方法,是一种侧重于风险管理的安全功能。而入侵防御对那些被明确判断为攻击行为,会对网络、数据造成危害的恶意行为进行检测,并实时终止,降低或是减免使用者对异常状况的处理资源开销,是一种侧重于风险控制的安全功能。

入侵防御系统在传统IDS的基础上增加了强大的防御功能,传统IDS很难对基于应用层的攻击进行预防和阻止,入侵防御设备能够有效防御应用层攻击。

由于重要数据夹杂在过多的一般性数据中,IDS很容易忽视真正的攻击,误报和漏报率居高不下,日志和告警过多。而入侵防御系统则可以对报文层层剥离,进行协议识别和报文解析,对解析后的报文分类并进行专业的特征匹配,保证了检测的精确性。

IDS设备只能被动检测保护目标遭到何种攻击。为阻止进一步攻击行为,它只能通过响应机制报告给防火墙,由防火墙来阻断攻击。入侵防御系统是一种主动积极的入侵防范阻止系统,检测到攻击企图时会自动将攻击包丢掉或将攻击源阻断,有效地实现了主动防御功能。

8.5.2 入侵防御系统的分类

入侵防御系统(IPS)根据部署方式可分为三类:基于主机的入侵防御系统(HIPS)、基于网络的入侵防御系统(NIPS)、应用入侵防御系统(AIPS)。

1. 基于主机的入侵防御系统(HIPS)

HIPS通过在主机/服务器上安装软件代理程序,防止网络攻击入侵操作系统以及应用程序。基于主机的入侵防御能够保护服务器的安全弱点不被黑客利用。基于主机的入侵防御技术可以根据自定义的安全策略以及分析学习机制来阻断对服务器、主机发起的恶意入侵。HIPS可以阻断缓冲区溢出、改变登录口令、改写动态链接库以及其他试图从操作系统夺取控制权的入侵行为,整体提升主机的安全水平。

在技术上,HIPS采用独特的服务器保护途径,利用由包过滤、状态包检测和实时入侵检测组成分层防护体系。这种体系能够在提供合理吞吐率的前提下,最大限度地保护服务器的敏感内容,既可以以软件形式嵌入应用程序对操作系统的调用当中,通过拦截针对操作系统的可疑调用，提供对主机的安全防护，也可以以更改操作系统内核程序的方式提供比操作系统更加严谨的安全控制机制。

由于HIPS工作在受保护的主机/服务器上，因此它不但能够利用特征和行为规则检测，阻止诸如缓冲区溢出之类的已知攻击，还能够防范未知攻击，防止针对Web页面、应用和资源的未授权的任何非法访问。HIPS与具体的主机/服务器操作系统平台紧密相关，不同的平台需要不同的软件代理程序。

2. 基于网络的入侵防御系统（NIPS）

NIPS通过检测流经的网络流量，提供对网络系统的安全保护。由于它采用在线连接方式，所以一旦辨识出入侵行为，NIPS就可以去除整个网络会话，而不仅仅是复位会话。由于实时在线，NIPS需要具备很高的性能，以免成为网络的瓶颈，因此NIPS通常被设计成类似于交换机的网络设备，提供线速吞吐速率以及多个网络端口。

NIPS必须基于特定的硬件平台，才能实现千兆级网络流量的深度数据包检测和阻断功能。这种特定的硬件平台通常可以分为三类：一类是网络处理器（网络芯片），另一类是专用的FPGA编程芯片，第三类是专用的ASIC芯片。

在技术上，NIPS吸取了目前NIDS所有的成熟技术，包括特征匹配、协议分析和异常检测。特征匹配是最广泛应用的技术，具有准确率高、速度快的特点。基于状态的特征匹配不但检测攻击行为的特征，还要检查当前网络的会话状态，避免受到欺骗攻击。

协议分析是一种较新的入侵检测技术，它充分利用网络协议的高度有序性，并结合高速数据包捕捉和协议分析，来快速检测某种攻击特征。协议分析正在逐渐进入成熟应用阶段。协议分析能够理解不同协议的工作原理，以此分析这些协议的数据包，来寻找可疑或不正常的访问行为。协议分析不仅仅基于协议标准（如RFC），还基于协议的具体实现，这是因为很多协议的实现偏离了协议标准。通过协议分析，IPS能够针对插入（Insertion）与规避（Evasion）攻击进行检测。由于异常检测的误报率比较高，NIPS不将其作为主要技术。

3. 应用入侵防御系统（AIPS）

NIPS产品有一个特例，它把基于主机的入侵防御扩展成为位于应用服务器之前的网络设备。AIPS被设计成一种高性能的设备，配置在应用数据的网络链路上，以确保用户遵守设定好的安全策略，保护服务器的安全。

AIPS部署在应用服务器之前，通过AIPS的安全策略来防止基于应用层协议漏洞和设计缺陷的恶意攻击。

8.5.3　入侵防御系统的工作原理

入侵防御系统（IPS）实现实时检查和阻止入侵的原理在于IPS拥有数目众多的过滤器，能够防止各种攻击。当新的攻击手段被发现之后，IPS就会创建一个新的过滤器。IPS数据包处理引擎是专业化定制的集成电路，可以深层检查数据包的内容。如果有攻击者利用第二层（介质访问控制层）至第七层（应用层）的漏洞发起攻击，IPS能够从数据流中检测出这些攻击并加以阻止。传统的防火墙只能对第三层或第四层进行检查，不能检测应用层的内容。防火墙的包过滤技术不会针对每一字节进行检查，因而也就无法发现攻击活动，而IPS可以做到逐一字节地检查数据包。所有流经IPS的数据包都被分类，分类的依据是数据包中的报头信息，如源IP地址和目的IP地址、端口号和应用域。每种过滤器负责分析相对应的数据包。通过检查的数据包可以继续前进，包含恶意内容的数据包就会被丢弃，被怀疑的数据包需要接受进一步的检查。

针对不同的攻击行为，IPS需要不同的过滤器。每种过滤器都设有相应的过滤规则，为了确保准确性，这些规则的定义非常广泛。在对传输内容进行分类时，过滤引擎还需要参照数据包的信息参数，并将其解析到一个有意义的域中进行上下文分析，以提高过滤准确性。

过滤器引擎集合了大规模并行处理硬件，能够同时执行数千次的数据包过滤检查。并行过滤处理可以确保数据包能够不间断地快速通过系统，不会对速度造成影响。这种硬件加速技术对于IPS具有重要意义，因为传统的软件解决方案必须串行进行过滤检查，会导致系统性能大打折扣。

8.5.4 入侵防御系统的功能、检测方法和性能扩展

1. 入侵防御系统的功能

入侵防御系统（IPS）作为串接部署的设备，重点是确保用户业务不受影响。错误的阻断必定意味着影响正常业务，在错误阻断的情况下，各种扩展功能、高性能都是一句空话。这就引出了IPS设备所应该关心的重点——精确阻断，即精确判断各种深层的攻击行为，并实现实时阻断。

精确阻断解决了自IPS概念出现以来用户和厂商的最大困惑：如何确保IPS无误报和滥报，使得串接设备不会形成新的网络故障点。而作为一款防御入侵攻击的设备，毫无疑问，防御各种深层入侵行为是第二个重点，这是IPS系统区别于其他安全产品的本质特点，也给精确阻断加上了一个修饰语：保障深层防御情况下的精确阻断，即在确保精确阻断的基础上尽量多地发现攻击行为（如SQL注入攻击、缓冲区溢出攻击、恶意代码攻击、后门、木马、间谍软件）是IPS发展的主线功能。

2. IPS检测方法

大多数入侵防御系统利用以下三种检测方法之一：基于签名、基于统计异常和状态协议分析。

基于签名的检测：基于签名的IDS监视网络中的数据包，并与称为签名的预先配置和预定的攻击模式进行比较。

基于统计异常的检测：基于异常的IDS将监视网络流量并将其与已建立的基准进行比较。基线将确定该网络的正常状态——通常使用哪种带宽以及使用哪种协议。但是，如果未对基线进行智能配置，则可能会针对带宽的合理使用发出误报警报。

状态协议分析检测：此方法通过将观察到的事件与“公认的良性活动定义的预定配置文件”进行比较，从而识别协议状态的偏差。

3. IPS性能扩展

IPS性能扩展的方式是采用融合“基于特征的检测机制”和“基于原理的检测机制”形成的“柔性检测”机制，它最大的特点就是基于原理的检测方法与基于特征的检测方法并存，组合了

两种检测方法的优势。这种融合不仅是两种检测方法的大融合，而且细分到对攻击检测防御的每一个过程中，在抗躲避的处理、协议分析、攻击识别等过程中都包含了动态与静态检测的融合。

扩展功能和高性能也是入侵防御系统所必需关注的内容，但也要符合产品的主线功能发展趋势。如针对 P2P 的限制：P2P 作为一种新兴的下载手段，得到了极为广泛的运用，但由于无限制的 P2P 应用会影响网络的带宽消耗，并且还随之带来知识产权、病毒等多种相关问题。而实现对 P2P 的控制和限制，需要较为深入的应用层分析，交给 IPS 来限制、防范，是一个比较恰当的选择。

性能表现是 IPS 的又一重要指标，但这里的性能应该是更广泛含义上的性能，包括最大的参数表现和异常状况下的稳定保障。也就是说，性能除了需要关注诸如"吞吐率多大""转发时延多长""一定背景流下检测率如何"等性能参数表现外，还需要关注"如果出现了意外情况，如何以最快速度能恢复网络的正常通信"，这个问题也是 IPS 出现之初被质疑的一个重点。

8.5.5　入侵防御系统的现状及发展

IPS 技术需要面对很多挑战，其中主要有三点：一是单点故障，二是性能瓶颈，三是误报和漏报。设计要求 IPS 必须以嵌入模式工作在网络中，而这就可能造成瓶颈问题或单点故障。如果 IDS 出现故障，最坏的情况也就是造成某些攻击无法被检测到，而嵌入式的 IPS 设备出现问题，就会严重影响网络的正常运转。如果 IPS 出现故障而关闭，用户就会面对一个由 IPS 造成的拒绝服务问题，所有客户都将无法访问企业网络提供的应用。

即使 IPS 设备不出现故障，它仍然是一个潜在的网络瓶颈，不仅会增加滞后时间，而且会降低网络的效率，IPS 必须与数千兆或者更大容量的网络流量保持同步，尤其是当加载了数量庞大的检测特征库时，设计不够完善的 IPS 嵌入设备无法支持这种响应速度。绝大多数高端 IPS 产品供应商都通过使用自定义硬件（如网络处理器和 ASIC 芯片）来提高 IPS 的运行效率。

误报率和漏报率也需要 IPS 认真面对。在繁忙的网络当中，如果以每秒需要处理十条警报信息来计算，IPS 每小时至少需要处理 36000 条警报，一天就是 864000 条。一旦生成了警报，最基本的要求就是 IPS 能够对警报进行有效处理。如果入侵特征编写得不是十分完善，那么误报就有了可乘之机，导致合法流量也有可能被意外拦截。对于实时在线的 IPS 来说，一旦拦截了攻击性数据包，就会对来自可疑攻击者的所有数据流进行拦截。如果触发了误报警报的流量恰好是某个客户订单的一部分，其结果可想而知，这个客户整个会话就会被关闭，而且此后该客户所有重新连接到企业网络的合法访问都会被尽职尽责地 IPS 拦截。

IPS 厂商采用各种方式加以解决。一是综合采用多种检测技术，二是采用专用硬件加速系统来提高 IPS 的运行效率。尽管如此，为了避免 IPS 重蹈 IDS 覆辙，厂商对 IPS 的态度还是十分谨慎的。例如，NAI 提供的基于网络的入侵防御设备提供多种接入模式，其中包括旁路接入方式，在这种模式下运行的 IPS 实际上就是一台纯粹的 IDS 设备，NAI 希望提供可选择的接入方式来帮助用户实现从旁路监听向实时阻止攻击的自然过渡。

IPS 的不足并不会成为阻止人们使用 IPS 的理由，因为安全功能的融合是大势所趋，入侵防御顺应了这一潮流。对于用户而言，在厂商提供技术支持的条件下，有选择地采用IPS，仍不失为一种应对攻击的理想选择。

习题8

1. 什么是入侵检测？
2. 简述基于主机的入侵检测系统的优点与缺点。
3. 简述基于网络的入侵检测系统的优点与缺点。
4. 异常入侵检测系统的优缺点是什么？
5. 入侵检测可以分为哪几类？各自的特点是什么？
6. 简述入侵防御系统的工作原理。
7. 简述入侵检测系统与入侵防御系统的区别。
8. 简述入侵防御系统的检测方法。

第 9 章　虚拟专用网

随着互联网应用的普及，人们对网络基础设施的功能和可延伸提出了新的要求。如企业网的应用范围不断从本地到跨地区、跨城市甚至是跨国家。如出差的员工需要远程接入单位内部网进行移动办公，某些组织处于不同城市的各分支机构需要进行远距离的互联，企业和商业伙伴的网络之间需要建立安全的连接。对于移动办公用户来说，采用拨号方式接入内部网，通信费用相对较高，而且通信的安全也得不到保证。对于分支机构互联以及和商业伙伴的安全连接，早期采用传统的广域网建立，往往需要租用昂贵的跨地区数字专线，不仅成本高，而且实现困难。

虚拟专用网(VPN)技术是指在公共网络(典型的如 Internet)中建立专用的通道，帮助远程用户、公司分支机构、商业伙伴同公司的内部网建立可信的安全连接，并保证数据的安全传输。通过将数据流转移到低成本的公共网络上，可以大幅度地减少在网络基础设施上的投入。另外，虚拟专用网可以使企业将精力集中到自己的业务上而不是网络上。

9.1　VPN 概述

虚拟专用网(VPN)指的是在公用网络上建立专用网络的技术。其之所以称为虚拟网，主要是因为整个 VPN 网络的任意两个节点之间的连接并没有传统专网所需的端到端的物理链路，而是架构在公用网络服务商所提供的网络平台，如 Internet、ATM(异步传输模式)、Frame Relay(帧中继)等之上的逻辑网络，用户数据在逻辑链路中传输(如图 9-1 所示)。

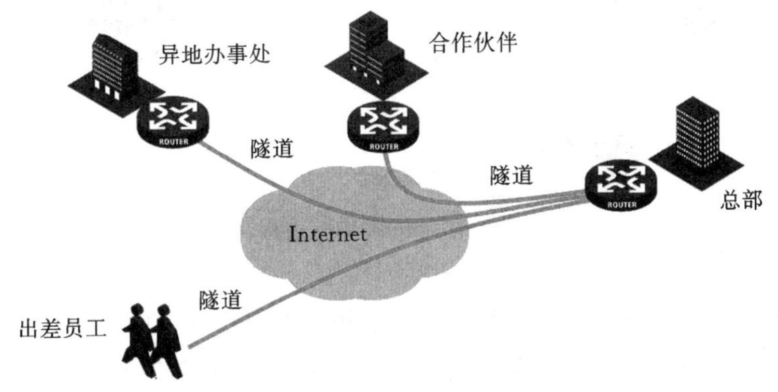

图 9-1　虚拟专用网示意图

IETF 草案定义基于 IP 的 VPN 为使用 IP 机制仿真出一个私有的广域网，即通过私有的隧道技术在公共数据网络上仿真一条点到点的专线技术。所谓虚拟，是指用户不再需要拥有实际的长途数据线路，而是使用 Internet 公众数据网络数据线路。所谓专用网络，是指用户可以为自己制定一个最符合自己需求的网络。

当前 VPN 技术发展经历了四代。

第一代，传统的 VPN，以帧中继 FR 技术和 ATM 技术为主实现对物理链路的复用，以虚电路方式建立虚拟连接通道。

第二代，早期的 VPN，基于 PPTP 隧道协议和 L2TP 隧道协议。适应拨号方式的远程访问，由于其加密及认证方式较弱，无法适应大规模 IP 网络发展的应用需求。

第三代，主流的 VPN，以 IPsec 技术和 MPLS 技术为主，兼顾 IP 网络安全与分组交换性能，基本能满足当前各种应用需求。

第四代，迅速发展的 VPN，以 SSL 协议和 TLS 协议为主，通过应用层加密与认证实现高效、简单、灵活的 VPN 的安全传输功能。但支持的应用不如 IPSec VPN 全面。

9.1.1 VPN 的基本类型

根据业务类型的不同，VPN 主要分为三种：Access VPN（远程接入 VPN）、Intranet VPN（内联网 VPN）、Extranet VPN（外联网 VPN）。

1. Access VPN

Access VPN 是企业员工或企业的小分支机构通过公共网络远程访问企业内部网络的 VPN 方式。远程用户一般是一台主机，而不是网络，因此组成的 VPN 是一种主机到网络的结构。

Access VPN 也称为移动 VPN，为移动用户提供一种安全访问单位内部网络的方法，远程接入 VPN 的典型结构如图 9-2 所示，使用户随时随地以其所需的方式访问单位内部网络资源。远程接入 VPN 的主要应用场景是单位内部人员在外部网络访问单位内部的网络资源，或家庭办公的用户远程接入单位内部网络。

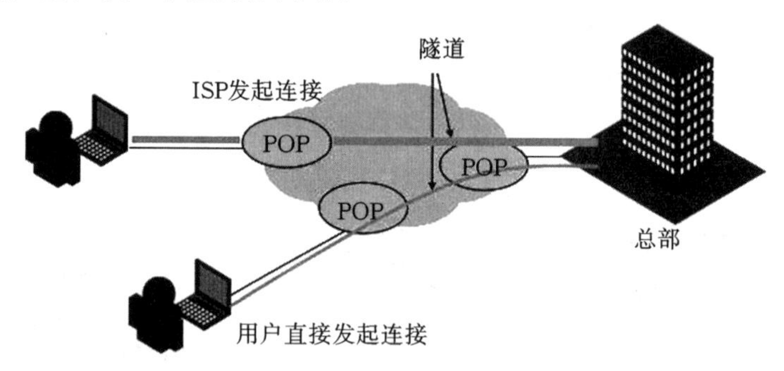

图 9-2 Access VPN 结构

2. Intranet VPN

越来越多的企业需要在全国乃至世界范围内建立各种办事机构、分公司、研究所等，各个分公司之间传统的网络连接方式一般是租用专线。显然，在分公司增多、业务开展越来越广泛时，网络结构趋于复杂，费用昂贵。

利用 VPN 特性可以在 Internet 上组建世界范围内的 Intranet VPN。利用 Internet 的线路保证网络的互联性，而利用隧道、加密等 VPN 特性可以保证信息在整个 Intranet VPN 上安全传输。内联网 VPN 典型的结构如图 9-3 所示，内联网 VPN 通过一个使用专用连接的共享基础设施连接企业总部、远程办事处和分支机构。企业拥有与专用网络相同的政策，包括安全、服务质量(QoS)、可管理性和可靠性。

在使用了内联网 VPN 后,可以很方便地实现两个局域网之间的互联,其条件是分别在每个局域网中设置一台 VPN 网关,同时每个 VPN 网关都需要分配一个公用 IP 地址,以实现 VPN 网关的远程连接。而局域网中的所有主机都可以使用私有 IP 地址进行通信。目前,许多具有多个分支机构的组织在进行局域网之间的互联时采用内联网 VPN 方式。

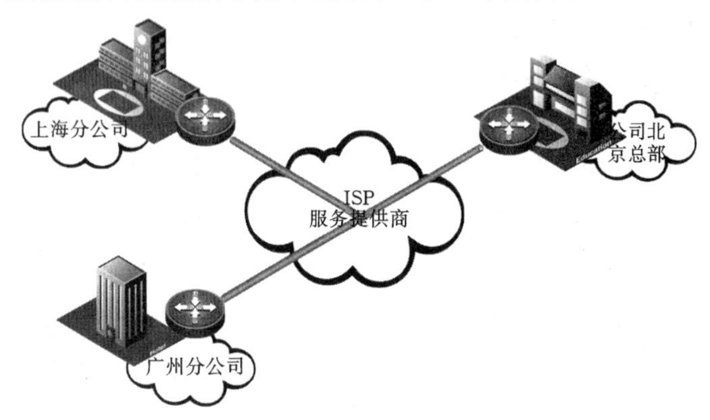

图 9-3　内联网 VPN 结构

3. Extranet VPN

随着信息时代的到来,各个企业越来越重视各种信息的处理。希望可以提供给客户最快捷方便的信息服务,通过各种方式了解客户的需要,同时各个企业之间的合作关系也越来越多,信息交换日益频繁。Internet 为这样的一种发展趋势提供了良好的基础,而如何利用 Internet 进行有效的信息管理,是企业发展中不可避免的一个关键问题。利用 VPN 技术可以组建安全的外联网,既可以向客户、合作伙伴提供有效的信息服务,又可以保证自身的内部网络的安全。

外联网 VPN 通过一个使用专用连接的共享基础设施,将客户、供应商、合作伙伴或兴趣群体连接到企业内部网。外联网 VPN 典型的结构如图 9-4 所示。与内联网 VPN 相似,外联网 VPN 也是一种网关对网关的结构。外联网 VPN 其实是对内联网 VPN 在应用功能上的延伸,在内联网 VPN 的基础上增加了身份认证、访问控制等安全机制。

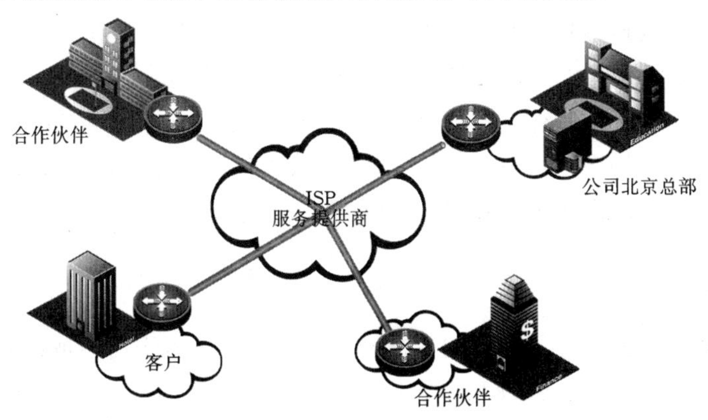

图 9-4　外联网 VPN 结构

9.1.2 VPN的实现技术

为了确保传输数据的安全,VPN主要采用四项技术来保障,这四项技术分别是隧道技术、加解密技术、密钥管理技术、身份认证技术。

1. 隧道技术

隧道技术是VPN的基本技术,类似于点对点连接技术,它在公用网建立一条数据通道(隧道),让数据包通过这条隧道传输。隧道是由隧道协议形成的,VPN中的隧道技术如图9-5所示,又分为第二层、第三层隧道协议。

第二层隧道协议有L2F、PPTP、L2TP等。L2TP协议是IETF的标准,由IETF融合PPTP与L2F而形成。第二层隧道协议是先把各种网络协议封装到PPP中,再把整个数据包装入隧道协议中。这种双层封装方法形成的数据包靠第二层协议进行传输。

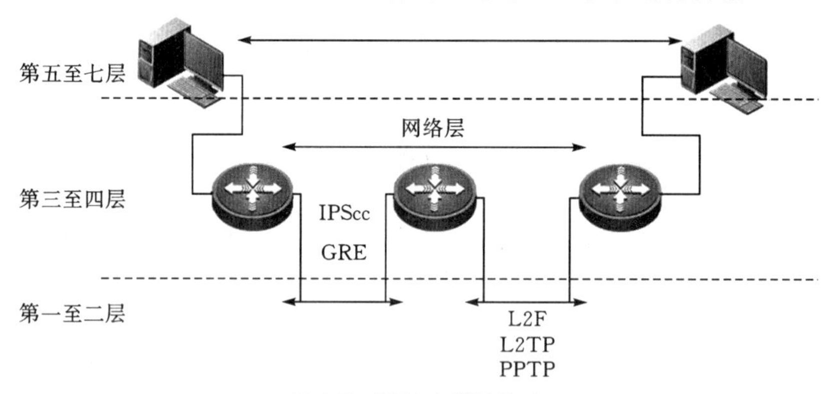

图9-5 VPN中隧道技术

第三层隧道协议把各种网络协议直接装入隧道协议中,形成的数据包依靠第三层协议进行传输。第三层隧道协议有IPSec、GRE等。IPSec定义了一个框架来提供安全协议、选择安全算法、确定服务所使用密钥等服务,从而在IP层提供安全保障,基于IPSec的VPN技术近年在网络安全领域迅速发展,并得到广泛的应用。

2. 加解密技术

加解密技术是数据通信中一项较成熟的技术,VPN可直接利用现有的加解密技术。目前,在网络通信领域中常用的信息加密体制主要包括对称加密体制和非对称加密体制两类。实际应用中通常是将两种加密体制进行结合使用。非对称加密技术多用于认证、数字签名以及安全传输会话密钥等场合,对称加密技术则用于大量传输数据的加密和完整性保护。

在VPN解决方案中最普遍使用的是对称加密算法,主要有DES、3DES、AES、RC4和IDEA等算法。

3. 密钥管理技术

密钥管理技术的主要任务是在公用数据网上安全地传递密钥而不被窃取。现行密钥管理技术又分为SKIP(简单密钥管理协议)与ISAKMP/OAKLEY两种。SKIP主要是利用Diffie-Hellman算法在开放网络上安全传输密钥;而ISAKMP则采用公开密钥机制,通信实体双方都有一对密钥，分别为公钥和私钥。

4. 身份认证技术

在正式的隧道连接开始之前需要确认用户的身份，以便进一步实施资源访问控制或用户授权。VPN 中常见的身份认证方式主要有安全口令和认证协议。使用安全口令是最简单的一种认证方式，为了提高口令的安全性，通常要求采用一次性口令系统或卡片式认证（如智能卡）等方式。

9.1.3 VPN 的应用特点

由于 VPN 技术具有非常明显的应用优势，所以近年来 VPN 产品引起了企业的普遍关注，各类软件产品的 VPN、专用硬件平台的 VPN 及集成到网络设备（主要在防火墙）中的 VPN 产品不断推出，而且在技术上推陈出新，以满足不同用户的应用需求。

1. VPN 的应用优势

VPN 的实现是基于 Internet 的安全可靠的远程访问通道，VPN 具有以下的应用优势。

(1)节约成本。VPN 的实现是基于 Internet 等公共网络的，用户不需要单独铺设专用的网络线路，也不需要向 ISP 租用专线，只需要连接到当地的 ISP 就可以安全接入单位内部网络，节省了网络建设、使用和维护成本。

(2)提供了安全保障。VPN 结合数据加密和身份认证技术，保证了通信数据的机密性和完整性，保证信息不被泄露给未经授权的用户。

(3)易于扩展。只需要简单地增加一台 VPN 设备，就可以利用 Internet 建立安全连接，业务更灵活，简化了管理工作，隧道化网络拓扑降低了管理负担，配置和维护比较简单。

2. VPN 存在的不足

VPN 存在的不足主要是安全问题。由于 VPN 扩展了网络的安全边界，如在局域网出口处设置了 VPN 网关后，网络的安全边界将由局域网扩展到外部主机，如果外部主机的安全性比较脆弱，那么入侵者可以利用外部主机连接到 VPN 网关后进入内部网络。另外，VPN 系统中密钥的产生、分配、使用和管理以及用户的身份认证方式都会影响 VPN 系统的安全性。

在实际应用中，一种有效的安全解决方案是，除建立完善的加密和身份认证机制外，还将 VPN 和防火墙配合应用，通过防火墙增加 VPN 系统的安全性。

9.2 实现 VPN 的二层隧道协议

隧道技术是 VPN 的核心技术，VPN 的加密和身份认证等安全技术都需要与隧道技术相结合起来实现。

实现 VPN 的二层隧道协议就是在 OSI/RM 的第二层（数据链路层）实现的隧道协议，即封装后的用户数据要依靠数据链路层协议进行传输。由于数据链路层的数据单位为帧，所以第二层隧道协议是以帧为数据交换单位来实现的。用于实现 VPN 的第二层隧道协议主要有

PPTP、L2F、L2TP。本节主要介绍第二层隧道协议 L2TP。

第二层隧道协议(L2TP)是由 Cisco、Microsoft、3Com 等厂商共同制定的,1999 年 8 月公布了 L2TP 的标准 RFC 2661。L2TP 是经典型的被动式隧道协议,它结合了第二层转发协议 L2F 和 PPTP 的优点,可以让用户从客户端或接入服务器端发起 VPN 连接。L2TP 定义了利用公共网络设施封装传输链路层 PPP 帧的方法。

L2TP 的好处就在于支持多种协议,用户可以保留原来的 IPX、Apple Talk 等协议,使得在原来非 IP 网上的投资不至于浪费。另外,L2TP 还解决了多个 PPP 链路的捆绑问题。PPP 链路捆绑要求其成员均指向同一个网络访问服务器(NAS)。L2TP 则允许在物理上连接到不同 NAS 的 PPP 链路,在逻辑上的终点为同一个物理设备。同时,L2TP 作为 PPP 的扩充提供了更强大的功能,允许第二层连接的终点和 PPP 会话的终点分别设在不同的设备上。

1. L2TP 的组成

L2TP 主要由 L2TP 接入集中器(LAC)和 L2TP 网络服务器(LNS)构成。LAC 支持客户端的 L2TP,用于发起呼叫、接收呼叫和建立隧道。LAC 一般是一个具有 PPP 端系统和 L2TP 协议处理功能的 NAS,为用户提供通过 PSTN/ISDN 和 xDSL 等多种方式接入网络的服务。LNS 是所有隧道的终点。在传统的 PPP 连接中,用户拨号连接的终点是 NAS,L2TP 使得 PPP 协议的终点延伸到 LNS。LNS 一般是一台能够处理 L2TP 服务器端协议的计算机。L2TP 的体系结构如图 9-6 所示。

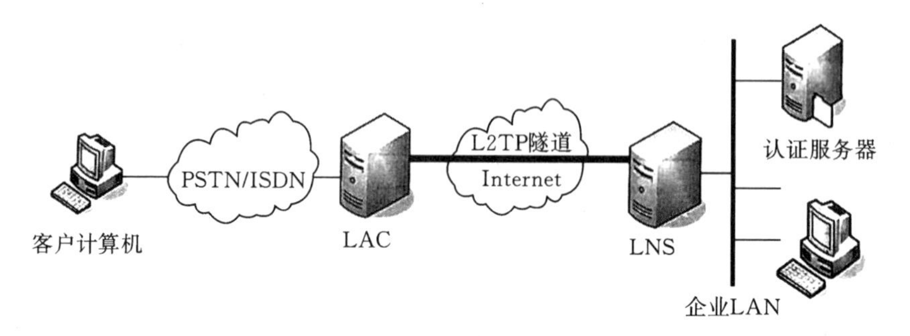

图 9-6 L2TP 的体系结构

L2TP 方式给服务提供商和用户带来了许多方便。用户不需要安装专门的客户端软件,企业网可以在本地管理认证数据库,L2TP 提供了差错和流量控制,从而降低了应用成本和维护成本。在安全性上,L2TP 可以借助 PPP 协议提供的 CHAP 认证和 PAP 认证。

2. L2TP 的工作原理

L2TP 建立基于隧道的 PPP 会话包含两步:先为隧道建立一个控制连接;再建立一个会话来通过隧道传输用户数据,如图 9-7 所示。

隧道和相应的控制连接必须在呼入和呼出请求发送之前建立。L2TP 会话必须在隧道传送 PPP 帧之前建立。多个会话可以共享一条隧道,一对 LAC 和 LNS 之间可以存在多条隧道。

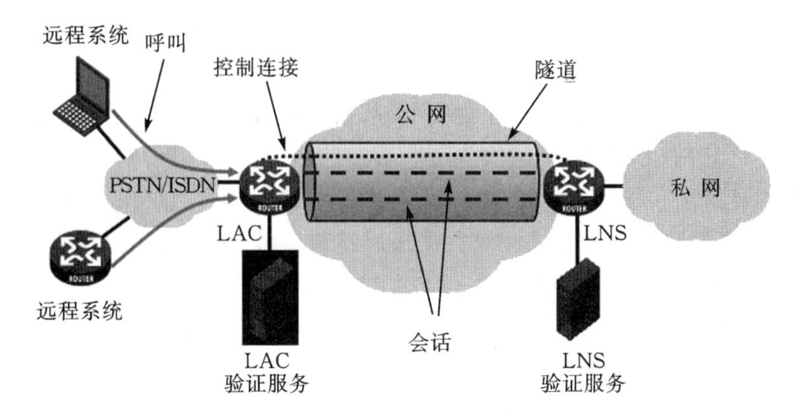

图 9-7　L2TP 的工作原理

控制连接是在会话开始之前所有的 LAC 和 LNS 之间的最原始的连接，其建立涉及双方身份的认证、L2TP 的版本、传送能力和传送窗口的大小。L2TP 在控制连接建立期间使用一种简单的、可选的、类似于 CHAP 的隧道认证机制。为了认证，LAC 和 LNS 之间必须有一个共享的密钥。

在控制连接建立之后，就可以创建单独的会话。每个会话对应一个 LAC 和 LNS 之间的 PPP 流。与控制连接不同，会话的建立是有方向的，LAC 请求与 LNS 建立的会话是呼入(Incoming call)，LNS 请求与 LAC 建立的会话是呼出(outgoing call)。

一旦隧道创建完成，LAC 就可以接收从远程系统来的 PPP 帧，去掉 CRC 和与介质相关的 LAC 域，连接成 LLC 帧，然后封装成 L2TP，通过隧道传输。LNS 接收 L2TP 包，处理被封装的 PPP 帧，交给目标主机。信息发送者将会话 ID 和隧道 ID 放在发送报文的头中。因此 PPP 帧流可以在给定的 LNS-LAC 对之间复用同一条隧道。

3. L2TP 的报文格式

L2TP 报文也有两种：控制报文和数据报文。L2TP 的两种报文采用 UDP 来封装和传输，且使用相同的报文头。L2TP 报文格式如图 9-8 所示。

公网IP头	UDP头	L2TP头	PPP头	私网IP包

图 9-8　L2TP 报文格式

(1)L2TP 控制报文。

L2TP 控制报文用于隧道的建立、维护与断开。L2TP 控制报文在 L2TP 服务器端使用了 UDP 1701 端口，L2TP 客户端系统默认也使用 UDP 1701 端口，但也可以使用其他的 UDP 端口。

(2)L2TP 数据报文。

L2TP 数据报文负责传输用户的数据，L2TP 报文封装过程如图 9-9 所示，客户端发送 L2TP 数据的过程包括如下几个步骤：

①PPP 封装。为 PPP 净荷(如 TCP/IP 数据报、IPX/SPX 数据报或 NETBEUI 数据报等)添加 PPP 头，封装成为 PPP 帧。

②L2TP 封装。在 PPP 帧上添加 L2TP 头部信息，形成 L2TP 帧。

③UDP 封装。在 L2TP 帧上添加 UDP 头，L2TP 客户端和 L2TP 服务器的 UDP 端口默认为 1701，将 L2TP 帧封装成为 UDP 报文。

④IP 封装。在 IPSec 报文的头部添加 IP 头部信息，形成 IP 报文。其中 IP 头部信息中包含 IPSec 客户端和 IPSec 服务器的 IP 地址。

⑤数据链路层封装。根据 L2TP 客户端连接的物理网络类型(以太网、PSTN 和 ISDN 等)添加数据链路层的帧头和帧完成地对数据最后封装。封装后的数据帧在链路上进行传输。

L2TP 服务器端的处理过程正好与 L2TP 客户端相反，为解决封装操作，最后得到封装之前的净载荷。有效的净载荷交交付给内部网络，由内部网络发送到目的主机。

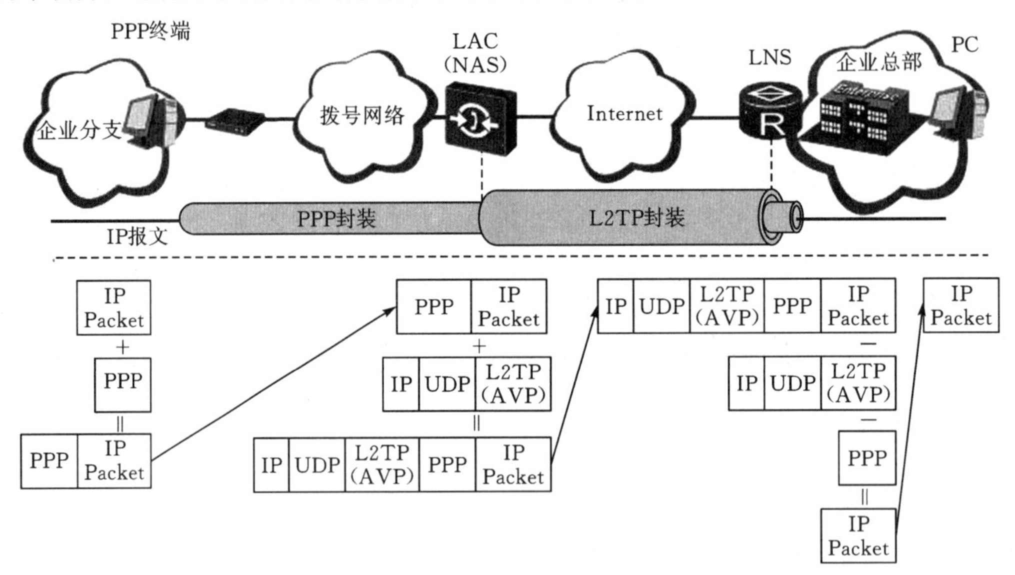

图 9-9 L2TP 报文封装过程

9.3 实现 VPN 的三层隧道协议

三层隧道协议对应于 OSI/RM 中的第三层(网络层)，使用分组(也称为包)作为数据交换单位。与第二层隧道协议相比，第三层隧道协议在实现方式上相对简单。用于实现 VPN 的第三层隧道协议主要有 GRE 和 IPSec。

9.3.1 GRE

通用路由封装(GRE)协议是一种应用非常广泛的第三层 VPN 隧道协议，由 Cisco 和 Net-Smiths 公司共同提出，并于 1994 年提交给 IETF 分别以 RFC 1701 和 RFC 1702 文档发布。2002 年，Cisco 等公司对 GRE 进行了修订，称为 GRE v2，相关内容在 RFC 2784 中进行了规定。

1. GRE 协议的工作原理

GRE 协议是对某些网络层协议(如 IP 和 IPX)的数据报进行封装，使这些被封装的数据报能够在另一个网络层协议(如 IP)中传输。GRE 是 VPN 的第三层隧道协议,在协议层之间采用了一种被称为 Tunnel(隧道)的技术。

2. GRE 的封装过程

一个报文要想在隧道中传输,必须要经过加封装与解封装两个过程,下面以如图 9-10 所示的网络为例说明这两个过程。

图 9-10　GRE 在网络中的应用

(1) 加封装过程。

连接 Novell Group1 的接口收到 IPX 数据报后,首先交由 IPX 协议处理,IPX 协议检查 IPX 报头中的目的地址域来确定如何路由此包。若报文的目的地址被发现要路由经过网号为 Tunnel 0 的网络(Tunnel 的虚拟网号),则将此报文发给网号为 Tunnel 0 的 Tunnel 端口。Tunnel 端口收到此包后进行 GRE 封装,封装完成后交给 IP 模块处理,在封装 IP 报文头后,根据此包的目的地址及路由表交由相应的网络接口处理。

(2) 解封装的过程。

解封装过程和加封装的过程相反。从 Tunnel 接口收到的 IP 报文,通过检查目的地址,当发现目的地就是此路由器时,系统剥掉此报文的 IP 报头,交给 GRE 协议模块处理(检查密钥,检查校验和及报文的序列号等);GRE 协议模块完成相应的处理后,剥掉 GRE 报头,再交由 IPX 协议模块处理,IPX 协议模块对此数据报进行处理。

系统收到一个需要封装和路由的数据报,称为净荷(Payload),这个净荷首先被加上 GRE 封装,成为 GRE 报文;再被封装在新 IP 报文中,交给上层传输层协议。封装好的报文的形式如图 9-11 所示。

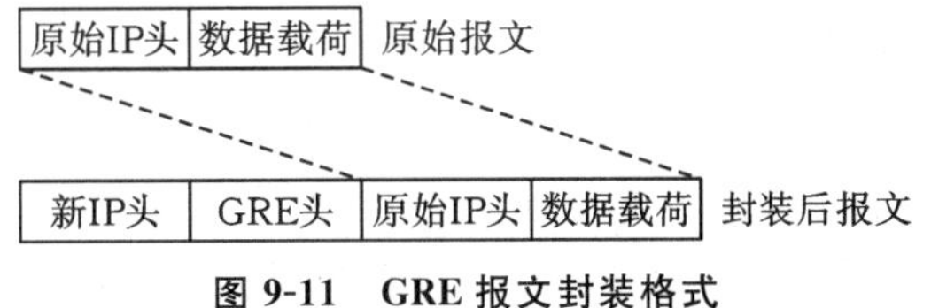

图 9-11　GRE 报文封装格式

GRE 只提供了数据包的封装,没有加密功能来防止网络侦听和攻击,所以在实际应用环境中和 IPSec 一起使用,由 IPSec 提供用户的加密和认证,给用户提供更好的安全性。

9.3.2　IPSec VPN

IPSec 是 IETF 的 IPSec 工作组于 1998 年制定的一组开放网络安全协议。IPSec 工作在网络层,为网络层及以上层提供无连接的完整性、数据来源认证、防重放保护、保密性和自动密钥管理等安全服务。

IPSec 通过 AH 协议和 ESP 协议对网络层协议进行保护,通过 IKE 协议进行密钥交换,AH 和 ESP 既可以单独使用,也可以配合使用。由于 ESP 提供了对数据的保密性,所以在目前的实际应用中多使用 ESP 协议,而很少使用 AH 协议。

IPSec 协议可以在两种模式下进行:传输模式和隧道模式。AH 和 ESP 都支持这两个模式,因此有四种组合:传输模式的 AH 协议、隧道模式的 AH 协议、传输模式的 ESP 协议、隧道模式的 ESP 协议。

1. 传输模式

传输模式要保护的内容是 IP 包的载荷,可能是 TCP/UDP 等传输层协议,也可能是 ICMP 协议,还可能是 AH 协议或 ESP 协议(在嵌套的情况下)。传输模式为上层协议提供安全保护。通常状况下,传输模式只用于两台主机之间的安全通信。在应用 AH 协议时,完整性保护的区域是整个 IP 包,包括 IP 包头部,因此源 IP 地址、目的 IP 地址是不能修改的,否则会被检测出来。然而,如果该包在传送过程中经过 NAT 网关,其源/目的 IP 地址被改变,将造成到达目的地址后的完整性校验失败。因此,AH 在传输模式下和 NAT 是冲突的,不能同时使用,或者说 AH 协议不能穿越 NAT。

和 AH 协议不同,ESP 协议的完整性保护不包含 IP 包头部(含选项字段),因此,ESP 协议不存在与 NAT 模式冲突的问题。如果通信的任何一方具有私有地址,双方的通信仍然可以用 ESP 协议来保护其安全,因为 IP 头部中的源/目的 IP 地址和其他字段不会被验证,可以被 NAT 网关或者安全网关修改。

当然,ESP 协议在验证上的这种灵活性也有缺点,除了 ESP 协议头部之外,任何 IP 头部字段都可以修改,只要保证其校验和计算正确,接收端就不能检测出这种修改。所以,ESP 协议传输模式的验证服务要比 AH 协议传输模式弱一些。如果需要更强的验证服务并且通信双方都是公有 IP 地址,应该采用 AH 协议来验证,或者将 AH 协议验证与 ESP 协议验证同时使用。

2. 隧道模式

隧道模式保护的内容是整个原始 IP 包,隧道模式为 IP 协议提供安全保护。通常情况下,只要 IPSec 双方有一方是安全网关或路由器,就必须使用隧道模式。隧道模式的数据包有两个 IP 头:内部头和外部头。内部头由路由器背后的主机创建,外部头由提供 IPSec 的设备(可能是主机,也可能是路由器)创建。隧道模式下,通信终点由受保护的内部 IP 头指定,而 IPSec 终点则由外部 IP 头指定。如 IPSec 终点为安全网关,则该网关会还原出内部 IP 包,再转发到最终目的地。

隧道模式下,AH 协议验证的范围也是整个 IP 包,因此上面讨论的 AH 协议和 NAT 的冲突在隧道模式下也存在。而 ESP 协议在隧道模式下内部 IP 头部被加密和验证,而外部 IP 头部既不被加密也不被验证。不被加密是因为路由器需要这些信息来为其寻找路由,不被验证是为了能适用于 NAT 等情况。

不过,隧道模式下将占用更多的带宽,因为隧道模式要增加一个额外的 IP 头部。因此,如果带宽利用率是一个关键问题,则传输模式更合适。尽管 ESP 协议隧道模式的验证功能不像 AH 协议传输模式或 AH 协议隧道模式那么强大,但 ESP 协议隧道模式提供的安全功能已经足够。

IPSec VPN 作为一种基于 Internet 的 VPN 解决方案，通常是作为一些小企业的解决方案，因为这种方式的成本较低，用户可以利用已有的互联网资源。而一些经济实力更强的公司现在则更多地选择 MPLS VPN，因为很多网络服务提供商的 MPLS 网络本身是与互联网分开的，是一个大的专用网，有着先天的安全隔离性。

9.4　MPLS VPN

MPLS VPN 是指采用 MPLS 技术在运营商宽带 IP 网络上构建企业 IP 专网，实现跨地域、安全、高速，可靠的数据、语音、图像多业务通信，并结合差别服务、流量工程等相关技术，将公共网可靠的性能、良好的扩展性、丰富的功能与专用网的安全 、灵活、高效结合在一起，为用户提供高质量的服务。

相对于传统的 VPN，MPLS VPN 具有以下优势：

(1)网络的宽带以及可靠性：构建在中国网通高速宽带互联网 CNCnet 之上，拥有足够的带宽和可靠的传输质量。

(2)安全性高：采用 MPLS 作为通道机制实现透明报文传输，MPLS 的标签交换路径(LSP)具有与帧中继 FR 和 ATM VC 类似的安全性。

(3)提供服务质量保证(QoS)：增加了产品分级的功能，可以为不同级别客户提供不同的服务等级。

(4)强大的扩展性：网络带宽平滑升级和网络新增接入节点，都可以方便灵活地扩展。从用户接入方面来看，MPLS VPN 可支持从几十 Kbps 到最高 Gbps 级的速率，物理接口也多种多样。同时，增加新的用户站点非常方便，不需要专门为新增的站点与原来的站点新建路由即可通信。用户只需要保证新增站点的局域网 IP 地址与自己的 VPN 内已有的站点不重合即可，而且不需要在自己的 VPN 内做任何调整。

(5)网络管理增值服务：提供数据链路层中网络管理增值服务，有效监控网络，提高网络可用率，提升整体网络质量。

(6)支持多种业务。客户只要申请 MPLS VPN 一种业务，就可以支持数据、语音、视频等多种业务。因为 MPLS 通常对用户的数据包做透明传输处理，对于语音、视频等实时性强的业务，用户可以向网络服务提供商申请不同的 QoS，以区别对待不同的数据包，实现差别服务。

因此，MPLS VPN 在安全性、灵活性、扩展性、经济性、对 QoS 支持的能力等方面都有非常优秀的表现，这也就是 MPLS VPN 现在成为主流技术的原因。

9.4.1　MPLS 技术

MPLS 是一种结合第二层交换和第三层路由的快速交换技术，是在 Cisco 公司所提出的多标签交换技术基础上发展起来的。MPLS 技术结合了第二层交换和第三层路由的特点，MPLS 的网络核心采用第二层交换。

MPLS 采用一种特殊的转发机制，引入了基于标签的机制，把路由器的路由选择和转发分开。MPLS 为进入网络中的 IP 分组分配标签，由标签来规定一个分组通过网络的路径，网络内部节点通过对标签的交换来实现 IP 分组的转发。由于使用了长度更短的标记进行,交换不再对 IP 分组头进行逐跳的检查操作,因此,MPLS 比传统 IP 路由选择效率更高。当离开 MPLS 网络时,IP 分组被去掉入口处添加的标签,继续按照 IP 包的路由方式到达目的网络。

MPLS 网络主要由核心部分的标签交换路由器(LSR)、边缘部分的标签边缘路由器(LER)和在节点之间建立和维护路径的标签交换路径(LSP)组成。

MPLS 网络的典型组成如图 9-12 所示。

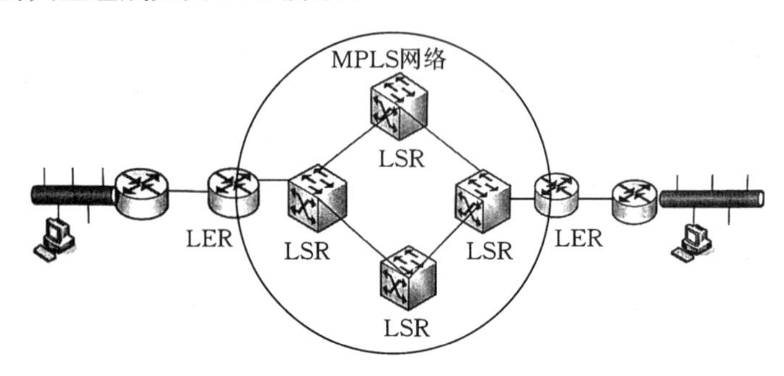

图 9-12　MPLS 网络结构

在实际的网络中,通常把 LER 称为 PE(Provider Edge),网络内部的 LSR 称为 P(Provider),而客户端的设备则称为 CE(Customer Edge)。

(1)LER。LER 又分成进口 LER 和出口 LER。当 IP 数据包进入 MPLS 网络时,进口 LER 分析 IP 数据包的头部信息,在标记交换路径(LSP)起始处给 IP 数据包封装标签。当该 IP 数据包离开 MPLS 网络时,出口 LER 在 LSP 的末端负责对标志分组剥除标记,封装还原为正常 IP 分组,向目的地传送。同时,在 LER 处可以实现策略管理和流量过程控制等功能。

(2)LSR。它的作用可以看作 ATM 交换机与传统路由器的结合,提供数据包的高速交换功能。LSR 位于 MPLS 网络中心,主要完成运行 MPLS 控制协议和第三层路由协议,负责到达分组的标记进行快速准确的路由。同时,负责与其他的 LSR 交换路由信息,建立完善的路由表。

(3)LSP。在 MPLS 节点之间的路径称为标签交换路径。MPLS 在分配标签的过程中便建立了一条 LSP。LSP 可以是动态的,由路由信息自动生成,也可以是静态的,由人工进行设置。LSP 可以看作一条贯穿网络的单向通道,所以当这两个节点之间要进行全双工通信时需要两条 LSP。

9.4.2　MPLS 的工作原理

MPLS 中的一个重要概念是转发等价类(FEC)。FEC 是指一组具有相同转发特征的 IP 数据包,当 LSR 接收到这一组 IP 数据包时将会按照相同的方式来处理每一个 IP 数据包,如从同一个接口转发到相同的下一个节点,并具有相同的服务类别和服务优先级。FEC 与标签表现是一一对应的,标签用来绑定 FEC,即用标签来表示属于一个从上游 LSR 流向下游 LSR 的特定 FEC 的分组。

标签分发协议(LDP)是 MPLS 网络专用的信令协议,用于标签分发与绑定,在两个 LER

之间建立标签交换路径。LDP 定义了一组程序和消息通过信令控制与交换，一个 LSR 可以通知相邻的 LSR 已形成的标签绑定。通过网络层路由信息与数据链路层交换路径之间的直接映射，LSR 可以使用 LDP 协议来建立面向连接的标签交换路径。

MPLS 数据转发的原理如下：

(1)FEC 划分。入口 LER 把具有相同属性或相同转发行为，即相同的目的 IP 地址前缀、相同的目的端口、相同的服务类型或者相同的业务等级代码的 IP 分组划为一个 FEC，同一个 FEC 的分组具有目的地相同、使用的转发路径相同、服务等级相同的特征，共享相同的转发方式和 QoS。

(2)标签绑定。每个 LSR 独立地给其已划分的全部 FEC 分配本地标签，建立 FEC 与标签之间的一对一映射。

(3)标签分发及标签交换路径的建立。LSR 启动 LDP 会话向其所有邻居 LSR 广播其标签绑定，邻居 LSR 将获得的标签信息与其本地的标签绑定一起形成标签信息库(LIB)，并与转发信息库(FIB)连接形成标签转发信息库(LFIB)，当全部 LSR(含 LER)的 LFIB 建立完毕，便形成了标签交换路径(LSP)。

(4)带标签分组转发。在 LSP 上的每一个新 LSR 只是根据 IP 数据包所携带的标签来进行标签交换和数据转发，不再进行任何第三层(如 IP 路由寻址)处理。在每一个节点上，LSR 首先去掉前一个节点添加的标签，然后将一个新的标签添加到该 IP 数据包的头部，并告诉下一跳(下个节点)如何转发它。直到将分组转发至最后一个 LSR。

(5)标签弹出。在最后一个 LSR，不再执行标签交换，而是直接弹出标签，将还原的 IP 分组发往出口 LER。

(6)出口 IP 转发。出口 LER 进行第三层路由查找，按照 IP 路由转发分组至目标网络。

9.4.3　MPLS VPN 的组成

MPLS VPN 是利用 MPLS 中的 LSP 作为实现 VPN 的隧道，用标签和 VPN ID 唯一识别特定 VPN 的数据包。在无连接的网络上建立的 MPLS VPN，所建立的隧道是由路由信息的交互而得的一条虚拟隧道(即 LSP)。

对于电信运营商来说，只需要在网络边缘设备(LER)上启用 MPLS 服务，对于大量的中心设备(LSR)不需要进行配置，就可以为用户提供 MPLS VPN 等服务业务。根据电信运营商边界设备是否参与用户端数据的路由，运营商在建立 MPLS VPN 时有两种选择，第二层的解决方案，通常称为第二层 MPLS VPN；第三层解决方案，通常称为第三层 MPLS VPN。在实际应用中，MPLS VPN 主要用于远距离连接两个独立的内部网络，这些内部网络一般都提供边界路由器，所以大多使用第三层 MPLS VPN 来实现。如图 9-13 所示为一个典型第三层 MPLS VPN。

一个 MPLS VPN 系统主要由以下几个部分组成。

(1)用户边缘(CE)设备。CE 设备属于用户端设备，一般由单位用户提供，并连接到电信运营商的一个或多个 PE 路由器。通常情况下，CE 设备是一台 IP 路由器或三层交换机，它与直连的 PE 路由器之间通过静态路由或动态路由(如 RIP、OSPF 等)建立联系。之后，CE 将站点的本地路由信息广播给 PE 路由器，并从直连的 PE 路由器学习到远端的路由信息。

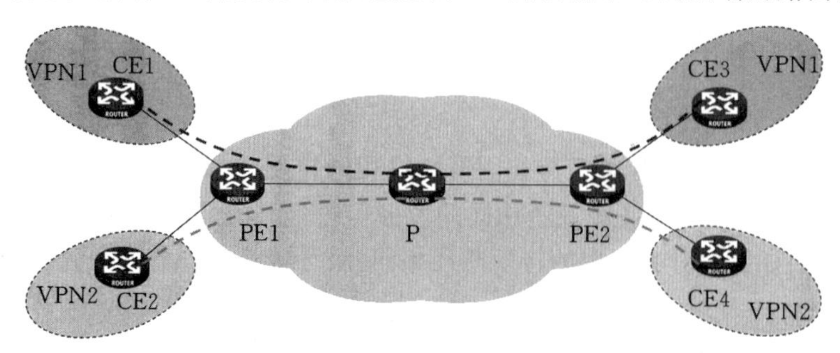

图 9-13 一个典型的第三层 MPLS VPN

(2)网络服务提供商边缘(PE)设备。PE 路由器为其直连的站点维持一个虚拟路由转发表(VRF)，每个用户链接被映射到一个特定的 VRF。需要说明的是，一般在一个 PE 路由器上同时会提供多个网络接口，而多个接口可以与同一个 VRF 建立联系。PE 路由器具有维护多个转发表的功能，以便每个 VPN 的路由信息之间相互隔开。PE 路由器相当于 MPLS 中的 LER。

(3)网络服务提供商(P)设备。P 路由器是电信运营商网络中不连接任何 CE 设备的路由器。由于数据在 MPLS 主干网络中转发时使用第二层的标签堆，所以 P 路由器只需要维护到达 PE 路由器的路由，并不需要为每个用户站点维护特定的 VPN 路由信息。P 路由器相当于 MPLS 中的 LSR。

在 MPLS VPN 中，通过以下四个步骤完成数据包的转发。

(1)当 CE 设备将一个 VPN 数据包转发给与之直连的 PE 路由器后，PE 路由器查找该 VPN 对应的 VRF，并从 VRF 中得到一个 VPN 标签和下一跳(下一节点)出口 PE 路由器的地址。其中，VPN 标签作为内层标签首先添加在 VPN 数据包上，接着将在全局路由表中查到的下一跳出口 PE 路由器的地址作为外层标签再添加到数据包上。于是 VPN 数据包被封装了内、外两层标签。

(2)主干网的 P 路由器根据外层标签转发 IP 数据包。其实，P 路由器并不知道它是经过 VPN 封装的数据包，而把它当作一个普通的 IP 分组来传输。当该 VPN 数据包到达最后一个 P 路由器时，数据包的外层标签将被去掉，只剩下带有内层标签的 VPN 数据包，接着 VPN 数据包被发往出口 PE 路由器。

(3)出口 PE 路由器根据内层标签查找到相应的出口后，将 VPN 数据包上的内层标签去掉，然后将不含有标签的 VPN 数据包转发给指定的 CE 设备。

(4)CE 设备根据自己的路由表将封装前的数据包转发到正确的目的地。

9.5 SSL VPN

MPLS VPN 是由电信运营商为企业用户提供的一种实现内部网络之间远程互联的业务，

而 SSL VPN 主要供企业移动用户访问内部网络资源时使用。

9.5.1 SSL VPN 概述

SSL VPN 即指采用 SSL 协议来实现远程接入的一种新型 VPN 技术。它包括服务器认证、客户认证、SSL 链路上的数据完整性和 SSL 链路上的数据保密性。

SSL VPN 是以 HTTPS 为基础的 VPN 技术，它利用 SSL 协议提供的基于证书的身份认证、数据加密和消息完整性验证机制，为用户远程访问公司内部网络提供了安全保证。SSL VPN 具有如下优点。

(1)支持各种应用协议。SSL 位于传输层和应用层之间，任何一个应用程序都可以直接享受 SSL VPN 提供的安全性而不必理会具体细节。

(2)支持多种软件平台。目前 SSL 已经成为网络中用来鉴别网站和网页浏览者身份，在浏览器使用者及 WEB 服务器之间进行加密通信的全球化标准。SSL 协议已被集成到大部分的浏览器中，如 IE、Netscape、Firefox 等。这就意味着几乎任意一台装有浏览器的计算机都支持 SSL 连接。SSL VPN 的客户端基于 SSL 协议，绝大多数的软件运行环境都可以作为 SSL VPN 客户端。

(3)支持自动安装和卸载客户端软件。在某些需要安装额外客户端软件的应用中，SSL VPN 提供了自动下载并安装客户端软件的功能，退出 SSL VPN 时，还可以自动卸载并删除客户端软件，极大地方便了用户的使用。

(4)支持对客户端主机进行安全检查。SSL VPN 可以对远程主机的安全状态进行评估，可以判断远程主机是否安全，检查安全程度的高低。

(5)支持动态授权。传统的权限控制主要是根据用户的身份进行授权，同一身份的用户在不同的地点登录，具有相同的权限，称为静态授权。动态授权是指在静态授权的基础上，结合用户登录时远程主机的安全状态，对所授权利进行动态调整。当发现远程主机不够安全时，开放较小的访问权限；在远程主机安全性较高时，则开放较大的访问权限。

(6)SSL VPN 网关支持多种用户认证方式和细粒度的资源访问控制，实现了外网用户对内网资源的受控访问。

(7)SSL VPN 的部署不会影响现有的网络。SSL 协议工作在传输层之上，不会改变 IP 报文头和 TCP 报文头，因此，SSL 报文对 NAT 来说是透明的；SSL 固定采用 443 号端口，只需在防火墙上打开该端口，不需要根据应用层协议的不同来修改防火墙上的设置，不仅减少了网络管理员的工作量，还可以提高网络的安全性。

(8) 支持多个域之间独立的资源访问控制。为了使多个企业或一个企业的多个部门共用一个 SSL VPN 网关，减少 SSL VPN 网络部署的开销，SSL VPN 网关上可以创建多个域，企业或部门在各自域内独立地管理自己的资源和用户。通过创建多个域，可以将一个实际的 SSL VPN 网关划分为多个虚拟的 SSL VPN 网关。

9.5.2 SSL VPN 技术实现

SSL VPN 用户分为超级管理员、域管理员和普通用户。

超级管理员:整个 SSL VPN 网关的管理者,可以创建域,设置域管理员的密码。

域管理员:负责管理所在域,可以创建本地用户和资源、设置用户访问权限等,域管理员可能是某个企业的网管人员。

普通用户:简称用户,为服务器资源访问者,权限由域管理员指定。

一个典型的 SSL VPN 系统的组成如图 9-14 所示 。

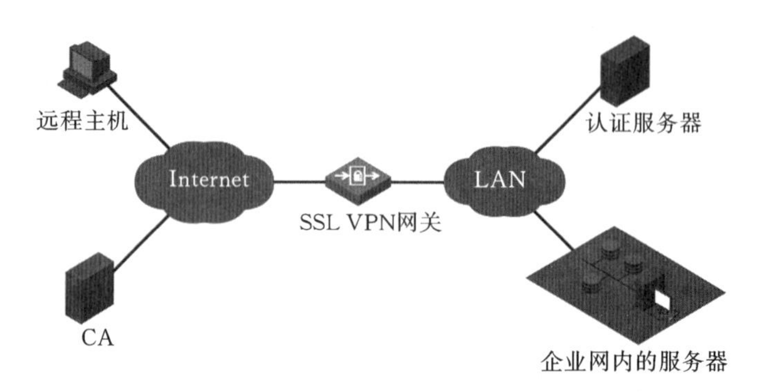

图 9-14 一个典型的 SSL VPN 组网结构

SSL VPN 系统由以下几个部分组成。

远程主机:管理员和用户远程接入的终端设备,可以是个人电脑、手机、PDA 等。

SSL VPN 网关:SSL VPN 系统中的重要组成部分。管理员在 SSL VPN 网关上维护用户和企业网内资源的信息,用户通过 SSL VPN 网关查看可以访问哪些资源。SSL VPN 网关负责在远程主机和企业网内服务器之间转发报文。SSL VPN 网关与远程主机之间建立 SSL 连接,以保证数据传输的安全性。

企业网内的服务器:可以是任意类型的服务器,如 Web 服务器、FTP 服务器,也可以是企业网内需要与远程接入用户通信的主机。

CA:为 SSL VPN 网关颁发包含公钥信息的数字证书,以便远程主机验证 SSL VPN 网关的身份,在远程主机和 SSL VPN 网关之间建立 SSL 连接。

认证服务器:SSL VPN 网关不仅支持本地认证,还支持通过外部认证服务器对用户的身份进行远程认证。

9.5.3 SSL VPN 工作过程

SSL VPN 的工作过程可以分为以下三步:超级管理员在 SSL VPN 网关上创建域;域管理员在 SSL VPN 网关上创建用户和企业网内服务器对应的资源;用户通过 SSL VPN 网关访问企业网内服务器。

1. 超级管理员在 SSL VPN 网关上创建域

超级管理员创建域的过程如图 9-15 所示。

(1)超级管理员在远程主机上输入 SSL VPN 网关的网址,远程主机和 SSL VPN 网关之间建立 SSL 连接,通过 SSL 对 SSL VPN 网关和远程主机进行基于证书的身份验证。

(2)SSL 连接建立成功后,进入 SSL VPN 网关的 Web 登录页面,输入超级管理员的用户名、密码并选择认证方式。SSL VPN 网关根据输入的信息对超级管理员进行身份验证。身份验证成功后，进入 SSL VPN 网关的 Web 管理页面。

(3)超级管理员在 SSL VPN 网关上创建域，并设置域管理员密码。

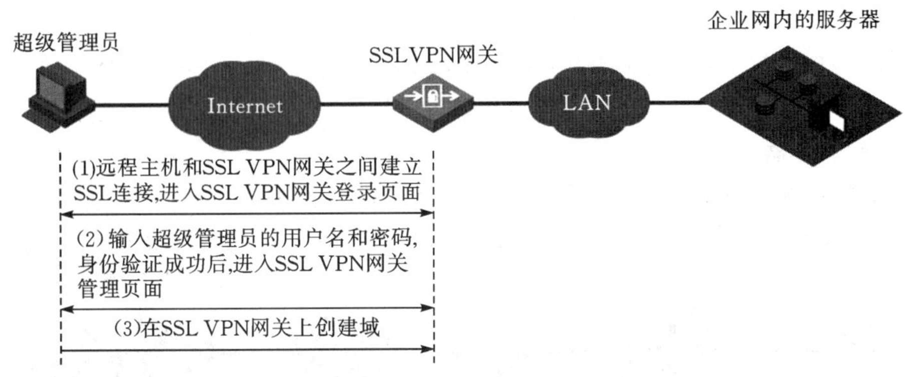

图 9-15　超级管理员创建域

2. 域管理员在 SSL VPN 网关上创建用户和企业网内服务器对应的资源

域管理员创建用户和企业网内服务器对应资源的过程如图 9-16 所示。

(1)域管理员在远程主机上输入 SSL VPN 网关的网址，远程主机和 SSL VPN 网关之间建立 SSL 连接，通过 SSL 对 SSL VPN 网关和远程主机进行基于证书的身份验证。

(2)SSL 连接建立成功后，进入 SSL VPN 网关的 Web 登录页面，输入域管理员的用户名、密码并选择认证方式。SSL VPN 网关根据输入的信息对域管理员进行身份验证。身份验证成功后，进入 SSL VPN 网关的 Web 管理页面。

(3)域管理员在 SSL VPN 网关上创建用户和企业网内服务器对应的资源，并设定用户对资源的访问权限。

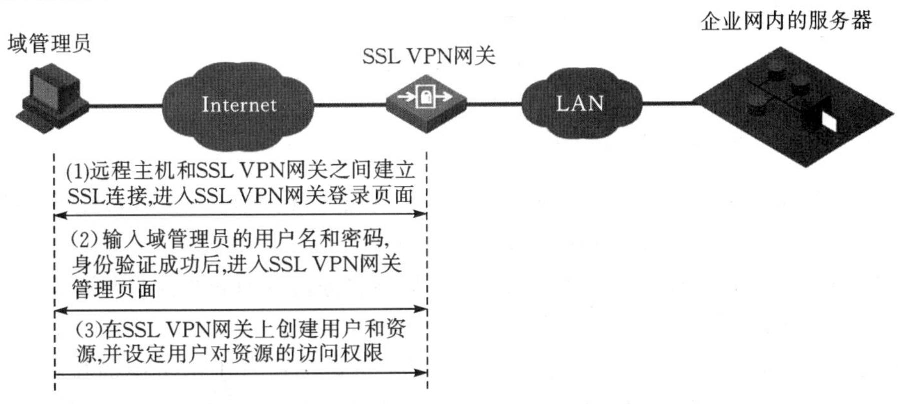

图 9-16　域管理员创建用户和企业网内服务器对应资源

3. 用户通过 SSL VPN 网关访问企业网内服务器

如图 9-17 所示，用户访问企业网内服务器过程为：

(1)用户在远程主机上输入 SSL VPN 网关的网址，远程主机和 SSL VPN 网关之间建立 SSL 连接，通过 SSL 对 SSL VPN 网关和远程主机进行基于证书的身份验证。

(2)SSL 连接建立成功后，进入 SSL VPN 网关的 Web 登录页面，输入普通用户的用户名、密码并选择认证方式。SSL VPN 网关根据输入的信息对普通用户进行身份验证。身份验证成功后，进入 SSL VPN 网关的 Web 访问页面。

(3)用户在 Web 访问页面上查看可以访问的资源列表，如 Web 服务器资源、文件共享资源等。

(4)用户选择需要访问的资源，通过 SSL 连接将访问请求发送给 SSL VPN 网关。

(5)SSL VPN 网关解析请求，检查用户权限，如果用户可以访问该资源，则以明文的形式将请求转发给服务器。

(6)服务器将响应报文以明文的形式发送给 SSL VPN 网关。

(7)SSL VPN 网关接收到服务器的应答后，将其通过 SSL 连接转发给用户。

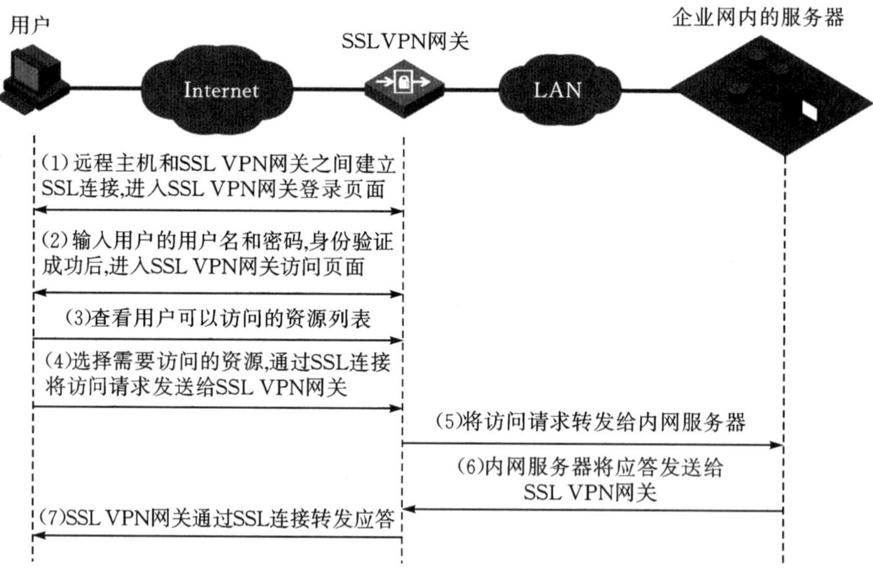

图 9-17 用户访问企业网内服务器

9.5.4 基于 Web 接入方式的 SSL VPN

Web 接入方式是指用户使用浏览器以 HTTPS 方式通过 SSL VPN 网关对服务器提供的资源进行访问，即一切数据的显示和操作都是通过 Web 页面进行的。

通过 Web 接入方式可以访问的资源有两种：Web 服务器资源和文件共享资源。

1. Web 服务器资源

Web 服务器以网页的形式为用户提供服务，用户可以通过点击网页中的超链接，在不同的网页之间跳转，以浏览网页获取信息。SSL VPN 为用户访问 Web 服务器提供了安全的连接，并且可以防止非法用户访问受保护的 Web 服务器。

如图 9-18 所示，Web 服务器访问过程中，SSL VPN 网关主要充当中继的角色。

(1)SSL VPN 网关收到用户的 HTTP 请求消息后，将 HTTP 请求 URL 中的路径映射到资源，并将 HTTP 请求转发到被请求资源对应的真正的 Web 服务器。

(2) SSL VPN 网关收到 HTTP 回应消息后，将网页中的内网链接修改为指向 SSL VPN

网关的链接,使用户在访问这些内网链接对应的资源时都通过 SSL VPN 网关,从而保证安全,并实现访问控制。SSL VPN 将改写后的 HTTP 回应消息发送给用户。

在 Web 服务器访问的过程中,从用户角度看,所有的 HTTP 应答都来自 SSL VPN 网关;从 Web 服务器的角度看,所有的 HTTP 请求都是 SSL VPN 网关发起的。

图 9-18 Web 资源访问方式

2. 文件共享资源

文件共享是一种常用的网络应用,实现了对远程网络服务器或者主机上文件系统进行操作(如浏览文件夹、上传文件、下载文件等)的功能。

SSL VPN 网关将文件共享资源以 Web 方式提供给用户,文件共享资源访问过程中,SSL VPN 网关起到协议转换器的作用。

(1) 远程主机与 SSL VPN 网关之间通过 HTTPS 协议通信,远程主机将用户访问文件共享资源的请求通过 HTTPS 报文发送给 SSL VPN 网关。

(2) SSL VPN 网关与文件服务器通过 SMB (服务器消息块)协议通信,SSL VPN 网关接收到请求后,将其转换为 SMB 协议报文,发送给文件服务器。

(3) 文件服务器应答报文到达 SSL VPN 网关后,SSL VPN 网关将其转换为 HTTPS 报文,发送给远程主机。

9.5.5 SSL VPN 的应用特点

在 VPN 应用中,SSL VPN 相对于传统的 VPN 技术,有如下几方面的优点。

无客户端或瘦客户端。基于 Web 模式的 SSL VPN 不需要在客户端安装单独的客户端软件,只要使用标准的 Web 浏览器即可。

适用于大多数终端设备和操作系统。基于 Web 访问的开放体系允许任何标准浏览器的终端设备或操作系统通过 SSL VPN 访问企业内部网络资源。包括非传统设备,如 PAD、手机,以及支持标准的浏览器的操作系统,如 Windows、UNIX 和 Linux。

良好的安全性。SSL VPN 在 Internet 等公共网络中通过使用 SSL 协议提供了安全的数据通道,并提供了对用户身份的认证功能。认证方式除了传统的用户名/密码方式外,还可以是数字证书、RADIUS 等多种方式。

方便部署。SSL VPN 服务器一般位于防火墙内部,为了使用 SSL VPN 业务,只需要在防火墙上开启 HTTPS 协议使用的 TCP 443 端口即可。

支持应用服务较多。通过 SSL VPN,客户端目前可以方便地访问企业内部网络中的 FTP、WWW、电子邮件等常用资源。目前,一些公司推出的 SSL VPN 产品已经能够为用户提供在线视频、数据库等多种访问。而且随着技术的不断发展,SSL VPN 将会支持更多的访问服务。

虽然 SSL VPN 技术具有很大优势。但在应用中也有如下不足之处。

占用系统资源较大。SSL 协议由于使用公钥密码算法，运算强度要比 IPSec VPN 大，需要占用较大的系统资源，所以 SSL VPN 的性能会随着同时连接用户数的增加而下降。

只能有限支持非 Web 应用。目前，大多数 SSL VPN 都是基于标准的 Web 浏览器而工作的，能够直接访问的主要是 Web 资源，其他资源的访问需要经过可 Web 化应用处理，系统的配置和维护都比较困难。

SSL VPN 的稳定性还需要提高，许多客户端防火墙软件和防病毒软件都会对 SSL VPN 产生影响。

习题 9

1. VPN 有哪些分类？VPN 的实现技术有哪些？
2. 什么是隧道技术？
3. 简述 L2TP 的工作原理。
4. 简述 GRE 的封装过程。
5. 为什么说 MPLS 是一种结合第二层交换和第三层路由的快速交换技术？
6. 简述 MPLS 的工作原理。
7. 简述 MPLS VPN 数据转发过程。
8. SSL VPN 的技术实现有哪些？

第 10 章　网络攻防技术

近年来，网络攻击事件频发，互联网上的木马、蠕虫、勒索软件层出不穷，这对网络安全乃至国家安全形成了严重的威胁。2017 年维基解密公布了美国中情局和美国国家安全局的新型网络攻击工具，其中包括大量的远程攻击工具、漏洞、网络攻击平台以及相关攻击说明的文档。从部分博客、论坛和开源网站，普通用户就可以轻松获得不同种类的网络攻击工具。Internet 的开放性，让网络攻击者的攻击成本大大降低。2017 年 5 月，全球范围内爆发了永恒之蓝勒索病毒的攻击事件，该病毒通过 Windows 网络共享协议进行攻击并传播具有传播和勒索功能的恶意代码。经网络安全专家证实，攻击者正是通过改造了 NSA 泄露的网络攻击武器库中的 Eternal Blue 程序发起了此次网络攻击事件 。

10.1　网络攻击

网络攻击是利用网络信息系统存在的漏洞和安全缺陷对系统和资源进行攻击的行为。网络信息系统面临的威胁来自很多方面，而且会随着时间的变化而变化。从宏观上看，这些威胁可分为人为威胁和自然威胁。自然威胁来自自然灾害、恶劣的场地环境、电磁干扰、网络设备的自然老化等。这些威胁是无目的的，但会对网络通信系统造成损害，危及通信安全。而人为威胁是对网络信息系统的人为攻击，通过寻找系统的弱点，以非授权方式达到破坏、欺骗和窃取信息的目的。两者相比，精心设计的人为攻击威胁种类多、数量大而难防备。

10.1.1　安全漏洞概述

安全漏洞指受限制的计算机、组件、应用程序或其他联机资源无意中留下的不受保护的入口点。漏洞是硬件、软件或使用策略上的缺陷，它们会使计算机遭受病毒和黑客攻击。安全漏洞按其对目标主机的危险程度一般分为三级。

(1)A 级漏洞。它是允许恶意入侵者访问并可能会破坏整个目标系统的漏洞，如允许远程用户未经授权访问的漏洞。A 级漏洞的威胁最大，大多数 A 级漏洞是由于系统管理不当或配置有误造成的，在大量的远程访问软件中(如 FTP、Telnet 等)均存在一些严重的 A 级漏洞。

(2)B 级漏洞。它是允许本地用户提高访问权限，并可能允许其获得系统控制的漏洞。网络上大多数 B 级漏洞是由应用程序中的某些缺陷或代码错误引起的。因编程缺陷或程序设计语言的问题造成的缓冲区溢出问题是一个典型的 B 级安全漏洞。据统计，利用缓冲区溢出进行拒绝服务攻击占所有系统攻击的 80%以上。

(3)C 级漏洞。它是允许用户中断、降低或阻碍操作的漏洞，如拒绝服务漏洞。拒绝服务攻击没有对目标主机进行破坏的危险，攻击只是为了达到某种目的，如干扰目标主机正常运行。

由上述内容可知，对系统危害最严重的是A级漏洞，其次是B级漏洞，C级漏洞是对系统正常工作进行干扰。

10.1.2 网络攻击的概念

网络攻击是指攻击者利用网络存在的漏洞和安全缺陷对网络系统的硬件、软件及其系统中的数据进行的攻击。目前网络互联一般采用TCP/IP协议，它是一个工业标准的协议簇，但该协议在制定之初，对安全问题考虑不多，协议中有很多的安全漏洞。同样，数据库管理系统(DBMS)也存在数据的安全性、权限管理及远程访问等问题，攻击者在DBMS或应用程序中可以预先安置情报收集、受控激发、定时发作等破坏程序。

由此可见，针对系统、网络协议及数据库等，无论是其自身的设计缺陷，还是由于人为的因素产生的各种安全漏洞，都可能被一些另有图谋的攻击者利用并发起攻击。因此若要保证网络安全、可靠，必须熟知攻击者实施网络攻击的技术原理和一般过程。只有这样才能做好必要的安全防备，从而确保网络运行的安全和可靠。

10.1.3 网络攻击的分类

网络攻击在较高的层次上可分为两类：主动攻击和被动攻击。

1. 主动攻击

主动攻击会导致某些数据流的窜改和虚假数据流的产生。这类攻击可分为窜改消息、伪造和拒绝服务。

(1)窜改消息。窜改消息是指一个合法消息的某些部分被改变、删除，消息被延迟或改变顺序，通常用以产生一个未授权的效果。如修改传输消息中的数据，将“允许甲执行操作”改为“允许乙执行操作”。

(2)伪造。伪造指的是某个实体(人或系统)发出含有其他实体身份信息的数据信息，假扮成其他实体，从而以欺骗方式获取一些合法用户的权利和特权。

(3)拒绝服务。拒绝服务即常说的DoS，会导致对通信设备正常使用或管理被无条件地中断。通常是对整个网络实施破坏，以达到降低性能、中断服务的目的。这种攻击也可能有一个特定的目标，如到某一特定目的地(如安全审计服务)的所有数据包都被阻止。

2. 被动攻击

被动攻击中攻击者不对数据信息做任何修改。截取或窃听是指在未经用户同意和认可的情况下攻击者获得了信息或相关数据，通常包括流量分析、窃听、破解弱加密的数据流等攻击方式。

(1)流量分析。流量分析攻击方式适用于一些特殊场合，例如敏感信息都是保密的，攻击者虽然从截获的消息中无法得到消息的真实内容，但攻击者通过观察这些数据报的模式，分析确定通信双方的位置、通信的次数及消息的长度，获知相关的敏感信息。

(2)窃听。窃听是最常用的手段。目前局域网上的数据传送是基于广播方式进行的。如果没有采取加密措施，攻击者通过协议分析，可以完全掌握通信的全部内容。窃听还可以用无线截获方式得到信息，通过高灵敏接受装置接收网络站点辐射的电磁波或网络连接设备辐射的电磁波，通过对电磁信号的分析恢复原数据信号从而获得网络信息。尽管有时数据信息不能通过电磁信号全部恢复，攻击者也可能得到含有敏感的消息。

通过以上分析，发现被动攻击不会对被攻击的信息做任何修改，根本不留下痕迹，因而非常难以检测，所以防范被动攻击的重点在于预防，如采用加密技术保护信息或敏感信息通信采用 VPN 技术等。

被动攻击不易被发现，因而常常是主动攻击的前奏。被动攻击虽然难以检测，但可采取措施有效地预防，而要有效地防止攻击是十分困难的，开销太大，预防主动攻击的主要技术手段是检测，以及从攻击造成的破坏中及时地恢复。检测同时还具有某种威慑效应，在一定程度上也能起到防止攻击的作用。具体措施包括自动审计、入侵检测和完整性恢复等。

10.1.4　网络攻击的一般流程

攻击者在实施网络攻击时的一般流程包括以下几个步骤：

(1)隐藏己方位置。通常攻击者都会利用别人的计算机隐藏他们真实的 IP 地址。攻击者通常先入侵网络上一台防护比较薄弱的主机(俗称“肉鸡”)，然后利用这台主机发起攻击；攻击者也可以通过网络上的代理主机，通过这些代理主机发起攻击。

(2)寻找并分析。攻击者首先要寻找目标主机并分析目标主机。在 Internet 上能真正标识主机的是 IP 地址，通过 DNS 域名访问目标主机就能获得主机的 IP 地址。同时再将目标主机的操作系统类型及其所提供服务等资料进行全方面的了解。这时攻击者们会使用一些扫描器工具，轻松获取目标主机运行的是哪种操作系统的哪个版本，系统有哪些账户等资料，为入侵作好充分的准备。

(3)账号和密码。攻击者要想入侵一台主机，首先要获取该主机的一个账号和密码，否则连登录都无法进行。这样常迫使他们先设法盗窃账户文件，进行破解，从中获取某用户的账户和口令，再寻觅合适时机以此身份进入主机。当然，利用某些工具或系统漏洞登录主机也是攻击者常用的一种技术。

(4)获得控制权。攻击者们用 FTP、Telnet 等工具利用系统漏洞进入目标主机系统获得控制权之后，就会做两件事：清除记录和留下后门。攻击者会更改某些系统设置，在系统中置入特洛伊木马或其他一些远程操纵程序，以便日后能不被觉察地再次进入系统。大多数后门程序是预先编译好的，只需想办法修改时间和权限就能使用了，甚至新文件的大小都和原文件相同。然后使用清除日志、删除拷贝的文件等手段来隐藏自己的踪迹之后，攻击者就开始下一步的行动。

(5)资源和特权。攻击者找到攻击目标后，会继续下一步的攻击，窃取网络资源和特权。如下载敏感信息，窃取账号密码、信用卡号，使网络瘫痪。

10.1.5 网络攻击的应对策略

在对网络攻击进行上述分析和识别的基础上，我们应当认真制定有针对性的策略。明确安全对象，设置强有力的安全保障体系。在网络中层层设防，发挥网络中TCP/IP协议的每层作用，使每一层都成为一道关卡，让攻击者无隙可钻、无计可施。同时，做到未雨绸缪，预防为主，将重要的数据备份并时刻注意系统运行状况。以下是针对众多的网络安全问题提出的几点建议。

1.提高安全意识

网络安全风险无处不在，要加强网络安全意识。不要随意打开来历不明的电子邮件及文件，不要随便运行不太了解的人给你的程式，比如“特洛伊”类黑客程式；避免从Internet下载不知名的软件、游戏程式，即使从知名的网站下载的软件也要及时用最新的病毒和木马查杀软件对软件和系统进行扫描；同时密码设置尽可能使用字母数字混排，单纯的英文或数字非常容易穷举；将常用的密码设置不同，防止被人查出一个，连带到重要密码，注意重要密码经常更换；及时下载安装系统补丁程序。

2.使用防火墙软件

使用防病毒等防火墙软件。防火墙是用以阻止网络中的黑客访问某个网络的屏障，也可称为控制进/出两个方向通信的门槛。在网络边界上通过建立起来的网络通信监视系统来隔离内部和外部网络，以阻挡外部网络的侵入。

3.代理服务器

设置代理服务器，隐藏内网的IP地址。代理服务器能起到外部网络申请访问内部网络的中间转接作用，其功能类似一个数据转发器，它主要控制哪些用户能访问哪些服务类型。当外部网络向内部网络申请某种网络服务时，代理服务器接受申请，然后根据其服务类型、服务内容、被服务的对象、服务者申请的时间、申请者的域名范围等来决定是否接受此项服务，如果接受，代理服务器就向内部网络转发这项请求。

4.其他策略

将防病毒、防黑客入侵当成日常例行工作，定时更新防病毒组件，将防病毒软件保持在常驻状态；以完全防毒。由于黑客经常会针对特定的日期发动攻击，计算机用户在此期间应特别提高警戒。对于重要的个人资料做好严密的保护，并养成资料备份的习惯。

10.2 网络欺骗

网络欺骗就是指攻击者通过伪造一些容易引起错觉的信息来诱导受骗者做出与安全有关的错误决策。电子欺骗就是通过伪造源于一个可信任地址的数据包以使一台主机认证另一台主机的网络攻击手段之一。网络欺骗有ARP欺骗、DNS欺骗、IP地址欺骗和Web欺骗等手段。

10.2.1 ARP欺骗

1. 地址解析协议原理

地址解析协议(ARP)是一个位于TCP/IP协议栈中的网络层协议，负责将某个IP地址解析成对应的MAC地址，以便设备能够在共享介质的网络中通信。这是用来提供一台主机通过广播一个ARP请求来获取相同网段中另一台主机或网关的MAC地址的协议。下面以相同网段中的主机A和主机B为例介绍ARP协议，如图10-1所示。

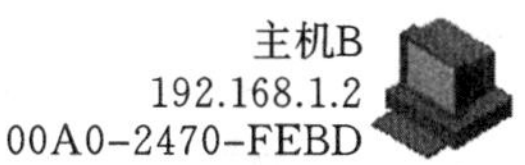

主机A 源MAC地址	源IP地址	主机B 目的MAC地址	目的IP地址
0002-6779-0F4C	192.168.1.1	0000-0000-0000	192.168.1.2

主机B 源MAC地址	主机B 源IP地址	目的MAC地址	目的IP地址
00A0-2470-FEBD	192.168.1.2	0002-6779-0F4C	192.168.1.1

图10-1　ARP协议

如果主机A需要向主机B发起通信，主机A首先会在自己的ARP缓存表项中查看有无主机B的ARP表项，如果没有，则进行以下步骤。

(1)主机A向局域网广播一个ARP请求，查询主机B的IP地址所对应的MAC地址。

(2)本局域网中所有的主机都会收到该ARP请求。

(3)所有收到ARP请求的主机都学习主机A所对应的ARP表项，如果主机B收到该请求，则发送一个ARP应答给主机A，告知自己的MAC地址。

(4)主机A收到主机B的应答后，会在自己的ARP缓存中写入主机B的ARP表项。

如上所述，利用ARP协议，可以实现相同网段内主机之间正常通信或通过网关与外网进行通信。但由于ARP协议是基于网络中所有主机或网关都为可信任的前提下制定的，导致在ARP协议中没有认证机制，从而导致针对ARP协议的欺骗攻击非常容易。

2. ARP欺骗

ARP欺骗，又称ARP攻击，是针对以太网地址解析协议(ARP)的一种最常见攻击技术。此种攻击可让攻击者获取局域网上的数据包甚至可窜改数据包，且可让网络上特定计算机或所有计算机无法正常连线。

ARP欺骗的运作原理是由攻击者发送假的ARP数据包到网上，尤其是发送到网关上。其目的是要让发送至特定的IP地址的流量被错误送到攻击者所取代的地方。目前ARP攻击有如下四种类型。

(1)网关仿冒。

攻击者通过ARP发送错误的MAC地址对应关系给其他用户，导致其他终端用户不能正常访问网关，如图10-2所示。攻击者发送伪造的网关ARP报文，欺骗同网段内的其他主机，从而使网络中的主机访问网关的流量被重定向到一个错误的MAC地址，导致同网段内的其他主机无法正常访问外网。

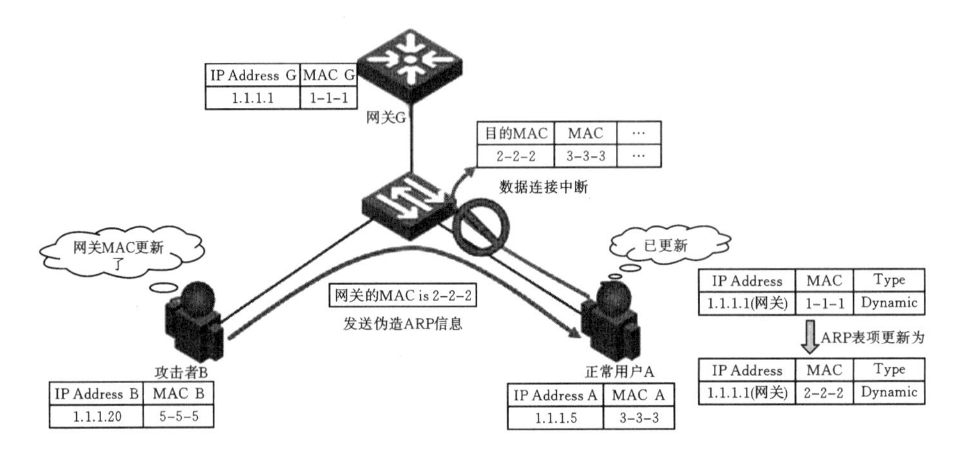

图 10-2　网关仿冒攻击示意图

(2)欺骗网关。

攻击者发送错误的终端用户IP+MAC地址的对应关系给网关，导致网关无法与合法终端用户正常通信，如图10-3所示。攻击者伪造虚假的ARP报文，欺骗网关以为相同网段内的某一合法用户的MAC地址已经更新，这样网关发给该合法用户的所有数据会全部重定向到一个错误的MAC地址，导致该合法用户无法正常访问外网。

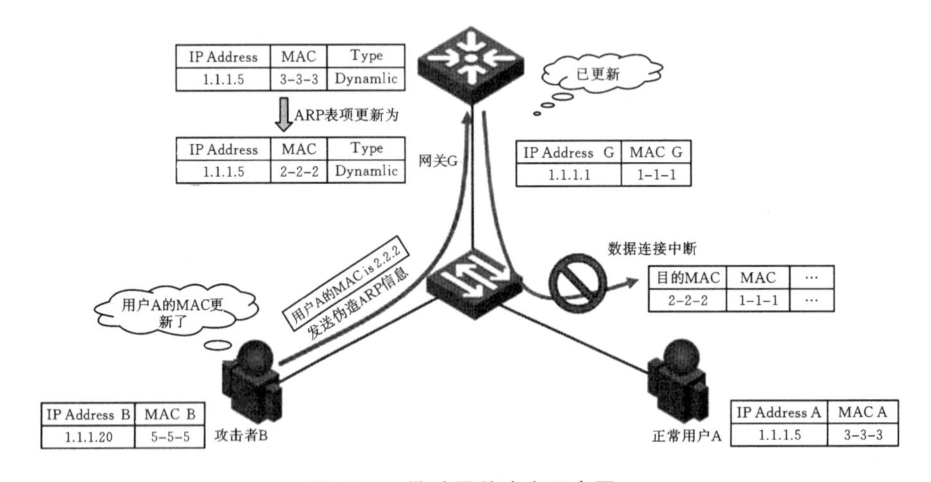

图 10-3　欺骗网关攻击示意图

(3)欺骗终端用户。

攻击者发送错误的终端用户/服务器IP+MAC的对应关系给受害的终端用户，导致同网段内两个终端用户之间无法正常通信，如图10-4所示。攻击者伪造虚假的ARP报文，欺骗相同网段内的其他主机，该网段内其他主机发给受害终端用户的所有数据全部重定向到一个错误的MAC地址，导致受害终端用户无法正常访问外网。

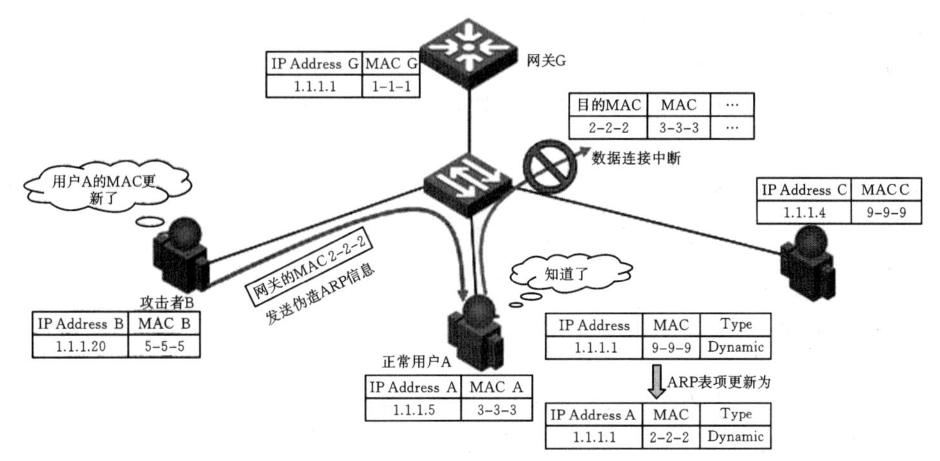

图 10-4 欺骗终端攻击示意图

(4)ARP 泛洪攻击。

攻击者伪造大量不同 ARP 报文在同一网段内进行广播,导致网关 ARP 表项被占满,合法用户的 ARP 表项无法正常学习,导致合法用户无法正常访问外网。这主要是一种对局域网资源消耗的攻击手段,如图 10-5 所示。

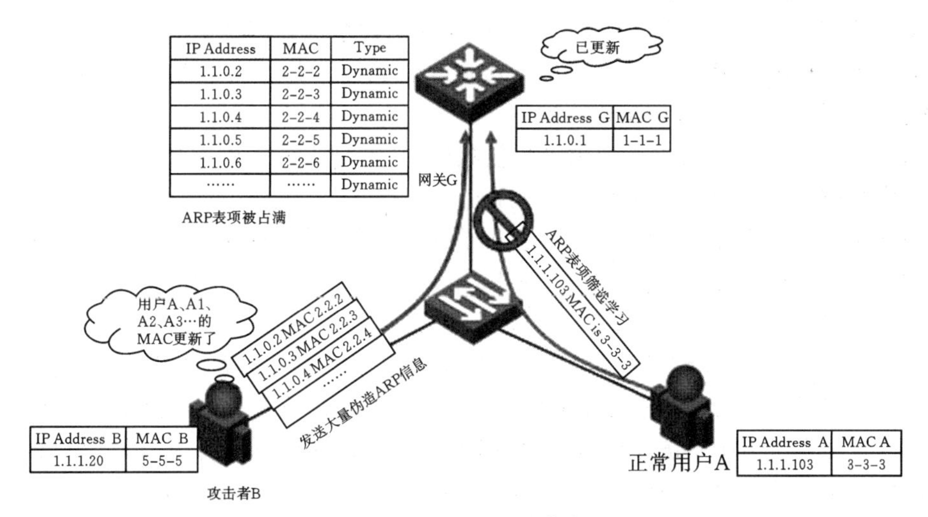

图 10-5 ARP 泛洪攻击

3. ARP 欺骗的防范

通过了解上述 ARP 攻击类型可以发现当前 ARP 攻击防御的关键就是如何获取到合法用户和网关的 IP+MAC 地址的对应关系,并如何利用该对应关系对 ARP 报文进行检查,过滤掉非法 ARP 报文,可以采用如下措施防止 ARP 欺骗。

(1)不要把网络信任关系单纯建立在 IP 基础上或 MAC 基础上(RARP 同样存在欺骗的问题),应在网络中架设 DHCP 服务器,绑定网关与客户端 IP+MAC,该做法需要注意的是要保证网络中的 DHCP 服务器相互之间不冲突。

(2)添加静态的 ARP 映射表,不让主机刷新设定好的映射表,该做法适用于网络中主机位置稳定,不适合用在主机更换频繁的局域网中。

(3)停止使用ARP,将ARP作为永久条目保存在映射表中。

(4)架设ARP服务器,通过该服务器查找自己的ARP映射表来响应其他机器的ARP广播。

(5)IP的传输使用代理。

(6)使用防火墙等连续监控网络。注意在使用SNMP的情况下,ARP的欺骗有可能导致陷阱包丢失。

10.2.2 IP地址欺骗

IP协议是TCP/IP协议组中面向连接、非可靠传输的网络协议,它不保存任何连接状态信息,它的工作就是在网络中发送数据报,并且保证它的完整性,如果不能收到完整的数据报,IP会向源地址发送一个ICMP错误信息,期待重新发送,但是这个ICMP报文可能会丢失。IP不提供保障可靠性的任何机制,每个数据包被松散地发送出去,这样导致可以对IP堆栈进行更改,在源地址和目的地址中放入任何满足要求的IP地址,即提供虚假的IP地址。

1. IP地址欺骗原理

IP欺骗是利用主机之间的正常信任关系,伪造他人的IP地址达到欺骗某些主机的目的。IP地址欺骗只适用于那些通过IP地址实现访问控制的系统。实施IP欺骗攻击就能够有效地隐藏攻击者的身份。IP地址的盗用行为侵害了网络正常用户的合法权益,并且给网络安全、网络正常运行带来了巨大的负面影响。

IP地址欺骗攻击是指攻击者使用未经授权的IP地址来配置网上的计算机,以达到非法使用网上资源或隐藏身份从事破坏活动的目的。

假设已经找到一个攻击目标主机,并发现了该主机存在信任模式,又获得受信任主机IP。攻击者如果简单使用IP地址伪造技术,伪装成受信任主机向目标主机发送连接请求TCP/IP三次握手的过程,目标主机将发送确认信息给受信任主机,如果受信任主机发现连接是非法的,信任主机会发送一个复位信息给目标主机,请求释放连接,这样IP欺骗将无法进行。因此,攻击者为达到欺骗的目的,通常先使用如TCP SYN泛洪攻击等技术使受信任主机丧失工作能力。受信任主机不能发送复位信息,目标主机也不会收到连接确认,TCP协议会认为是一种暂时的网络通信错误,目标主机会认为对方将继续尝试建立连接,直至确信无法连接(出现连接超时)。在这段时间里,攻击者可使用序列号猜测技术猜测出目标主机希望获取的确认序列号,再次伪装成信任主机发送连接确认信息,确认包的序列号设置为猜测得出的序列号,如果猜测正确就可以与目标主机建立起TCP连接。一旦连接建立,攻击者就可以向目标主机发送攻击数据,如放置后门程序等。

通过以上的分析可知,IP源地址欺骗过程主要包含五个步骤:①选定目标主机A;②发现信任模式及受信任主机B;③使主机B丧失工作能力;④伪装成主机B向主机A发送建立TCP连接请求,并猜测主机A希望的确认序列号;⑤用猜测的确认序列号发送确认信息,建立连接。

IP源地址欺骗存在的主要原因是某些应用中的信任关系是建立在IP地址的验证上,而数据包中的IP的地址很容易伪造。IP源地址欺骗攻击过程中难度最大的是序列号猜测,猜测精度的高低是欺骗成功与否的关键。

2. IP地址欺骗的防范

欺骗之所以可以实施,是因为信任服务器的基础建立在网络地址的验证上,在整个攻击过程中最难的是进行序列号的猜测,猜测精度的高低是欺骗成功与否的关键。针对这些,可采取如下对策。

(1)禁止基于IP地址的信任关系。IP欺骗的原理是冒充被信任主机的IP地址,这种信任关系是建立在基于IP地址的验证上,如果禁止基于IP地址的信任关系,使所有的用户通过其他远程通信手段进行远程访问,可彻底地防止基于IP地址的欺骗。

(2)安装过滤路由器。如果计算机用户的网络是通过路由器接入Internet的,那么可以利用计算机用户的路由器来进行包过滤。确信只有计算机用户的内部LAN可以使用信任关系,而内部LAN上的主机对于LAN以外的主机要慎重处理。计算机用户的路由器可以帮助用户过滤掉所有来自外部而希望与内部建立连接的请求。通过对信息包的监控来检查IP欺骗攻击是非常有效的方法,使用Netlog或类似的包监控工具来检查外接口上数据包的情况,如果发现数据包的两个地址(即源地址和目的地址)都是本地域地址,就意味着有人要试图攻击系统。

(3)使用加密。阻止IP欺骗的另一个明显的方法是在通信时要求加密传输和验证。当有多个手段并存时,加密最为合适。

(4) 使用随机化的初始序列号。IP欺骗另一个重要的因素是初始序列号不是随机选择或者随机增加的,如果能够分割序列号空间,每一个连接将有自己独立的序列号空间,序列号仍然按照以前的方式增加,使这些序列号空间中没有明显的关系也可以防范IP欺骗。

10.2.3 DNS欺骗

域名系统(DNS)是TCP/IP协议中的应用程序,其主要功能是进行域名和IP地址的转换,将容易记忆的域名同抽象的IP地址关联起来,以方便用户使用。DNS服务是大多数网络应用的基础,但因其协议设计本身存在安全缺陷(没有提供适当的信息保护和认证机制),在DNS报文中只使用一个序列号来进行有效性鉴别,未提供其他认证和保护手段,攻击者很容易监听到查询请求,并伪造DNS应答包服务客户端,从而进行DNS欺骗。

1. DNS欺骗的工作原理

在域名解析的整个过程中,客户端首先以特定的ID身份标识向DNS服务器发送域名查询数据报,DNS服务器查询之后以相同的ID向客户端发送域名响应数据报。此时,客户端会将收到的DNS的响应数据报ID与自己发送的查询数据报的ID进行比较,如匹配则表示接收到的数据报正是自己等待的数据报,如果不匹配则丢弃。

攻击者伪装成DNS服务器提前向客户端发送响应数据报,那么客户端的DNS缓存里的域名所对应的IP就是攻击者定义的IP。同时客户端也被攻击者带入指定的地方了。

2. 常见的DNS攻击

(1)域名劫持。通过采用黑客手段控制域名管理密码和域名管理邮箱,然后将该域名的

DNS记录指向黑客可以控制的DNS服务器，通过在该DNS服务器上添加相应域名记录，当用户访问该域名时进入黑客所指向的内容。

(2)缓存投毒。控制DNS缓存服务器，把原本准备访问某网站的用户在不知不觉中带到黑客指向的其他网站上。其实现方式有多种，比如可以通过利用用户ISP端的DNS缓存服务器的漏洞进行攻击或控制，从而改变该ISP内的用户访问域名的响应结果。也可以通过利用用户权威域名服务器上的漏洞，如当用户域名服务器同时可以被当作缓存服务器使用时，黑客可以实现缓存投毒，将错误的域名记录存入缓存中，从而使所有使用该缓存服务器的用户得到错误的DNS解析结果。

(3)DDoS攻击。DDoS攻击是一种分布式拒绝服务攻击。攻击者利用大量的互联网流量向网络中目标主机(一般是服务器)发送大量请求。造成目标主机无法正常工作，严重时会造成主机宕机。

(4) DNS欺骗。DNS欺骗是攻击者冒充域名服务器的一种欺骗行为。如果可以冒充域名服务器，然后把来查询的IP地址设为攻击者的IP地址，这样的话，用户上网就只能看到攻击者的主页，而不是用户想要取得的网站的页面了，这就是DNS欺骗的基本原理。

3. DNS欺骗的防范

DNS欺骗攻击是很难防御的，因为这种攻击大多数是被动的。通常情况下，除非发生欺骗攻击，用户很难发现自己被DNS欺骗。在很多针对性的攻击中，用户都无法知道自己已经将网上银行账号信息输入错误的网址，直到接到银行的电话告知其账号已购买某某高价商品时用户才会知道。这就是说，在抵御这种类型攻击方面还是有迹可循。

(1)使用最新版本的DNS服务器软件，并及时安装补丁。

(2)关闭DNS服务器的递归功能。DNS服务器利用缓存中的记录信息回答查询请求或是DNS服务器通过查询其他服务获得查询信息并将它发送给客户机，这两种查询称为递归查询，这种查询方式容易导致DNS欺骗。

(3)保护内部设备。像这样的攻击大多数都是从网络内部执行的，如果你的网络设备很安全，那么那些感染的主机就很难向你的设备发动欺骗攻击。

(4)敏感系统不要太依赖DNS:在高度敏感和安全的系统中不需要浏览网页，这时系统不需要使用DNS,敏感系统也可以在设备主机文件中手动指定主机名来实现名称解析。

(5)使用入侵检测系统。只要正确部署和配置，使用入侵检测系统就可以检测出大部分的ARP缓存中毒攻击和DNS欺骗攻击。

(6)使用DNS安全扩展。DNS安全扩展(DNSSEC)，是由IETF提供的一系列DNS安全认证的机制(可参考RFC 2535)。它提供了一种来源鉴定和数据完整性的扩展。DNSSEC是替代DNS的更好选择，DNSSEC还没有广泛运用，但是已被公认为是DNS的未来方向，也正是如此，美国国防部已经要求所有MIL和GOV域名都必须开始使用DNSSEC。

10.2.4 Web欺骗

Web欺骗是一种Internet欺骗，Web欺骗可以使入侵者相信信息系统存在有价值的、可利用的安全弱点，并具有一些可攻击窃取的资源（当然这些资源是伪造的或不重要的），并将入侵者引向这些错误的资源。它能够显著地增加入侵者的工作量、入侵复杂度以及不确定性，从而使入侵者不知道其进攻是否奏效或成功。而且，它允许防护者跟踪入侵者的行为，在入侵者之前修补系统可能存在的安全漏洞。常用的几种技术如下。

1. 蜜罐技术

Web 欺骗一般通过隐藏和安插错误信息等技术手段实现，前者包括隐藏服务、多路径和维护安全状态信息机密性，后者包括重定向路由、伪造假信息和设置圈套等。综合这些技术方法，最早采用的网络欺骗是蜜罐技术，它将少量的有吸引力的目标（我们称为蜜罐）放置在入侵者很容易发现的地方，以诱使入侵者上当。

这种技术的目标是寻找一种有效的方法来影响入侵者，使得入侵者将技术、精力集中到蜜罐而不是其他真正有价值的正常系统和资源中。蜜罐技术还可以做到一旦入侵企图被检测到时，迅速地将其切换。

2. 分布式蜜罐技术

分布式蜜罐技术将欺骗蜜罐散布在网络的正常系统和资源中，利用闲置的服务端口来充当欺骗，从而增大了入侵者遭遇欺骗的可能性。它具有两个直接的效果，一是将欺骗分布到更广范围的 IP 地址和端口空间中；二是增大了欺骗在整个网络中的百分比，使得欺骗比安全弱点被入侵者扫描器发现的可能性更大。

尽管如此，分布式蜜罐技术仍有局限性，这体现在三个方面：一是它对穷尽整个空间搜索的网络扫描无效；二是只提供了相对较低的欺骗质量；三是只相对使整个搜索空间的安全弱点减少。而且，这种技术的一个更为严重的缺陷是它只对远程扫描有效。如果入侵者已经部分进入网络系统中，处于观察（如嗅探）而非主动扫描阶段时，真正的网络服务对入侵者已经透明，那么这种欺骗将失去作用。

3. 蜜网技术

蜜罐技术是一个故意设计的存在缺陷的系统，可以用来对档案信息网络入侵者的行为进行诱骗，以保护档案信息的安全。蜜网技术是一个用来研究如何入侵系统的工具，是一个设计合理的实验网络系统。蜜网技术第一个组成部分是防火墙，它记录了所有与本地主机的连接并且提供 NAT 服务和 DoS 保护、入侵检测系统（IDS）。IDS 和防火墙有时会放置在同一个位置，用来记录网络上的流量且寻找攻击和入侵的线索。第二个组成部分是远程日志主机，所有的入侵指令能够被监控并且传送到通常设定成可远程使用的系统日志。

4. 空间欺骗技术

空间欺骗技术就是通过增加搜索空间来显著地增加档案系统网络入侵者的工作量，从而达到安全防护的目的。该技术运用的前提是计算机系统可以在一块网卡上实现具有众多 IP 地址，每个 IP 地址都具有它们自己的 MAC 地址。这项技术可用于建立填充一大段地址空间的欺骗，且花费极低。当网络入侵者的扫描器访问到网络系统的外部路由器并探测到这一欺骗服务时，将扫描器所有的网络流量重定向到欺骗上，使得接下来的远程访问变成这个欺骗的继续。当然，当采用这种欺骗时，网络流量和服务的切换必须严格保密，因为一旦暴露就将招致入侵，从而导致入侵者很容易将任意一个已知有效的服务与这种用于测试网络入侵者的扫描探测及其响应的欺骗区分开来。

5. 网络信息迷惑技术

主要是网络动态配置和网络流量仿真。产生仿真流量的目的是使流量分析不能检测到欺骗的存在。在欺骗系统中产生仿真流量有两种方法。一种方法是采用实时方式或重现方式复制真正的网络流量，这使得欺骗系统与真实系统十分相似，因为所有的访问连接都被复制。第二种方法是从远程产生伪造流量，使网络入侵者可以发现和利用。面对网络入侵技术的不断提高，一种网络欺骗技术肯定不能做到总是成功，必须不断地提高欺骗质量，才能使网络入侵者难以将合法服务和欺骗服务进行区分。

10.3 拒绝服务攻击

拒绝服务攻击（DoS）是攻击者想办法让目标机器停止提供服务，是黑客常用的攻击手段之一。DoS 攻击其实就是对网络带宽进行的消耗性攻击，只是拒绝服务攻击的一部分，只要能够对目标造成麻烦，使某些服务被暂停甚至主机死机，都属于拒绝服务攻击。

由于网络协议本身的安全缺陷，拒绝服务攻击问题也一直得不到合理的解决，DoS 攻击也成了攻击者的常用攻击手段。攻击者进行 DoS 攻击的用途是让服务器的缓冲区满，不接收新的请求；或者是使用 IP 欺骗，迫使服务器把非法用户的连接复位，影响合法用户的连接。

常见几个拒绝服务攻击有以下几种攻击：

10.3.1 SYN 泛洪

SYN 泛洪攻击是当前网络上最为常见的 DoS 攻击，也是最为经典的拒绝服务攻击，它利用了 TCP 协议三次握手过程（如图 10-6 所示）实现上的一个缺陷，通过向网络服务所在端口发送大量的伪造源地址的攻击报文，就可能造成目标服务器中的半开连接队列被占满，从而阻止其他合法用户访问。

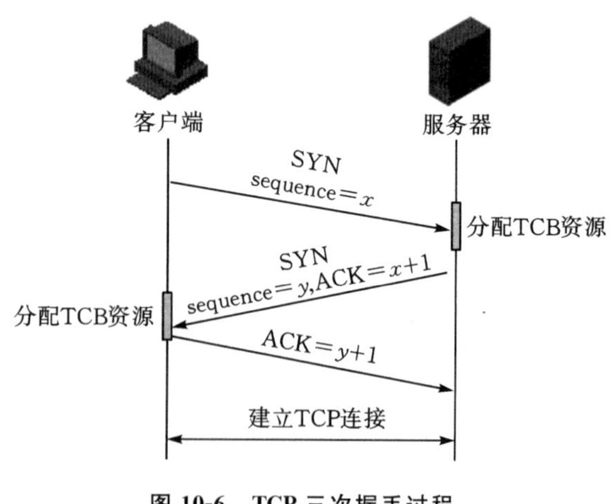

图 10-6 TCP 三次握手过程

1. SYN 泛洪攻击原理

SYN 泛洪攻击属于 DoS 攻击的一种，它利用 TCP 协议缺陷，通过发送大量的半连接请求，耗费 CPU 和内存资源，SYN 的攻击过程如图 10-7 所示。SYN 泛洪攻击除了能影响主机外，还可以危害路由器、防火墙等网络系统，事实上 SYN 泛洪攻击并不管目标是什么系统，只要这些系统打开 TCP 服务就可以实施。服务器接收到连接请求 SYN，将此信息加入未连接队列，并发送请求包给客户（SYN/ACK），此时进入 SYN_RECV 状态。当服务器未收到客户端的确认包时，会重发请求包，一直到超时，才将此条目从未连接队列删除。配合 IP 欺骗,SYN泛洪攻击能达到很好的效果,通常,客户端在短时间内伪造大量不存在的IP地址,向服务器不断地发送SYN包,服务器回复确认包,并等待客户的确认,由于源地址是不存在的,服务器需要不断地重发直至超时,这些伪造的SYN包将长时间占用未连接队列,使得正常的SYN请求被丢弃,目标系统运行缓慢,严重的会引起网络堵塞甚至系统瘫痪。

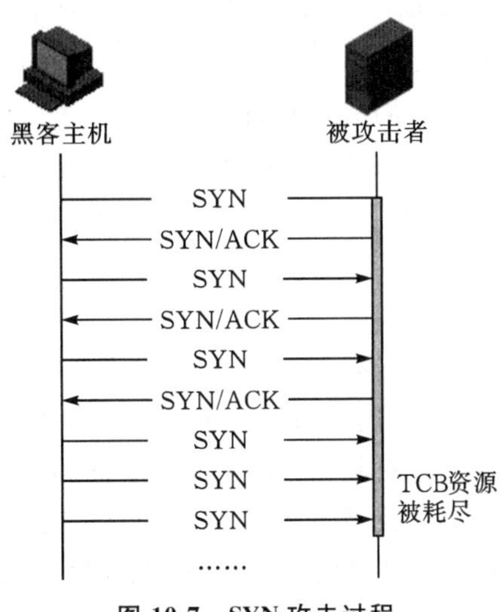

图10-7 SYN攻击过程

2. UDP泛洪

UDP泛洪攻击是导致基于主机的服务拒绝攻击的一种。UDP是一种无连接的协议,而且它不需要用任何程序建立连接来传输数据。当攻击者随机地向受害系统的端口发送UDP数据包的时候,就可能发生了UDP泛洪攻击。当受害系统接收到一个UDP数据包的时候,它会确定目的端口正在等待中的应用程序。当它发现该端口中并不存在正在等待的应用程序时,它就会产生一个目的地址无法连接的ICMP数据包发送给该伪造的源地址。如果向受害者计算机端口发送了足够多的UDP数据包的时候,整个系统就会瘫痪。

UDP协议与TCP协议不同,是无连接状态的协议,并且UDP应用协议较多,差异极大,因此针对UDP泛洪的防护非常困难。其防护要根据具体情况对待,主要有以下几种。

(1)判断包大小,如果是大包攻击则使用防止UDP碎片的方法:根据攻击包大小设定包碎片重组大小,通常不小于1500B。在极端情况下,可以考虑丢弃所有UDP碎片。

(2)在业务端口设置UDP最大包过滤:根据该业务UDP最大包长设置UDP最大包大小,以过滤异常流量。

(3)在非业务端口设置防护设备:丢弃非业务端口所有UDP包,可能会误伤正常业务;可以先建立UDP连接规则,要求所有去往该端口的UDP包,必须首先与TCP端口建立TCP连接。不过这种方法需要很专业的防火墙或其他防护设备支持。

UDP攻击是一种消耗对方资源,同时也消耗攻击者本身的资源的攻击方式,攻击程序在消耗对方资源同时也在消耗攻击者的资源。攻击者一般较少采用。

3. 死亡之 Ping

死亡之 Ping 是最常使用的拒绝服务攻击手段之一。它利用 Ping 命令发送不合常规的测试包来使被攻击者无法正常工作。这种攻击主要是由于单个包的长度超过了 IP 协议规范所规定的包长度。产生这样的包很容易,事实上,许多操作系统都提供了称为 Ping 的网络工具。在 TCP/IP 网络中,许多系统对 ICMP 包的大小都规定为 64KB,当 ICMP 包的大小超过该值时就导致内存分配错误码,直至 TCP/IP 协议栈崩溃,最终使被攻击主机无法正常工作。

为了防止死亡之 Ping ,现在所使用的网络设备(如交换机、路由器和防火墙等)和操作系统(如 UNIX、Linux 、Windows 和 Solaris 等)都能够过滤掉超大的 ICMP 包。以 Windows 为例,单机版从 Windows 98 之后,Windows NT 从 Service Pack 3 之后,都具有抵抗一般死亡之 Ping 攻击的能力。

4. 泪滴攻击

泪滴攻击指的是向目标机器发送损坏的 IP 包,诸如重叠的包或过大的包载荷。该攻击可以通过 TCP/IP 协议栈中分片重组代码中的 Bug 来瘫痪各种不同的操作系统。

在 TCP/IP 网络中,不同的网络对数据包的大小有不同的规定,例如以太网的数据包最大为 1500B(将数据包的最大值称为最大数据单元 MTU),令牌总线网络的 MTU 为 8182B,而令牌环网和 FDDI 对数据包没有大小限制。如果令牌总线网络中一个大小为 8000B 的 IP 数据包要发送到以太网中,由于令牌总线网络的数据包要比以太网的大,所以为了能够完成数据的传输,需要根据以太网数据包的大小要求,将令牌总线网络的数据包分成多个部分,这一过程称为分片。

在 IP 报头中有一个偏移字段和一个分片标志(MF),如果 MF 标志设置为 1,则表明这个 IP 数据包是一个大 IP 数据包的片段,其中偏移字段指出了这个片段在整个 IP 数据包中的位置。例如,对一个 4500B 的 IP 数据包进行分片(MTU 为 1500B),则 3 个片段中偏移字段的值依次为 0、1500、3000。基于这些信息,接收端就可以成功地重组该 IP 数据包。如果一个攻击者打破这种正常的分片和重组 IP 数据包的过程,把偏移字段设置成不正确的值(假如,把上面的偏移设置为 0、1300、3000),在重组 IP 数据包时可能会出现重合或断开的情况,就可能致目标操作系统崩溃。这就是所谓的泪滴攻击。

防范泪滴攻击的有效方法是给操作系统安装最新的补丁程序,修补操作系统漏洞。同时对防火墙进行合理的设置,在无法重组 IP 数据包时将其丢弃,而不进行转发。

5. Smurf 攻击

Smurf 攻击是一种病毒攻击,以最初发动这种攻击的程序来命名。这种攻击方法结合使用了 IP 欺骗和 ICMP 回复方法,使大量网络传输充斥目标系统,引起目标系统拒绝为正常系统进行服务。

其原理是通过向一个局域网的广播地址发出 ICMP 回应请求,并将请求的返回地址设为被攻击的目标主机,导致目标主机被大量的应答包淹没,最终导致目标主机崩溃。在这种攻击方式中,攻击者不直接向目标主机发送任何数据包,而是引导大量的数据包发往目的地,其攻击过程如图 10-8 所示。

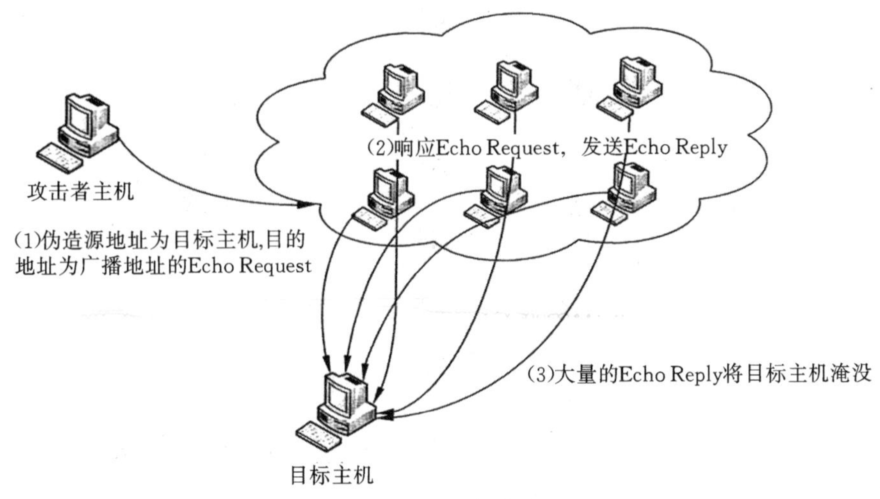

图 10-8　Smurf 攻击过程示意图

为了防止 Smurf 攻击，可以在边界路由器、交换机等网络通信设备上对应答信息包进行过滤。也可以在关键部件的防火墙设备上关闭 ICMP 数据包的通行。

10.3.2　分布式拒绝服务攻击

分布式拒绝服务攻击(DDoS)是指处于不同位置的多个攻击者同时向一个或数个目标发动攻击，或者一个攻击者控制了位于不同位置的多台机器，并利用这些机器对受害者同时实施攻击。由于攻击的发出点是分布在不同地方的，这类攻击称为分布式拒绝服务攻击，其中的攻击者可以有多个。

1. 分布式拒绝服务攻击原理

分布式拒绝服务攻击 DDoS 是一种基于 DoS 的特殊形式的拒绝服务攻击，是一种分布的、协同的大规模攻击方式。单一的 DoS 攻击一般是采用一对一方式的，它利用网络协议和操作系统的一些缺陷，采用欺骗和伪装的策略来进行网络攻击，使被攻击的主机充斥大量要求回复的信息，消耗网络带宽或系统资源，导致网络或系统不胜负荷以至于瘫痪而停止提供正常的网络服务。与 DoS 攻击由单台主机发起攻击相比较，分布式拒绝服务攻击 DDoS 是借助数百甚至数千台被入侵后安装了攻击进程的主机同时发起的集体行为。

一个完整的 DDoS 攻击体系由攻击者、主控端、代理端和被攻击目标(受害者)四部分组成，如图 10-9 所示。主控端和代理端分别用于控制和实际发起攻击，其中主控端只发布命令而不参与实际的攻击，代理端发出 DDoS 的实际攻击包。对于主控端和代理端的计算机，攻击者有控制权或者部分控制权，它在攻击过程中会利用各种手段隐藏自己不被别人发现。真正的攻击者一旦将攻击的命令传送到主控端，攻击者就可以关闭或离开网络，而由主控端将命令发布到各个代理主机上，这样攻击者可以逃避追踪。每一个攻击代理主机都会向目标主机发送大量的服务请求数据包，这些数据包经过伪装，无法识别它的来源，而且这些数据包所请求的服务往往要消耗大量的系统资源，造成目标主机无法为用户提供正常服务，甚至导致系统崩溃。

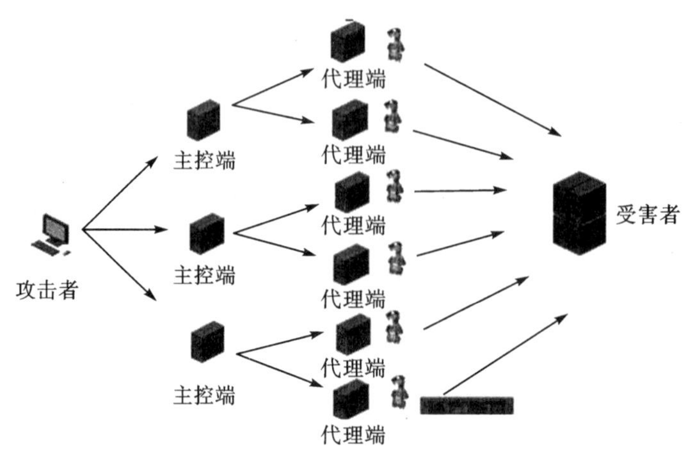

图 10-9 一个完整的 DDoS 攻击体系

2. DDoS 的攻击现象

DDoS 的攻击现象主要有两种：一种为流量攻击，主要是针对网络带宽的攻击，即大量攻击包导致网络带宽被阻塞，合法网络包被虚假的攻击包淹没而无法到达主机；另一种为资源耗尽攻击，主要是针对服务器主机的攻击，即通过大量攻击包导致服务器主机的内存被耗尽或CPU 被内核及应用程序占完而造成无法提供网络服务。当被 DDoS 攻击时，主要表现为以下几个方面：

(1)被攻击主机上有大量等待的 TCP 连接。

(2)网络中充斥着大量的无用的数据包，源地址为假。

(3)制造高流量无用数据，造成网络拥塞，使受害主机无法正常和外界通信。

(4)利用受害主机提供的服务或传输协议上的缺陷，反复高速地发出特定的服务请求，使受害主机无法及时处理所有正常请求。

(5)严重时会造成系统死机。

3. 攻击流程

攻击者进行一次 DDoS 攻击大概需要经过了解攻击目标、攻占傀儡机、实施攻击三个主要步骤，如图 10-10 所示。

(1)了解攻击目标。就是对所要攻击的目标有一个全面和准确的了解，以便对将来的攻击做到心中有数。主要关心的内容包括被攻击目标的主机数目、地址情况，目标主机的配置、性能，目标的带宽等。对于 DDoS 攻击者来说，攻击互联网上的某个站点，有一个重点就是确定到底有多少台主机在支持这个站点，一个大的网站可能有很多台主机利用负载均衡技术提供服务。所有这些攻击目标的信息都关系到后面两个阶段的实施目标和策略，如果盲目地发动DDoS 攻击就不能保证攻击目的的完成，还可能过早地暴露攻击者的身份，所以了解攻击目标是有经验的攻击者必经的步骤。

(2)攻占傀儡主机。就是控制尽可能多的机器，然后安装相应的攻击程序。在主控机上安装控制攻击的程序，而攻击机则安装 DDoS 攻击的发包程序。攻击者最感兴趣，也最有可能成为傀儡主机的机器，包括那些链路状态好、性能好同时安全管理水平差的主机。攻击者一般会利用已有的或者未公布的一些系统或者应用软件的漏洞，取得一定的控制权，起码可以安装攻击实施所需要的程序，更厉害的可能还会取得最高控制权、留下后门等。在早期的DDoS攻击过程中，攻占傀儡主机这一步主要是攻击者自己手动完成的，他会亲自扫描网络，发现安全性比较差的主机，将其攻占并且安装攻击程序。但是后来随着DDoS攻击和蠕虫的融合，攻占傀儡机变成了一个自动化的过程，攻击者只要将蠕虫放入网络中，蠕虫就会在不断扩散中不停地攻占主机，这样所能联合的攻击主机将变得非常巨大，DDoS攻击的威力更大。

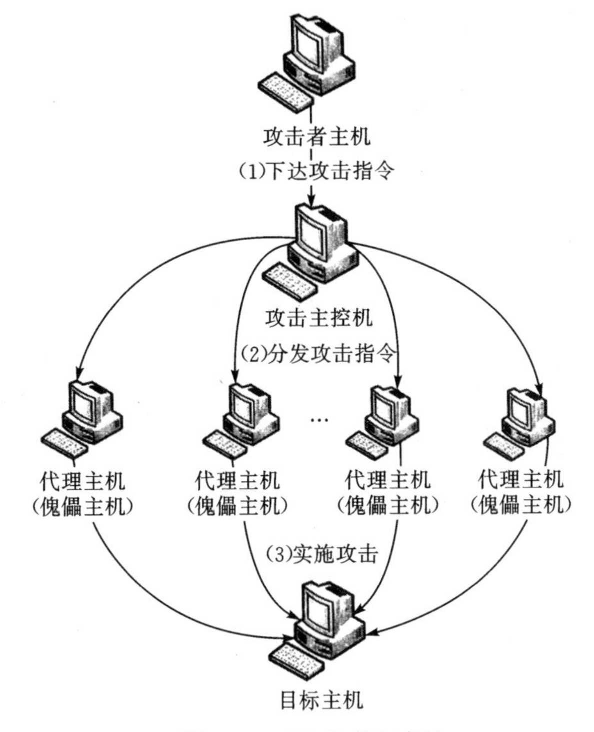

图10-10　DDoS攻击过程

(3)实施攻击。攻击者通过主控机向攻击机发出攻击指令，或者按照原先设定好的攻击时间和目标，攻击机不停地向目标或者反射服务器发送大量的攻击包，来吞没被攻击者，达到拒绝服务的最终目的。和前两个过程相比，实际攻击过程倒是最简单的一个阶段，一些有经验的攻击者可能还会在攻击的同时通过各种手段检查攻击效果，甚至在攻击过程中动态调整攻击策略，尽可能清除在主控机和攻击机上留下的蛛丝马迹。

4.防御措施

在响应方面，虽然还没有很好的对付攻击行为的方法，但仍然可以采取措施使攻击的影响降至最小。对于提供信息服务的主机系统，应对的根本原则是尽可能地保持服务，迅速恢复服务。由于分布式攻击入侵网络上的大量机器和网络设备，所以要对付这种攻击归根到底还是要解决网络的整体安全问题。真正解决安全问题一定要多个部门的配合，从边缘设备到骨干网络都要认真做好防范攻击的准备，一旦发现攻击就要及时掐断最近攻击来源的那个路径，限制攻击力度的无限增强。网络用户、管理者以及ISP之间应经常交流，共同制订计划，提高整个网络的安全性。

不但是对 DDoS，而且是对于所有网络的攻击，都应该采取尽可能周密的防御措施，同时加强对系统的检测，建立迅速有效的应对策略。应该采取的防御措施有以下几个方面：

(1)全面综合地设计网络的安全体系，注意所使用的安全产品和网络设备。

(2)提高网络管理人员的素质，关注安全信息，遵从有关安全措施，及时升级系统，加强系统抗攻击能力。

(3)在系统中加装防火墙系统，利用防火墙系统对所有出入的数据包进行过滤，检查边界安全规则，确保输出的包受到正确限制。

(4)优化路由及网络结构。对路由器进行合理设置，降低攻击的可能性。

(5)优化对外提供服务的主机，对所有在网上提供公开服务的主机都加以限制。

(6)安装入侵检测工具，经常扫描检查系统，解决系统的漏洞，对系统文件和应用程序进行加密，并定期检查这些文件的变化。

10.4　缓冲区溢出攻击

缓冲区溢出攻击是利用缓冲区溢出漏洞所进行的攻击行动。缓冲区溢出是一种非常普遍、非常危险的漏洞，在各种操作系统、应用软件中广泛存在。利用缓冲区溢出攻击，可以导致程序运行失败、系统关机、重新启动等后果。

缓冲区溢出是指当计算机向缓冲区内填充数据位数超过了缓冲区本身的容量，溢出的数据覆盖在合法数据上。理想的情况是：程序会检查数据长度，而且并不允许输入超过缓冲区长度的字符。但是绝大多数程序都会假设数据长度总是与所分配的储存空间相匹配，这就为缓冲区溢出埋下隐患。操作系统所使用的缓冲区(又被称为堆栈)，在各个操作进程之间，指令会被临时储存在堆栈当中，堆栈也会出现缓冲区溢出。

10.4.1　缓冲区溢出攻击的基本原理

通过往程序的缓冲区写超出其长度的内容，造成缓冲区的溢出，从而破坏程序的堆栈，使程序转而执行其他指令，以达到攻击的目的。造成缓冲区溢出的原因是程序中没有仔细检查用户输入的参数。例如以下程序：

```
void function (char  * str)
{
    char buffer[16];
    strcpy(buffer,str);
}
```

上面的 strcpy()函数将直接把 str 中的内容 copy 到 buffer 中，这样只要 str 的长度大于 16，就会造成 buffer 的溢出，使程序运行出错。存在像 strcpy()函数这样的问题的标准函数还有 strcat()、sprintf()、vsprintf()、gets()、scanf()等。

当然，随便往缓冲区中填东西造成它溢出一般只会出现分段错误，而不能达到攻击的目的。最常见的手段是通过制造缓冲区溢出使程序运行一个用户 Shell,再通过 Shell 执行其他命令。如果该程序属于管理员 root 且有 Suid 权限的话,攻击者就获得了一个有 root 权限的 Shell,可以对系统进行任意操作了。

缓冲区溢出攻击之所以成为一种常见安全攻击手段的原因在于缓冲区溢出漏洞太普遍了,并且易于实现。而且,缓冲区溢出成为远程攻击的主要手段的原因在于缓冲区溢出漏洞给予了攻击者所想要的一切:植入并且执行攻击代码,被植入的攻击代码以一定的权限运行有缓冲区溢出漏洞的程序,从而得到被攻击主机的控制权。

10.4.2 缓冲区溢出攻击的防范

缓冲区溢出攻击占了远程网络攻击的绝大多数,这种攻击可以使得一个匿名的 Internet 用户有机会获得一台主机的部分或全部的控制权。如果能有效地消除缓冲区溢出的漏洞,则很大一部分的安全威胁可以得到缓解。

有四种基本的方法保护缓冲区免受缓冲区溢出的攻击和影响。

(1)通过操作系统使得缓冲区不可执行,从而阻止攻击者植入攻击代码。

(2)强制写正确的代码的方法。

(3)利用编译器的边界检查来实现缓冲区的保护。这个方法使得缓冲区溢出不可能出现,从而完全消除了缓冲区溢出的威胁,但是相对而言代价比较大。

(4)程序指针完整性检查。虽然这种方法不能使所有的缓冲区溢出失效,但它能阻止绝大多数的缓冲区溢出攻击。

同时,在软件产品发布前仍需要仔细检查程序溢出情况,将危险降到最低。同时,系统用户应及时为使用的操作系统更新补丁,减少不必要的开放服务端口。

习题 10

1. 什么是网络监听?网络监听的作用是什么?
2. 什么是缓冲区溢出?产生缓冲区溢出的原因是什么?
3. 简述端口扫描技术的原理。
4. 简述 IP 欺骗攻击的防御技术。
5. 简述 DDoS 攻击过程。

第 11 章　网络安全实验

实验 1　基本 ACL 访问控制

实验目的

访问控制是各种网络访问机制的集合，通过这些访问机制使管理者可以针对网络中的流量和网络中的各种行为实行控制。通过网络访问控制实验，大家可以了解在实际的网络管理中如何进行网络行为和流量的控制，掌握在路由器中配置基本的访问控制规则(ACL)的方法。

预备知识

IPv4 ACL 根据 ACL 序号来区分不同的 ACL，可分为三种类型，如表 11-1 所示。

表 11-1　IPv4 ACL 分类

IPv4 ACL 类型	ACL 序号范围	区分报文的依据
基本 IPv4 ACL	2000～2999	只根据报文的源 IP 地址信息制定匹配规则
扩展 IPv4 ACL	3000～3999	根据报文的源 IP 地址信息、目的 IP 地址信息、IP 承载的协议类型、协议的特性等三、四层信息制定匹配规则
二层 ACL	4000～4999	根据报文的源 MAC 地址、目的 MAC 地址、802.1P 优先级、二层协议类型等二层信息制定匹配规则

(1)配置基本 IPv4 ACL

基本 IPv4 ACL 只根据源 IP 地址信息制定匹配规则，对报文进行相应的分析处理。序号取值范围为 2000～2999。

(2)配置基本 IPv4 ACL

配置基本 IPv4 ACL 的操作方法如表 11-2 所示。

表 11-2　配置基本 IPv4 ACL

操作	命令	说明
进入系统视图	system-view	
创建基本 IPv4 ACL 并进入基本 ACL 视图	acl number *acl-number* [name acl-name][match-order{auto|config}]	必选。 缺省情况下，匹配顺序为 config。如果用户在创建 IPv4 ACL 时指定了名称，则之后可以通过 acl name acl-number 命令进入指定名称的 ACL 视图。

续表

操作	命令	说明
定义规则	rule [*rule-id*] { deny | permit } [fragment | logging | source { *sour-addr sour-wildcard* |any} |time-range *time-range-name*]	必选。 可以重复本步骤创建多条规则需要注意的是，当基本 IPv4 ACL 被 QOS 策略引用对报文进行流分类时，不支持配置 logging 参数。
定义步长	step *step-value*	可选。 缺省情况下，步长为 5。
定义基本 IPv4 ACL 的描述信息	description *text*	可选。 缺省情况下，基本 IPv4 ACL 没有描述信息。
定义规则的描述信息	rule rule-id *comment text*	可选。 缺省情况下，规则没有描述信息。

实验设备

华为 eNSP 模拟器，路由器 2 台，PC 机 3 台。

实验内容

1. 完成实验拓扑图，如图 11-1 所示。
2. 完成 IP 地址的分配，配置 OSPF 路由协议，并实现网络之间的连通性。
3. 根据要求，在路由器上配置基本的 ACL，禁止主机 PC1 访问网络的所有资源，其他主机可以访问所有资源。

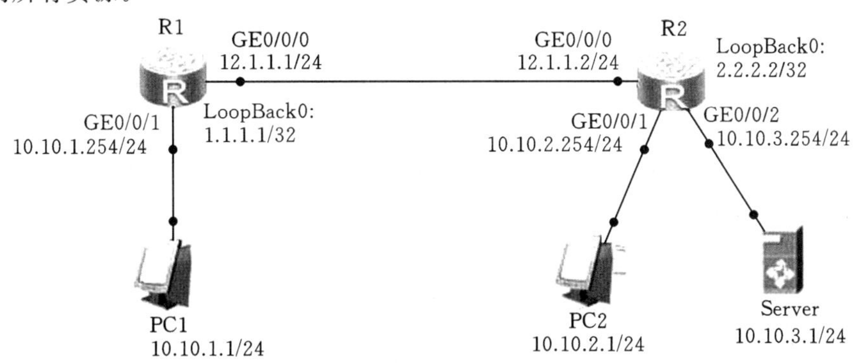

图 11-1　基本 ACL 访问控制实验拓扑图

实验步骤

1. 网络的基本配置

#配置路由器 R1 的网络接口地址

```
[R1]int G0/0/0
[R1-GigabitEthernet0/0/0]ip address 12.1.1.1 24
```

```
[R1-GigabitEthernet0/0/0]quit
[R1]int G0/0/1
[R1-GigabitEthernet0/0/1]ip address 10.10.1.254 24
[R1-GigabitEthernet0/0/1]quit
```

#配置路由器 R1 的环回地址

```
[R1]int LoopBack 0
[R1-LoopBack0]ip address 1.1.1.1 32
[R1-LoopBack0]quit
```

#配置路由器 R2 的网络接口地址

```
[R2]int G0/0/0
[R2-GigabitEthernet0/0/0]ip address 12.1.1.2 24
[R2-GigabitEthernet0/0/0]quit
[R2]int G0/0/1
[R2-GigabitEthernet0/0/1]ip address 10.10.2.254 24
[R2-GigabitEthernet0/0/1]quit
[R2]int G0/0/2
[R2-GigabitEthernet0/0/2]ip address 10.10.3.254 24
[R2-GigabitEthernet0/0/2]quit
```

#配置路由器 R2 的环回地址

```
[R2]int LoopBack 0
[R2-LoopBack0]ip address 2.2.2.2 32
[R2-LoopBack0]quit
```

2. 配置 OSPF 路由协议，实现网络连通性

#配置路由器 R1 单区域(area0)的 OSPF

```
[R1]ospf 1 router-id 1.1.1.1
[R1-ospf-1]area 0
[R1-ospf-1-area-0.0.0.0]network 12.1.1.0 0.0.0.255
[R1-ospf-1-area-0.0.0.0]network 10.10.1.0 0.0.0.255
[R1-ospf-1-area-0.0.0.0]network 1.1.1.1 0.0.0.0
[R1-ospf-1-area-0.0.0.0]quit
```

#配置路由器 R2 单区域(area0)的 OSPF

```
[R2]ospf router-id 2.2.2.2
[R2-ospf-1]area 0
[R2-ospf-1-area-0.0.0.0]network 12.1.1.0 0.0.0.255
[R2-ospf-1-area-0.0.0.0]network 10.10.2.0 0.0.0.255
```

```
[R2-ospf-1-area-0.0.0.0]network 10.10.3.0 0.0.0.255
[R2-ospf-1-area-0.0.0.0]network 2.2.2.2 0.0.0.0
[R2-ospf-1-area-0.0.0.0]quit
```

#使用 display ospf　brief 命令查看 ospf 运行情况(略)

#使用 display ip routing-table 查看路由表(略)

#测试网络的主机的连通性(略)

3.配置网络中访问控制规则

#定义一个标准的 ACL

```
[R1]acl number 2000
```

#定义控制流量规则为拒绝源为 10.10.1.1 的主机流量

```
[R1-acl-basic-2000]rule 5 deny ip source 10.10.1.1 0.0.0.0
```

#定义允许所有的其他流量通过

```
[R1-acl-basic-2000]rule 10 permit source any
```

#在接口的 out 方向启用 acl 2000

```
[R1]int G0/0/0
[R1-GigabitEthernet0/0/0]traffic-filter outbound acl 2000
```

通过 display acl 2000 查看 ACL 的配置。

通过 PC 之间通信来验证实验结果。

注意:ACL 部署原则是根据减少不必要通信流量的通信准则,应尽可能地把 ACL 放置在靠近被拒绝的通信流量的来源处。

实验2 扩展ACL访问控制

实验目的

扩展的IPv4 ACL可以使用报文的源IP地址信息、目的IP地址信息、IP承载的协议类型、协议的特性(如TCP或UDP的源端口、目的端口、TCP标记、ICMP协议的消息类型、消息码等)等信息来制定匹配规则。通过扩展的访问控制实验实现有效的网络行为和流量控制，掌握在路由器中配置扩展的访问控制规则ACL的方法。

预备知识

扩展IPv4 ACL支持对三种报文优先级的分析处理：ToS(Type of Service，服务类型)优先级，IP优先级，DSCP(Differentiated Services Codepoint，差分服务编码点)优先级。

配置扩展IPv4 ACL的操作如表11-3所示。

表11-3 配置扩展IPv4 ACL

操作	命令	说明
进入系统视图	system -view	
创建高级IPv4 ACL并进入高级ACL视图	acl number *acl-number*[name acl-name][match-order{auto|config}]	必选。 缺省情况下，匹配顺序为config。 如果用户在创建IPv4 ACL时指定了名称，则之后可以通过acl name acl-number命令进入指定名称的ACL视图。
定义规则	rule [*rule-id*] { deny | permit } *protocol* [{established|{ack ack-value|fin fin-value|psh psh-value|rst rst-value|syn syn-value|urg urg-value} * }|destination-port operator port1[port2]|dscp dscp/ fragment | icmp-type { icmp-type icmp-code|icmp-message} | logging|precedence precedence|reflective|source {sour-addr sour-wildcard|any}|source-port operator port1[port2]|time-range time-range-name|tos tos] *	必选。 可以重复本步骤创建多条规则。 目前不支持在配置ACL规则时使用reflective参数。 需要注意，当扩展ACL被QOS策略引用对报文进行流分类时，不支持配置logging参数。 不支持配置操作符*operator*取值为neq。
定义步长	step *step-value*	可选。 缺省情况下，步长为5。
定义基本IPv4 ACL的描述信息	description *text*	可选。 缺省情况下，基本IPv4 ACL没有描述信息。
定义规则的描述信息	rule *rule-id* comment *text*	可选。 缺省情况下，规则没有描述信息。

实验设备

华为 eNSP 模拟器,路由器 2 台,服务器 1 台,PC 机 2 台。

实验内容

1. 完成实验拓扑图,如图 11-1 所示。

2. 完成 IP 地址的分配,配置 OSPF 路由协议实现网络之间的连通性。

3. 根据要求,在路由器上配置扩展的 ACL,实现 PC1 所在网段不能访问 PC2,但 PC1 所在网段能够访问服务器 Server 的 WWW 服务,但不能访问 FTP 服务。

实验步骤

1. 网络的基本配置(参考实验 1,略)

2. 配置 OSPF 路由协议,实现网络连通性(参考实验 1,略)

3. 配置网络中扩展的 ACL

#定义扩展 ACL

```
[R1]acl number 3000
```

#定义控制流量规则为允许 PC1 所在网段访问 server 的 www 服务器

```
[R1-acl-adv-3000]rule 5 permit tcp source 10.10.1.0 0.0.0.255 destination 10.10.3.1 0.0.0.255 destination-port eq www
```

#定义控制流量规则为拒绝 PC1 所在网段访问 server 的 ftp 服务器

```
[R1-acl-adv-3000]rule 10 deny tcp source 10.10.1.0 0.0.0.255 destination 10.10.3.1 0.0.0.255 destination-port eq ftp
```

#定义控制流量规则为拒绝 PC1 所在网段访问 PC2

```
[R1-acl-adv-3000]rule 15 deny ip source 10.10.1.0 0.0.0.255 destination 10.10.2.1 0
```

#在接口的 in 方向应用 ACL

```
[R1]interface G0/0/1
[R1-GigabitEthernet0/0/1]traffic-filter inbound acl 3000
```

思考:怎样利用 IP 地址和反掩码 wildcard-mask 来表示一个网段?

实验3 基于时间的ACL配置

实验目的

基于时间的ACL功能类似于扩展ACL,但它允许根据时间执行访问控制。要使用基于时间的ACL,需要创建一个时间范围,指定一周和一天内的时段。可以为时间范围命名,然后对相应功能应用此范围,时间限制会应用到该功能本身。通过基于时间的ACL配置实验,可使大家掌握定义time-range及配置基于时间的ACL对网络访问进行控制。

预备知识

1. 配置时间段的两种情况。

配置周期时间段:采用每个星期固定时间段的形式,如工作日周一至周五8:00至18:00。

配置绝对时间段:采用从某年某月某日某时某分至某年某月某日某时某分的形式,如从2021年12月20日15:00起至2026年12月30日15:00结束。

2. 时间段的配置

配置时间段的操作如表11-4所示。

表11-4 配置时间段

操作	命令	说明
进入系统视图	system -view	
创建一个时间段	time-range *time-range-name* { *start-time* to *end-time* *days* [from *time1* *date1*][to *time2* *date2*] | from *time1* *date1* [to *time2* *date2*] | to *time2* *date2* }	必选。

实验设备

华为eNSP模拟器,路由器2台,服务器1台,PC机2台。

实验内容

1. 完成实验拓扑图,如图11-1所示。

2. 完成IP地址的分配,配置OSPF路由协议实现网络之间的连通性。

3. 配置时间的ACL,实现公司上班时间(9:00—12:30及14:00—18:30)禁止内网PC访问互联网,但其他时间可以访问外网,且内网之间的互访不受限制。

实验步骤

1. 网络的基本配置(参考实验1,略)

2. 配置OSPF路由协议,实现网络连通性(参考实验1,略)

3. 配置基于时间的 ACL

#定义上班时间段 9:00 至 12:30 及 14:00 至 18:30 为周期时间段

```
[R1]time-range work  9:00 to 12:30 working-day
[R1]time-range work  14:00 to 18:30 working-day
```

#定义访问规则

```
[R1]acl number 3001
```

#配置关联时间段的 ACL 与接口

```
[R1-acl-adv-3001]rule 5 deny source 10.10.1.0 0.0.0.255 time-range work
[R1-acl-adv-3001]rule 10 permit source any
[R1-acl-adv-3001]quit
```

#在接口的 out 方向启用 acl 3001

```
[R1]int G0/0/0
[R1-GigabitEthernet0/0/0]traffic-filter outbound acl 3001
```

实验 4　基于 PPP 协议的认证协议

实验目的

(1)掌握广域网 PPP 协议与 PAP 认证。

(2)掌握广域网 PPP 协议与 CHAP 认证。

预备知识

PPP 协议是在点到点链路上承载网络层数据包的一种链路层协议,由于它能够提供用户验证,而且易于扩充,支持同步/异步线路,因而获得广泛应用。

PPP 定义了一整套的协议,包括链路控制协议(LCP),网络层控制协议(NCP)和验证协议(PAP 和 CHAP)等。

链路控制协议 LCP 用来协商链路的一些参数,负责创建并维护链路。

网络层控制协议 NCP 用来协商网络层协议的参数。

PPP 的配置包括:

(1)配置接口的链路层协议为 PPP。

(2)配置 PPP 验证方式及用户名、用户口令。

配置接口的链路层协议为 PPP 的操作如表 11-5 所示。

表 11-5　配置接口的链路层协议命令

操作	命令
配置接口的链路层协议为 PPP	Link-protocol ppp

配置 PPP 验证方式及用户名、用户口令。

PPP 有两种验证方式:PAP 验证和 CHAP 验证。一般来说,CHAP 验证更为安全可靠。

1. 配置 PAP 验证

(1) 配置 PAP 验证的验证方。

请在接口视图下进行如表 11-6 所示的配置,local-user 命令在系统视图下完成。

表 11-6　配置 PAP 协议验证方命令

操作	命令
启动 PAP 验证	ppp authentication-mode pap
取消 PPP 验证	undo ppp authentication-mode
将对端用户和密码加入本地用户列表	local-user *user* password {simple | cipher} *password* service-type ppp

(2)配置 PAP 验证的被验证方。

请在接口视图下进行如表 11-7 所示的配置。

表 11-7　配置 PAP 协议被验证方命令

操作	命令
配置本地发送的 PAP 验证用户和口令	ppp pap local-user *username* password{simple|cipher} *password*
删除 PAP 验证时发送的用户和口令	undo ppp pap *local-user*

2. 配置 CHAP 验证

(1)配置 CHAP 验证的验证方。

请在接口视图下进行如表 11-8 所示的配置,local-user 命令在系统视图下完成。

表 11-8　配置 CHAP 协议的验证方命令

操作	命令
启动 CHAP 验证	ppp authentication-mode chap
取消 PPP 验证	undo ppp authentication-mode
配置 CHAP 验证本地用户名	ppp chap user *username*
删除配置的本地用户名	undo ppp chap user
将对端用户名和密码加入本地用户列表	local-user *user* password{simple|cipher} *password*

(2)配置 CHAP 验证的被验证方。

请在接口视图下进行如表 11-9 所示的配置,local-user 命令在系统视图下完成。

表 11-9　配置 CHAP 协议的被验证方命令

操作	命令
配置 CHAP 验证本地用户名	ppp chap user *username*
删除配置的本地用户名	undo ppp chap user
配置本地以 CHAP 方式验证时的口令	ppp chap password{simple|cipher} *password*
删除本地以 CHAP 方式验证时的口令	undo ppp chap password
将对端用户名和口令加入本地用户列表	local-user *user* password{simple|cipher} *password*

实验设备

华为 eNSP 模拟器,路由器 2 台(路由器之间通过串口互连)。

实验内容

1. PPP PAP 认证协议实验配置

如图 11-2 所示,路由器 RTA 和 RTB 之间用接口 Serial 1/0/0 互连,要求路由器 RTA 为主验证方,以 PAP 方式验证路由器 RTB(被验证方)。

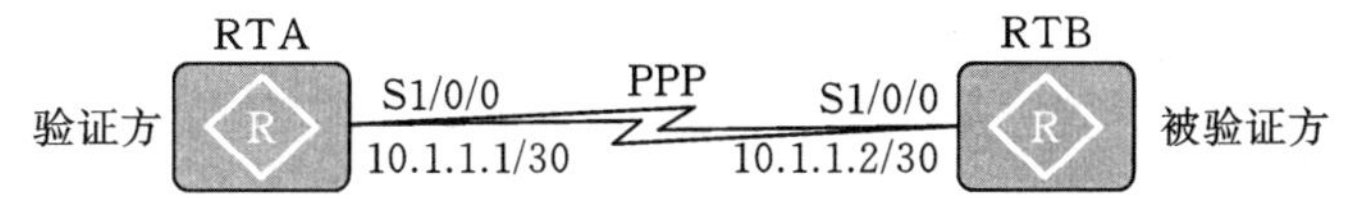

图 11-2　PPP 协议的认证协议实验拓扑图

(1)PPP 基本配置。

```
[RTA]interface Serial 1/0/0
[RTA-Serial1/0/0]link-protocol ppp
[RTA-Serial1/0/0]ip address 10.1.1.1 30
```

(2)PPP 协议的 PAP 认证。

#配置验证方 RTA

```
[RTA]aaa
[RTA-aaa]local-user hw password cipher huawei123
[RTA-aaa]local-user hw service-type ppp
[RTA]interface Serial 1/0/0
[RTA-Serial1/0/0]link-protocol ppp
[RTA-Serial1/0/0]ppp authentication-mode pap
```

#配置被验证方 RTB

```
[RTB]interface Serial 1/0/0
[RTB-Serial1/0/0]link-protocol ppp
[RTB-Serial1/0/0]ppp pap local-user hw password cipher huawei123
[RTB-Serial1/0/0]ip address 10.1.1.2 30
```

2. PPP CHAP 认证协议配置过程

如图 11-2 所示，路由器 RTA 和 RTB 之间用接口 Serial 1/0/0 互连，要求路由器 RTA 为主验证方，以 CHAP 方式验证路由器 RTB(被验证方)。

(1)PPP 基本配置

```
[RTA]interface Serial 1/0/0
[RTA-Serial1/0/0]link-protocol ppp
[RTA-Serial1/0/0]ip address 10.1.1.1 30
```

(2)PPP 协议的 CHAP 认证

#配置验证方 RTA

```
[RTA]aaa
[RTA-aaa]local-user huawei password cipher huawei123
[RTA-aaa]local-user huawei service-type ppp
[RTA]interface Serial 1/0/0
[RTA-Serial1/0/0]link-protocol ppp
[RTA-Serial1/0/0]ppp authentication-mode chap
```

#配置被验证方 RTB

```
[RTB]interface Serial 1/0/0
[RTB-Serial1/0/0]link-protocol ppp
[RTB-Serial1/0/0]ppp chap user huawei
[RTB-Serial1/0/0]ppp chap password cipher huawei123
```

实验 5　防火墙安全区域及安全策略配置

实验目的

掌握防火墙安全区域的配置方法。

掌握防火墙安全策略的配置方法。

预备知识

安全策略是按一定规则检查数据流是否可以通过防火墙的基本安全控制机制。防火墙根据定义的规则对经过防火墙的流量进行筛选,并根据关键字确定筛选出的流量如何进行下一步操作。

实验设备

华为 eNSP 模拟器,防火墙 1 台,路由器 3 台,交换机 1 台,主机 3 台。

实验内容

某公司总部通过防火墙将网络分成三个区域,包括内部区域(Trust)、外部区域(Untrust)和服务器区域(DMZ),通过防火墙来实现对数据的控制,确保公司内部网络安全,并通过 DMZ 区域对外网提供服务。

配置思路

1. 完成实验拓扑图,如图 11-3 所示。

2. 完成 IP 地址的分配,配置 OSPF 路由协议,实现网络之间的连通性。

3. 在交换机上划分 VLAN。

4. 配置防火墙区域。

5. 配置安全策略。

6. 测试网络中服务器区域到外部区域和内部区域之间的连通性。

提示:防火墙的缺省管理员账号为 admin,密码为 Admin@123。

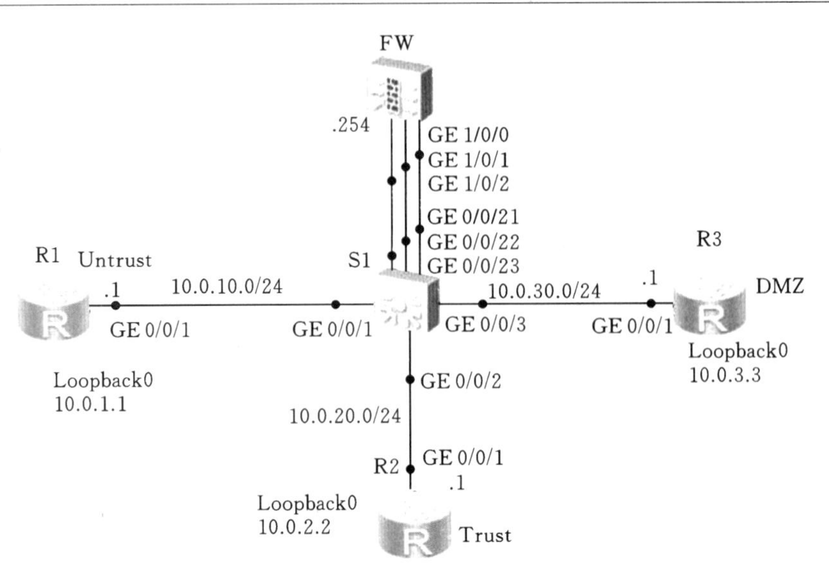

图 11-3 防火墙安全策略配置拓扑图

实验步骤

1. 网络基本配置

按如图 11-3 所示拓扑图的要求，配置路由器和防火墙的 IP 编址，并配置路由协议(略)。

2. 在交换机上按照需求定义 VLAN

```
[S1 ]vlan batch 11 to 13
[S1 ]interface G0/0/1
[S1-GigabitEternet0/0/1]port link-type access
[S1-GigabitEternet0/0/1]port default vlan 11
[S1-GigabitEternet0/0/1]quit
[S1 ]interface G0/0/2
[S1-GigabitEternet0/0/2]port link-type access
[S1-GigabitEternet0/0/2]port default vlan 12
[S1-GigabitEternet0/0/2]quit
[S1 ]interface G0/0/3
[S1-GigabitEternet0/0/3]port link-type access
[S1-GigabitEternet0/0/3]port default vlan 13
[S1-GigabitEternet0/0/3]quit
[S1 ]interface G0/0/21
[S1-GigabitEternet0/0/21]port link-type access
[S1-GigabitEternet0/0/21]port default vlan 11
[S1-GigabitEternet0/0/21]quit
[S1 ]interface G0/0/22
[S1-GigabitEternet0/0/22]port link-type access
```

```
[S1-GigabitEternet0/0/22]port default vlan 12
[S1-GigabitEternet0/0/22]quit
[S1 ]interface G0/0/23
[S1-GigabitEternet0/0/23]port link-type access
[S1-GigabitEternet0/0/23]port default vlan 13
[S1-GigabitEternet0/0/1]quit
```

3.配置防火墙区域

防火墙默认有四个区域，分别是 Local、Trust、Untrust、Dmz。本实验使用到 Trust、Untrust、Dmz 三个区域，分别将对应接口加入各安全区域。

```
[FW]firewall zone dmz
[FW-zone-dmz ]add interface G1/0/2
[FW-zone-dmz ]quit
[FW ]firewall zone trust
[FW-zone-trust ]add interface G1/0/1
[FW-zone-trust ]quit
[FW ]firewall zone untrust
[FW -zone-untrust ]add interface G1/0/0
[FW-zone-untrust ]quit
[FW ]display zone interface    //检查各接口所在的区域：
```

可以看到三个接口已经被划分到相应的区域内，默认情况下不同区域间是不能互通的，因此，各路由器之间流量是无法通过的，需要配置区域间的安全策略才能放行允许的流量。

4.配置安全策略

配置安全策略，仅允许 Trust 区域访问其他区域，不允许其他区域之间的访问。

```
[FW ]security-policy
[FW -policy-security ]rule name policy_sec_1
[FW -policy-security -policy_sec_1]source-zone trust
[FW -policy-security -policy_sec_1]destination-zone untrust
[FW -policy-security -policy_sec_1]action permit
[FW -policy-security -policy_sec_1]quit
[FW -policy-security ]rule name policy_sec_2
[FW -policy-security -policy_sec_2]source-zone trust
[FW -policy-security -policy_sec_2]destination-zone dmz
[FW -policy-security -policy_sec_2]action permit
[FW -policy-security -policy_sec_2]quit
[FW ]display security all    //检查配置结果
```

5.测试网络中 Trust 到 Untrust 和 Dmz 之间的连通性。

经过验证，Trust 区域为源的数据可以访问 Untrust 和 Dmz 区域，但以其他区域为源的数据不能互访。

实验6 防火墙中网络地址转换配置

实验目的

掌握NAT的相关概念和工作原理，学习配置NAT地址转换，掌握在防火墙上基于地址池配置网络地址端口转换NAPT技术的方法。

预备知识

网络地址转换(NAT)是1994年提出的。当在专用网内部的一些主机本来已经分配到了本地IP地址(即仅在本专用网内使用的专用地址)，但又想和Internet上的主机通信(并不需要加密)时，可使用NAT方法。NAT通常部署在一个组织的网络出口位置，通过将内部网络IP地址替换为出口的IP地址，提供公网可达性和上层协议的连接能力。NAT产生的背景是为了解决IPv4地址不足的问题。

由于NAT是实现私有IP和NAT的公共IP之间的转换，那么，私有网中同时与公共网进行通信的主机数量就受到NAT的公共IP地址数量的限制。为了克服这种限制，NAT被进一步扩展到在进行IP地址转换的同时进行端口的转换，这就是网络地址端口转换NAPT技术。

网络地址端口转换(NAPT)，是目前应用比较广泛的转换方式，其工作过程是使用一个合法公网地址，以不同的协议端口号与不同的内部地址相对应，并与之转换，用于企业只有一个或少量公网IP，但有多个业务系统需要被互联网访问的场景。NAPT普遍用于接入设备中，它可以将中小型的网络隐藏在一个合法的IP地址后面。NAPT也被称为“一对多”的NAT，或者称为端口地址转换(PAT)、地址超载。

实验设备

华为eNSP模拟器，防火墙1台，交换机1台，路由器1台，主机2台。

实验内容

某公司内部网络通过防火墙USG6000V与Internet相连，USG6000V作为公司内网的出口网关。由于该公司拥有的公网IP地址较少(210.100.1.10～210.100.1.12)，所以需要利用USG6000V的NAPT功能复用公网IP地址，保证员工可以正常访问外网(Internet)。

配置思路：

1. 完成如图11-4所示设备的连接及配置，包括配置接口的IP地址，并将接口加入安全区域。

2. 配置访问的安全策略，允许私网指定网段访问Internet。

3. 配置NAT地址池和NAT策略，对指定流量进行NAT转换，使私网用户可以使用公网IP地址访问Internet。

4. 配置黑洞路由，防止产生路由环路。

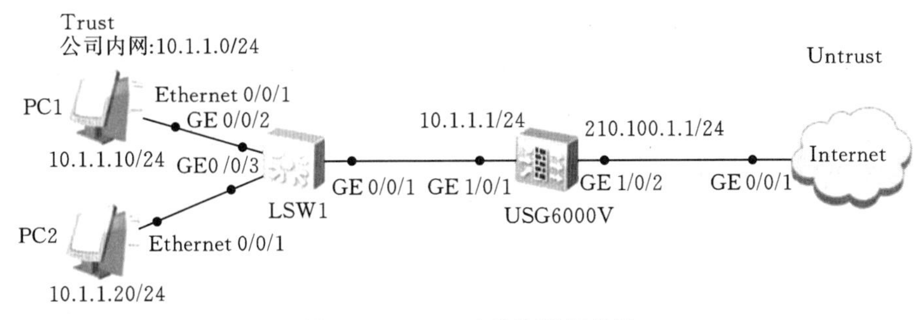

图 11-4　NAPT 实验配置拓扑图

实验步骤

1. 配置 USG6000V 的接口 IP 地址，并将接口加入安全区域

#配置接口 GigabitEthernet 1/0/1 的 IP 地址

```
<USG6000V> system-view
[USG6000V]interface GigabitEthernet 1/0/1
[USG6000V-GigabitEthernet1/0/1]ip address 10. 1. 1. 1 24
[USG6000V-GigabitEthernet1/0/1]quit
```

#配置接口 GigabitEthernet 1/0/2 的 IP 地址

```
[USG6000V]interface GigabitEthernet 1/0/2
[USG6000V-GigabitEthernet1/0/2]ip address 210. 100. 1. 1 24
[USG6000V-GigabitEthernet1/0/2]quit
```

#将接口 GigabitEthernet 1/0/1 加入 Trust 区域

```
[USG6000V]firewall zone trust
[USG6000V-zone-trust]add interface GigabitEthernet 1/0/1
[USG6000V-zone-trust]quit
```

#将接口 GigabitEthernet 1/0/2 加入 Untrust 区域

```
[USG6000V]firewall zone untrust
[USG6000V-zone-untrust]add interface GigabitEthernet 1/0/2
[USG6000V-zone-untrust]quit
```

2. 配置安全策略，允许私网网段 10. 1. 1. 0/24 的用户访问 Internet

```
[USG6000V1]security-policy
[USG6000V1-policy-security]rule name policy_1
[USG6000V1-policy-security-rule-policy_1]source-zone   trust
[USG6000V1-policy-security-rule-policy_1]destination-zone untrust
```

```
[USG6000V1-policy-security-rule-policy_1]source-address 10.1.1.0 mask 255.255.
255.0
[USG6000V1-policy-security-rule-policy_1]action permit
[USG6000V1-policy-security-rule-policy_1]quit
```

3. 配置 NAT 地址池和 NAT 策略

#配置 NAT 地址池的模式为 PAT，即采用 NAPT 功能复用公网 IP 地址，并指定可用于 NAT 转换的公网 IP 地址

```
[USG6000V1]nat address-group 1
[USG6000V-address-group-1]mode pat
[USG6000V-address-group-1]section 210.100.1.10 210.100.1.12
[USG6000V-address-group-1]quit
```

#配置 NAT 策略，限定只对源地址为 10.1.1.0/24 网段的流量进行 NAT 转换，并绑定 NAT 地址池 1

```
[USG6000V1]nat-policy
[USG6000V1-policy-nat]rule name source_nat
[USG6000V1-policy-nat-rule-policy_1]destination-address 210.100.1.2 24
[USG6000V1-policy-nat-rule-policy_1]source-address 10.1.1.0 24
[USG6000V1-policy-nat-rule-policy_1]source-zone trust
[USG6000V1-policy-nat-rule-policy_1]destination-zone untrust
[USG6000V1-policy-nat-rule-policy_1]action source-nat address-group 1
[USG6000V1-policy-nat-rule-policy_1]quit
```

4. 配置黑洞路由，即指定地址池中的公网 IP 地址的下一跳为 NULL0 接口，以防止产生路由环路

```
[USG6000V]ip route-static 210.100.1.10 32 NULL 0
[USG6000V]ip route-static 210.100.1.11 32 NULL 0
[USG6000V]ip route-static 210.100.1.12 32 NULL 0
```

5. 配置缺省路由，假设 USG6000V 连接 Internet 的下一跳地址为 210.100.1.2

```
[USG6000V]ip route-static 0.0.0.0 0.0.0.0 210.100.1.2
```

测试网络连通性后，通过 display nat address-group 检查地址池的状态，通过 display firewall session table 查看 NAT 转换情况。

注：防火墙的默认端口禁止 Ping 进入端口。

#service-manage ping permit

实验 7　IPSec 配置

实验目的

理解 IPSec 的概念及作用。

掌握 IPSec 的配置流程。

预备知识

IPSec 是 IETF 制定的一组开放的网络安全协议，目的是在 IP 层通过数据来源认证、数据加密、数据完整性检查和抗重放功能，来实现通信双方在不安全的 Internet 上安全地传输数据。由于在 Internet 的传输中，绝大部分数据的内容都是明文传输的，这样就会存在很多潜在的危险，比如，密码、银行账户的信息被窃取、窜改，用户的身份被冒充，遭受网络恶意攻击等。通信双方在网络中部署 IPSec 后，可对传输的数据流进行保护处理，从而降低信息泄漏的风险。

实验设备

华为 eNSP 模拟器，路由器 3 台，主机 2 台。

实验内容

如图 11-5 所示，R1 为企业分支网关，R3 为企业总部网关，R2 模拟外网(Internet)，分支与总部通过公网(Internet)建立数据通信。分支子网为 10.10.10.0/24，总部子网为 10.10.20.0/24。企业希望对企业分支子网与企业总部子网之间相互访问的流量进行安全保护。为了实现企业分支与公司总部通过公网建立安全通信，可以在分支网关 R1 与总部网关 R3 之间建立一个 IPSec 隧道来实施安全保护。

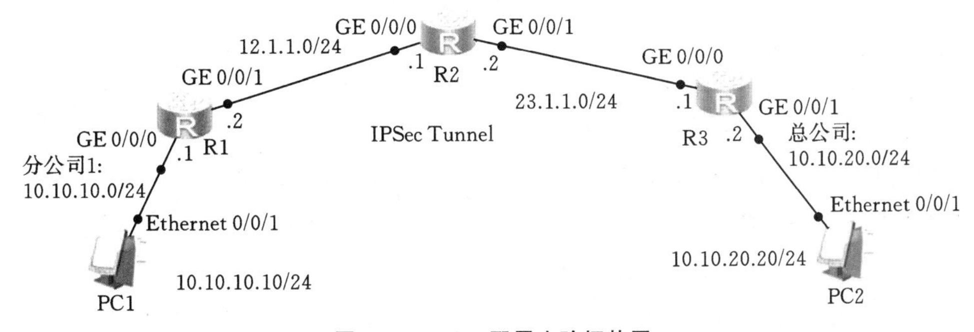

图 11-5　IPSec 配置实验拓扑图

配置思路

采用如下思路进行配置，采用 IKE 协商方式建立 IPSec 隧道。

1. 配置接口的 IP 地址和到对端的静态路由，保证两端路由可达。

2. 配置安全访问控制策略 ACL，双方在出口设备上定义需要 IPSec 保护的数据流。

3. 配置 IPSec 安全协议，定义 IPSec 的保护方法。

4. 配置 IKE 对等体，定义对等体之间 IKE 协商时的属性。

5. 配置安全策略，并引用 ACL、IPSec 安全协议和 IKE 对等体，确定对何种数据流采取何种保护方法。

实验步骤

1. 分别在 R1、R2 和 R3 上配置接口的 IP 地址和到对端的静态路由

在 R1 上配置接口的 IP 地址

```
<Huawei>system-view
[Huawei]sysname R1
[RouterA]interface gigabitethernet 0/0/0
[R1-GigabitEthernet0/0/0]ip address 10.10.10.1 255.255.255.0
[R1-GigabitEthernet0/0/0]quit
[R1]interface gigabitethernet 0/0/1
[R1-GigabitEthernet0/0/1]ip address 12.1.1.2 255.255.255.0
[R1-GigabitEthernet0/0/1]quit
```

在 R1 上配置到对端的静态路由

```
[R1]ip route-static 23.1.1.0 255.255.255.0 12.1.1.1
[R1]ip route-static 10.10.20.0 255.255.255.0 12.1.1.1
```

在 R2 上配置接口的 IP 地址

```
<Huawei>system-view
[Huawei]sysname R2
[R2]interface gigabitethernet 0/0/0
[R2-GigabitEthernet0/0/0]ip address  12.1.1.1 255.255.255.0
[R2-GigabitEthernet1/0/0]quit
[R2]interface gigabitethernet 0/0/1
[R2-GigabitEthernet0/0/1]ip address 23.1.1.2 255.255.255.0
[R2-GigabitEthernet0/0/1]quit
```

在 R2 上配置到对端的静态路由

```
[R2]ip route-static 10.10.10.0 255.255.255.0 12.1.1.2
[R2]ip route-static 10.10.20.0 255.255.255.0 23.1.1.1
```

在 R3 上配置接口的 IP 地址

```
<Huawei>system-view
```

```
[Huawei]sysname R3
[R3]interface gigabitethernet 0/0/0
[R3-GigabitEthernet0/0/0]ip address  23.1.1.1 255.255.255.0
[R3-GigabitEthernet1/0/0]quit
[R3]interface gigabitethernet 0/0/1
[R3-GigabitEthernet0/0/1]ip address 10.10.20.2 255.255.255.0
[R3-GigabitEthernet0/0/1]quit
```

#在R3上配置到对端的静态路由

```
[R3]ip route-static 12.1.1.0 255.255.255.0 23.1.1.2
[R3]ip route-static 10.10.10.0 255.255.255.0 23.1.1.2
```

2. 分别在R1和R3上配置ACL,定义各自要保护的数据流

#在R1上配置ACL,定义由子网10.10.10.0/24去子网20.20.20.0/24的数据流

```
[R1]acl number 3101
[R1-acl-adv-3101]rule permit ip source 10.10.10.0 0.0.0.255 destination 10.10.20.0
0.0.0.255
[R1-acl-adv-3101]quit
```

#在R3上配置ACL,定义由子网20.20.20.0/24去子网10.10.10.0/24的数据流

```
[R3]acl number 3101
[R3-acl-adv-3101]rule permit ip source 10.10.20.0 0.0.0.255 destination 10.10.10.0
0.0.0.255
[RouterB-acl-adv-3101]quit
```

3. 分别在R1和R3上创建IPSec安全协议

#在R1上配置IPSec安全协议

```
[R1]ipsec proposal tran1
[R1-ipsec-proposal-tran1]quit
```

#在R3上配置IPSec安全协议

```
[R3]ipsec proposal tran1
[R3-ipsec-proposal-tran1]quit
```

此时分别在R1和R3上执行display ipsec proposal,会显示所配置的信息。

4. 分别在R1和R3上配置IKE对等体

说明:本配置中采用的是系统提供的一条缺省的IKE安全提议。

#在R1上配置IKE对等体,并根据默认配置,配置预共享密钥和对端ID

```
[R1]ike peer spub v1
[R1-ike-peer-spub]pre-shared-key simple huawei
```

```
[R1-ike-peer-spub]remote-address 23.1.1.1
[R1-ike-peer-spub]quit
```

在 R3 上配置 IKE 对等体，并根据默认配置，配置预共享密钥和对端 ID

```
[R3]ike peer spua v1
[R3-ike-peer-spua]pre-shared-key simple huawei
[R3-ike-peer-spua]remote-address 12.1.1.2
[R3-ike-peer-spua]quit
```

可以分别在 R1 和 R2 上执行 display ike peer 会显示所配置的信息。

5. 分别在 R1 和 R3 上创建安全策略

在 R1 上配置 IKE 动态协商方式安全策略

```
[R1]ipsec policy map1 10 isakmp
[R1-ipsec-policy-isakmp-map1-10]ike-peer spub
[R1-ipsec-policy-isakmp-map1-10]proposal tran1
[R1-ipsec-policy-isakmp-map1-10]security acl 3101
[R1-ipsec-policy-isakmp-map1-10]quit
```

在 R3 上配置 IKE 动态协商方式安全策略

```
[R3]ipsec policy use1 10 isakmp
[R3-ipsec-policy-isakmp-use1-10]ike-peer spua
[R3-ipsec-policy-isakmp-use1-10]proposal tran1
[R3-ipsec-policy-isakmp-use1-10]security acl 3101
[R3-ipsec-policy-isakmp-use1-10]quit
```

可以分别在 R1 和 R3 上执行 display ipsec policy，会显示所配置的信息。

6. 分别在 R1 和 R3 的接口上应用各自的安全策略组，使接口具有 IPSec 的保护功能

在 R1 的接口上引用安全策略组

```
[R1]interface gigabitethernet 0/0/1
[R1-GigabitEthernet0/0/1]ipsec policy map1
[R1-GigabitEthernet0/0/1]quit
```

在 R3 的接口上引用安全策略组

```
[R3]interface gigabitethernet 0/0/0
[R3-GigabitEthernet0/0/0]ipsec policy use1
[R3-GigabitEthernet0/0/0]quit
```

7. 检查配置结果

配置成功后，在主机 PC 1 上执行 Ping 操作仍然可以 Ping 通主机 PC 2，它们之间的数据传输将被加密，执行命令“display ipsec statistics esp”可以查看数据包的统计信息。分别在 R1 和 R3 上执行“display ipsec sa”，会显示所配置的信息。分别在 R1 和 R3 上执行“display ike sa”，可以显示 IKE SA 的配置信息。

实验 8　GRE over IPSec 配置

实验目的

理解通用路由封装 GRE 的概念及作用。

掌握 GRE over IPSec 的配置流程。

预备知识

IPSec 的主要作用是对数据进行加密，有时候被单独用作实现加密的一种方法。IPSec 建立的是一个逻辑隧道，并不是真正意义上的隧道，并且不能提供路由功能，因为 IPSec 不支持非 IP 流量，也不支持广播（组播）。

GRE（通用路由封装）能提供点对点的隧道，GRE 是一种三层 VPN 封装技术。GRE 可以对 IPX、Apple Talk、IP 等网络层协议的报文进行封装，使封装后的报文能够在另一种网络中（如 IPv4）传输，从而解决了跨越异种网络的报文传输问题，虽然无法提供加密，但是能很好地支持非 IP 流量和广播。

GRE over IPSec 使用 IPSec 来保护 GRE。GRE 封装可以让私有 IP 地址封装在全球可路由的新 IP 头中，实现在不同站点之间的互联，但是 GRE 本身是明文方式，所以需要 IPSec 来加密保护，因为是 GRE 接口，所以支持组播。

实验设备

华为 eNSP 模拟器，路由器 3 台，主机 2 台。

实验内容

如图 11-6 所示，R1 为企业分支网关，R3 为企业总部网关，R2 模拟外网，分支与总部通过公网建立通信。分支子网为 192.168.10.0/24，总部子网为 192.168.20.0/24。企业希望对分支子网与总部子网两种不同的异构网络之间相互访问的流量进行安全保护。分支与总部通过公网建立安全通信，可以在分支网关 R1 与总部网关 R3 之间建立 GRE over IPSec 技术来实施安全保护。

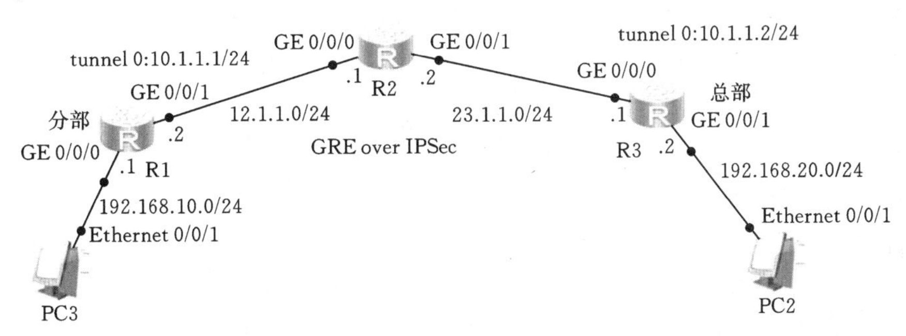

图 11-6　GRE over IPSec VPN 配置实验拓扑图

配置思路

采用如下思路进行配置，使用IPSec保护GRE分组，使用GRE封装和承载路由信息和业务数据。

1. 配置接口的IP地址及路由，保证两端路由可达。
2. 配置ACL，以定义需要IPSec保护的数据流。
3. 配置GRE链路，定义隧道。
4. 配置IPSec安全提议，定义IPSec的保护方法。
5. 配置IKE对等体，定义对等体间IKE协商时的属性。
6. 配置安全策略，并引用ACL、IPSec安全提议和IKE对等体，确定对何种数据流采取何种保护方法。
7. 配置公司与总部安全通信的数据包引入GRE的隧道。

实验步骤

1. 分别在R1、R2和R3上配置接口的IP地址及路由，实现网络的连通性

#在R1上配置接口的IP地址

```
<Huawei>system-view
[Huawei]sysname R1
[RouterA]interface gigabitethernet 0/0/0
[R1-GigabitEthernet0/0/0]ip address 192.168.10.1 255.255.255.0
[R1-GigabitEthernet0/0/0]quit
[R1]interface gigabitethernet 0/0/1
[R1-GigabitEthernet0/0/1]ip address 12.1.1.2 255.255.255.0
[R1-GigabitEthernet0/0/1]quit
[R1]int LoopBack 0
[R1-LoopBack0]ip address 1.1.1.1 255.255.255.255
```

#在R1上配置OSPF路由协议

```
[R1]ospf 1 router-id 1.1.1.1
[R1-ospf-1]area 0.0.0.0
[R1-ospf-1-area-0.0.0.0]network 192.168.10.0 0.0.0.255
[R1-ospf-1-area-0.0.0.0]network 12.1.1.0 0.0.0.255
[R1-ospf-1-area-0.0.0.0]network 1.1.1.1 0.0.0.0
```

#在R2上配置接口的IP地址

```
<Huawei>system-view
[Huawei]sysname R2
[R2]interface gigabitethernet 0/0/0
```

```
[R2-GigabitEthernet0/0/0]ip address 12.1.1.1 255.255.255.0
[R2-GigabitEthernet1/0/0]quit
[R2]interface gigabitethernet 0/0/1
[R2-GigabitEthernet0/0/1]ip address 23.1.1.2 255.255.255.0
[R2-GigabitEthernet0/0/1]quit
[R2]int LoopBack 0
[R2-LoopBack0]ip address 2.2.2.2 255.255.255.255
```

#在R2上配置OSPF路由协议

```
[R2]ospf 1 router-id 2.2.2.2
[R2-ospf-1]area 0.0.0.0
[R2-ospf-1-area-0.0.0.0]network 12.1.1.0 0.0.0.255
[R2-ospf-1-area-0.0.0.0]network 23.1.1.0 0.0.0.255
[R2-ospf-1-area-0.0.0.0]network 2.2.2.2 0.0.0.0
```

#在R3上配置接口的IP地址

```
<Huawei> system-view
[Huawei]sysname R3
[R3]interface gigabitethernet 0/0/0
[R3-GigabitEthernet0/0/0]ip address  23.1.1.1 255.255.255.0
[R3-GigabitEthernet1/0/0]quit
[R3]interface gigabitethernet 0/0/1
[R3-GigabitEthernet0/0/1]ip address 192.168.20.1 255.255.255.0
[R3-GigabitEthernet0/0/1]quit
[R3]int LoopBack 0
[R3-LoopBack0]ip address 3.3.3.3 255.255.255.255
```

#在R3上配置OSPF路由协议

```
[R3]ospf 1 router-id 3.3.3.3
[R3-ospf-1]are
[R3-ospf-1]area 0.0.0.0
[R3-ospf-1-area-0.0.0.0]network 23.1.1.0 0.0.0.255
[R3-ospf-1-area-0.0.0.0]network 192.168.20.0 0.0.0.255
[R3-ospf-1-area-0.0.0.0]network 3.3.3.3 0.0.0.0
```

2.　分别在R1和R3上配置ACL,定义各自要保护的数据流

#在R1上配置ACL,定义由子网192.168.10.0/24去子网192.168.20.0/24的数据流

```
[R1]acl 3001
[R1-acl-adv-3001]rule 5 permit ip source 12.1.1.0 0.0.0.255 destination 23.1.1.0 0.0.0.255
```

```
[R1-acl-adv-3001]quit
```

#在R3上配置ACL,定义由子网192.168.20.0/24去子网192.168.10.0/24的数据流

```
[R3]acl 3001
[R3-acl-adv-3001]rule 5 permit ip source 23.1.1.0 0.0.0.255 destination 12.1.1.0 0.0.0.255
[RouterB-acl-adv-3001]quit
```

3.分别在R1和R3上配置GRE链路

#在R1上配置GRE

```
[R1]int Tunnel 0/0/0
[R1-Tunnel0/0/0]ip address 10.1.1.1 255.255.255.0
[R1-Tunnel0/0/0]tunnel-protocol gre
[R1-Tunnel0/0/0]source 12.1.1.2   #隧道的源地址,实际发送接口是R1的G0/0/1
[R1-Tunnel0/0/0]description 23.1.1.1 #隧道的目的地址,实际接收是R3的G0/0/0
```

#在R3上配置GRE

```
[R3]int Tunnel 0/0/0
[R3-Tunnel0/0/0]ip address 10.1.1.2 255.255.255.0
[R3-Tunnel0/0/0]tunnel-protocol gre
[R3-Tunnel0/0/0]source 23.1.1.1
[R3-Tunnel0/0/0]description 12.1.1.2
此时分别在R1和R3上执行display int Tunnel 0/0/0会显示所配置的信息。
```

4.分别在R1和R3上配置IPSec加密GRE隧道

#在R1上配置IPSec及IKE对等体,并根据默认配置,配置预共享密钥和对端ID

```
[R1]ipsec proposal ipsec_r1                          #配置IPSec安全提议
[R1-ipsec-proposal-ipsec_r1]ike proposal 1           #配置IKE安全提议
[R1-ike-proposal-1]ike peer ike_r1 v2                #配置IKE对等体
[R1-ike-peer-ike_r1]ike-proposal 1                   #调用IKE安全提议
[R1-ike-peer-ike_r1]pre-shared-key simple huawei     # 共享密钥
[R1-ike-peer-ike_r1]remote-address 23.1.1.1          #配置对等体IP地址
```

#在R3上配置IPSec及IKE对等体,并根据默认配置,配置预共享密钥和对端ID

```
[R3]ipsec proposal ipsec_r3                          #配置IPSec安全提议
[R3-ipsec-proposal-ipsec_r1]ike proposal 1           #配置IKE安全提议
[R3-ike-proposal-1]ike peer ike_r3 v2                #配置IKE对等体
[R3-ike-peer-ike_r3]ike-proposal 1                   #调用IKE安全提议
[R3-ike-peer-ike_r3]pre-shared-key simple huawei     # 共享密钥
[R3-ike-peer-ike_r3]remote-address 12.1.1.2          #配置对等体IP地址
```

```
可以分别在R1和R3上执行display ike peer会显示所配置的信息。
```

5. 分别在R1和R3上创建安全策略

#在R1上配置IKE动态协商方式安全策略

```
[R1]ipsec policy po_r1 10 isakmp    #创建一个安全策略
[R1-ipsec-policy-isakmp-po_r1-10]ike-peer ike_r1    #调用IKE对等体
[R1-ipsec-policy-isakmp-po_r1-10]proposal ipsec_r1    #调用IPSec安全提议
[R1-ipsec-policy-isakmp-po_r1-10]security acl 3001    #引用访问控制列表
[R1-ipsec-policy-isakmp-po_r1-10]quit
```

#在R3上配置IKE动态协商方式安全策略

```
[R3]ipsec policy po_r3 10 isakmp
[R3-ipsec-policy-isakmp-po_r3-10]ike-peer ike_r3
[R3-ipsec-policy-isakmp-po_r3-10]proposal ipsec_r3
[R3-ipsec-policy-isakmp-po_r3-10]security acl 3001
[R3-ipsec-policy-isakmp-po_r3-10]quit
```

可以分别在R1和R3上执行"display ipsec policy",会显示所配置的信息。

6. 分别在R1和R3的接口上应用各自的安全策略组,使接口具有IPSec的保护功能

#在R1的接口上引用安全策略组

```
[R1]interface gigabitethernet 0/0/1
[R1-GigabitEthernet0/0/1]ipsec policy po_r1
[R1-GigabitEthernet0/0/1]quit
```

#在R3的接口上引用安全策略组

```
[R3]interface gigabitethernet 0/0/0
[R3-GigabitEthernet0/0/0]ipsec policy po_r3
[R3-GigabitEthernet0/0/0]quit
```

将流量引入到隧道中。注意:也可以用动态路由方式

#在R1中将去往192.168.20.0网段的数据包引入GRE隧道。

```
[R1]ip route-static 192.168.20.0 255.255.255.0 Tunnel 0
```

#在R3中将去往192.168.10.0网段的数据包引入GRE隧道。

```
[R3]ip route-static 192.168.10.0 255.255.255.0 Tunnel 0
```

6. 检查配置结果

配置成功后,在主机PC1执行Ping操作仍然可以Ping通主机PC2,它们之间的数据传输将被加密。执行命令"display ipsec statistics esp"可以查看数据包的统计信息。分别在R1和R3上执行"display ipsec sa"命令会显示所配置的信息。

参考文献

[1]朱海波，辛海涛，刘湛清. 信息安全与技术[M]. 2 版. 北京：清华大学出版社，2019.

[2]赖英旭，刘思宇，等. 计算机病毒与防范技术[M]. 2 版. 北京：清华大学出版社，2019.

[3]沈鑫剡，俞海英，等. 网络安全教程：基于华为 eNSP[M]. 北京：清华大学出版社，2020.

[4]贾铁军，侯丽波，等. 网络安全实用技术[M]. 3 版. 北京：清华大学出版社，2020.

[5]奥鲁瓦图比・艾约德吉・阿坎比，伊拉基・萨迪克・阿米里. 防范互联网上的“野蛮人”：网络钓鱼检测、DDoS 防御和网络攻防实战[M]. 北京：清华大学出版社，2019.

[6]熊平，朱天清. 信息安全原理及应用[M]. 3 版. 北京：清华大学出版社，2018.

[7]高能. 信息安全技术[M]. 北京：中国人民公安大学出版社，2018.

[8]郭帆. 网络攻防技术与实战：深入理解信息安全防护体系[M]. 北京：清华大学出版社，2018.

[9]石志国. 计算机网络安全教程[M]. 2 版. 北京：清华大学出版社，2018.

[10]杨薇. 计算机网络中防火墙技术的研究[J]. 现代经济信息，2018(9)：379.

[11]郭亚军，宋建华，等. 信息安全原理与技术[M]. 3 版. 北京：清华大学出版社，2017.

[12]杨波 . 现代密码学[M] . 4 版. 北京：清华大学出版社，2017.

[13]文伟平. 网络攻防原理及应用[M]. 北京：清华大学出版社，2017.

[14]马利，姚永雷. 计算机网络安全[M]. 北京：清华大学出版社，2016.

[15]谷利泽，郑世慧，杨义先. 现代密码学教程[M]. 2 版. 北京：北京邮电大学出版社，2015.

[16]王慧. 网络欺骗技术与档案信息化安全[J]. 兰台世界，2013(z2)：88.

[17]朱宪超. SSL VPN 组网设计及关键技术分析[J]. 电脑知识与技术，2013(12)：7727-7728.